ものと人間の文化史

113

水族館

鈴木克美

法政大学出版局

浅草公園水族館の館内風景・入口（右上）・トンネル状の館内ホール（左下）
『風俗画報』第204号（明治33年・1900）の折込木版画——本文91ページ以下参照

堺水族館の館内風景と水族　『風俗画報』第269号（第5回内国勧業博覧会臨時増刊）
（明治36年・1903）の折込木版画——本文113ページ参照

水族館のオリジナルテレホンカード　昭和の終わりごろから平成初期まで各地の水族館でオリジナルテレカの製作発売が流行した

水族館は陸の竜宮城だった？
上：静岡県営弁天島水族館（昭和29年・1954開館）（鈴木晴夫氏提供）
下右：真鶴水族館（神奈川県・昭和30年・1955，または昭和32年・1957開館）
（同館発行のチラシ）
下左：茨城県立大洗水族館（昭和27年・1952開館）
（いずれも現在は存在しない）

目次

第Ⅲ章　水族館をおこした人たち

プロローグ——日本は水族館大国

今の日本は水族館大国である。東京・大阪をはじめとする政令指定都市には、たいてい水族館があり、海辺の著名な観光地にも、たいていは水族館がある。もともと、水族館は一般に海岸にある小施設だったはずだが、今では、大都会の真ん中にも、高層ビルの上階にも、山の上にも、海なし県の内陸部にも、かつては想像もできなかった大型の海水水族館が、やすやすと進出する時代になった。

日本人のおとなで、生まれてこの方、水族館に一度も行ったことのない人は、今ではたぶん、かなり少ないのではないか。日本の水族館は、明治の文明開化時代に、にわかに押し寄せてきた西欧化の大波に乗せられて日本へ入ってきた。明治十五年に突然、上野に観魚室（うをのぞき）と呼ばれた最初の水族館ができて以来、明治の終わりまでには全国に一六、七の水族館があった。昭和初期には最初の水族館ブームがあった。このブームは第二次世界大戦で中断したが、戦争に負けた日本でさえ、昭和三十年代にはもう戦後最初の水族館ブームが起こった。ただ、そのころまでの水族館はまだ、一般に小規模だった。

かつての水族館は、子どもの行くところだった。子どもを連れて、あるいは子どもに引っ張られて行くところだった。日本人にとってかつての水族館は、生まれてから死ぬまでに、三度行くところだともいわれた。子どものときに一度、結婚して生まれた子どもを連れてまた一度、そして、年老いてから孫を連れてもう一度と。

その後の日本では、高度経済成長の波に乗って、水族館ブームが何度も押し寄せてきた。ブームの波の寄せるたびに水族館の数はふえ、大きく、豪華になった。むかし、子どものものだった水族館は、おとなの行くところにも変わった。おとなが時間を過ごすのに抵抗を感じない、むしろ、それにふさわしい場所になり、未婚の若い男女のデートスポットとまでいわれるようになった。日本人が一生に三度行った水族館は、したがって、もう一度、合計四度行く……ところになった。

しかし、水族館に、生涯にたった四回しか行かないのではもったいない。たぶん、もっと大勢の人は、もっと何度も行っているだろう。水族館へ足を運ぶ人たちは、全国で一年間にざっと四〇〇〇万人といわれる。その多くは、なにかのついでに立ち寄った一見の人たちだろうが、それでも、あちこちで水族館を見ているはずだ。もちろん、水族館はとにかく、一度来てくれた人たちや、一生に三度とか四度とかしか来てくれない人たちが、水族館をもっと積極的に利用してくれるリピーターに変身してくれるのを願って、一生懸命、さまざまな工夫をこらしているのである。

わが国には、日本動物園水族館協会に所属しているおもだった水族館が現在合計七一館ある。これが公式の日本の水族館数だが、じっさいに各地に旅行してみると、それ以外にも水族館がまだある。それを数えてゆくと、一〇〇を超す水族館が日本全国にある。それに、「水族館とは何か」の基準もややまちまちである。したがって、この本でも紹介するいくつかの書物に書かれた「日本の水族館の数」は、必ずしも一致しないが、ともかく、昭和十六年（一九四一）に日本動物園協会（のちの日本動物園水族館協会）が発足したとき、参加した水族館はたった三つだった。だが、それっぽちの水族館しかなかったわけではない。そのころでも四五、六の水族館が全国各地にあったようだ。それらは今はほとんど忘れられてしまっている。かつての水族館が、その程度のものと受け止められていたからかもしれない。

しかし、こうも考えられる。日本ではじめての水族館が、東京・上野にできてから、ちょうど一二〇年たつ。もともと文明開化時代の欧化思想が道連れにしてきた、日本人に馴染みのなかったはずの水族館が、いつのまにか、こんなに数がふえ、なりも大きくなって、すっかり日本のものになった。一九九三年、アメリカ人のレイトン・テイラーが権威のある資料五冊を参考にして著書『水族館 自然の覗き窓』(The Aquariums Windows to Nature)の巻末に、「魚類や水生動物を五〇種以上飼育している」という条件をつけて掲げた「世界の水族館一覧表」にリストアップされたアメリカの水族館の数が六五、日本の水族館が八一、世界でもこの両国の水族館数が抜群に多い。しかも、数だけいうのなら、日本の水族館数はいつのまにかアメリカを抜いて世界一である。

思うに、わが国の水族館の姿やあり方は、本家の西ヨーロッパのそれとは創始の最初から違っていたようである。そもそも、ヨーロッパでアクアリウムが始まるきっかけとなった自然志向の社会背景も思想も日本にはなくて、水族館成立の前史時代ともいえる時期を日本の水族館の歴史は、ほとんど欠いている。平たくいえば、日本の水族館は、何の前触れもなしに始まった。水族館をつくろうという、社会のニーズがあったわけでもない。わが国の水族館の歴史は、明治維新後まもなく、官と民とで、突然、始まっている。

したがって、正味一二〇年の歴史しかない日本の水族館は、しかし、日本の水に合ったらしい。多少きざっぽくいえば、日本人の心の琴線にふれたのかもしれない。その後の日本の水族館は、日本人の好みに合わせて、欧米のそれとは違う道を進んで今日に至った。新旧めまぐるしく交替しながら、年を追って全国に水族館の数は増えてゆき、規模も大きく、内容も改良されて今日に至った。今や、一部の大型水族館は、単独で年に五〇〇万人に届こうとする来館者を迎えるほどになった。

ともかく、昔も今も日本になぜ、こんなにもたくさんの水族館がつくられてきたのだろうか。なぜ、日本人は水族館をつくりたがってきたのだろうか。なぜ、それほど水族館が好きなのだろうか。水族館にもずいぶんいろいろなのがある。都道府県立の水族館、そのうちでも動物園付属水族館とそうでないもの、大学臨海実験所付属水族館、博覧会の水族館、公園の水族館、営利企業の水族館、博物館と名乗る水族館、博物館も水族館も名乗らない水族館。日本人にとっての水族館とは、いったい、何だったのだろうか。水族館は、日本の文化史にどのような寄与を果たしてきたのだろうか。

水族館の歴史を書いた本は、まだ少ない。水族館の本といえば、それも、多くは見学記とか、飼っている生きものの話が中心で、水族館そのものと本気で取り組んだ本はまだない。水族館での自然科学の研究も最近ようやく盛んになってきたが、水族館そのものを研究してみようという人はさらに少ない。一般向けの雑誌に発表された「水族館の話」は少なくはないが、学術雑誌などに発表した文章はごく少ない。軽くは書けるが、重くは書けなかったからである。しかし、博物館を学術研究する博物館学があるのだから、水族館を対象とする水族館学があってもいい。

研究するには資料が要る。ところが、水族館の記録や資料はなかなか見つからない。あるはずの資料も、どんどん消えてゆく。その主たる理由は、わが国の水族館の多くが民間資本に依存して、しかも小規模な水族館が多くて、一般に「水族館資料」を書いて残し、保存しようという意識と習慣がなかったためである。このままでは、水族館の歴史は闇の中に消えてしまうだろう。

わたしは以前、『水族館への招待　海と魚と人』(一九九六年)という一冊を書く機会を与えられて、水族館を通した日本人と海や魚とのかかわりを書こうとしたことがある。「日本の水族館の歴史」「日本人の自然観と水族館」「水族館と日本社会」と、その本ではこう、三つのテーマに分けて考えてみた。しかし、

「歴史」は斜めにしか書けなかった。資料も知識も足りなかった。それから六年たった。資料も多少集まって、六年前には書けなかったことで書けるようになったことも増えた。

そこでこの本では、日本の水族館の歴史を、前よりはもう少しくわしく掘り下げて、「日本人にとっての水族館とは何か」、「日本人にとっての水族館のあるべき姿はどうなのか」を書いてみたいと思った。

いったい、日本人にとって水族館とは、なんだったのだろうか。日本人は水族館に何を求めているのか、水族館はなにを見せようとしているのか、日本人は、なぜ、そんなにも水族館が好きなのか、それなのに水族館がすぐあきられるのはなぜなのか、水族館はどこへゆくのか……。前著と重なる部分はなるべく避けて、新しく得た資料と視点からわが国での水族館の歴史、とくに、人が水族館で出会うものの歴史……それを書いてみようと思う。

第I章

水族館は「アクアリウム」で始まった

ビクトリア王朝のイギリスとアクアリウム

ローマのアクアリオ

水族館の歴史はアクアリウム（aquarium）からはじまった。

今日わが国では、日本語の「水族館」と、英語の「アクアリウム」が、ほとんど同じ意味で使われている。「アクアリウム」の和訳は「水族館」にちがいない。その逆もまた真なりとだれもが思っているはずだ。

一九九六年、第四回世界水族館会議が東京で開かれた。世界中から、延べ八〇〇人もの水族館関係者が集まった。英語ではインターナショナル・アクアリウム・コングレス、である。会議の副題は日本語で「アクアリウム・ザ・グローバルチャレンジ『共生・水の惑星』」とされ、会議の主テーマは「水族館の発展」であった。ここでの出席者はもちろん、アクアリウムすなわち水族館と、だれもが思っていたに違いない。

たしかに「水族館」は「アクアリウム」の和訳である。「水族館」は現代の中国語でも「水族館」である。しかし、中国で最初の「水族館」は、遼寧師範大学の劉喬志によると、一九三一年に開館した青島水族館だという。しかし、「平田式水族館」（後述）の平田定包が当時の関東州大連に星ヶ浦水族館をつくったのが昭和三年（一九二八）であるから、こちらの方が早い。どちらにせよ、中国に水族館が出現し、それが「水族館」と名づけられたのは、日本よりもずっとあとのことである。

ただ、それぞれの語源までさかのぼって考えると、英語の「アクアリウム」と日本語の「水族館」には、意味にややずれがあったようだ。じつはそこに西欧と日本との「水族館」を見る目の、基本的な違いがかくされているような気がする。その歴史的な説明は次章にゆずって、ここではまず、「アクアリウム」の発祥までさかのぼっておこう。

アクアリウム

今から二千年近い昔のローマ帝国には、すでにアクアリウムがあったという。西暦七九年、ヴェスヴィオ火山の噴火で埋もれたポンペイの町跡からは、石をたたんで作った水槽、ないしは屋内池の跡が発掘されていて、その池、ないし水槽は、魚を飼うためのものであった。その水槽をアクアリオと呼んだのが、アクアリウムの語源になった、と……。

帝国はなやかなりしころのローマの貴族社会では、観賞用と食用の両方の目的でイールを飼って、客人に見てもらってから料理して食膳に出すのが、当時のローマでトレンディだったという。すぐあとで紹介するレイトン・テイラーも「イール」と書いている。イールを「ウナギ」と和訳した大学教授のエッセーもあって、「ローマのアクアリオではウナギを飼っていた」のが定説のようになっていた。

ただし、古代ローマのアクアリオで飼っていた「イール」はウナギではなく、ウツボの一種だった。ウツボは英語でモーレイ・イールというから、「イールを飼っていた」と英語で書いても間違いではないが、日本語でいう「ウナギ」と「ウツボ」はだいぶちがう。

古代ナポリの「アクアリオ」で飼われていたウツボは、学名をムラエナ・ヘレナ（ヘレンウツボ）といい、地中海ではごくありふれた種類である。ローマ人はこの魚を好んで食べた。日本近海のウツボは、一属四九種もいるが、大多数の二九種もがウツボ属で、ムラエナ（トラウツボ）属はトラウツボただ一種しかいない。しかし、地中海のヘレンウツボの姿かたちは、トラウツボよりも、別属の日本の和名ウツボにむしろ似ている。

古代ローマでは、ウツボの類を好んで食べたらしく、ある軍人皇帝は招宴の客人に体長一メートルものヘレンウツボを六〇〇〇びきも用意したという。日本産のウツボもあぶらが強くて濃厚なところを嫌わなければ、ウナギに似て美味なのだから、ナポリのヘレンウツボも、エネルギッシュな古代ローマ人の好みに合った食べものだったのかもしれない。

ローマ時代のナポリのアクアリオで飼っていた「イール」の学名まで確かめて随筆に書いたのは谷津直秀である。谷津は東京大学教授で、わが国の実験動物学の創始者ともいわれている。大正十年（一九二一）に東京大学理学部三崎臨海実験所長飯島魁が急逝したあと、大正十一年（一九二二）に同実験所の第三代所長になった。昭和ひとけたの時代にヨーロッパへ留学して、日本からナポリまでの船旅での見聞をまとめた『生物紀行・前篇』（一九四三年）に、ナポリのアクアリオの「イール」が、ウナギならぬヘレンウツボであると、くわしく書いている。

古代ローマ時代のナポリで、軍人（たぶん、高級将校だったのであろう）ルクルスが、現在ナポリ水族館のある海岸に広壮な邸宅（ヴィラ）を構えて、たくさんのウツボを生けすに飼い、人の手から餌をとるように飼い馴らしていた。それで、このあたりが公園になった現在もヴィラ・コミュナーレと呼んでいるのだという。もっとも、現存のナポリ水族館が、現地ではアクアリウムのイタリア語でアクアリオと呼ばれているのは当たり前のことである。古代のナポリのアクアリオで飼って他人に見せたり、食べさせたりしていた「イール」が、ウナギではなく今でも各地の水族館でこわもてしている人気者のウツボの同類で、食べるウツボを見せたところから水族館の歴史が始まった……と思うのは面白い。

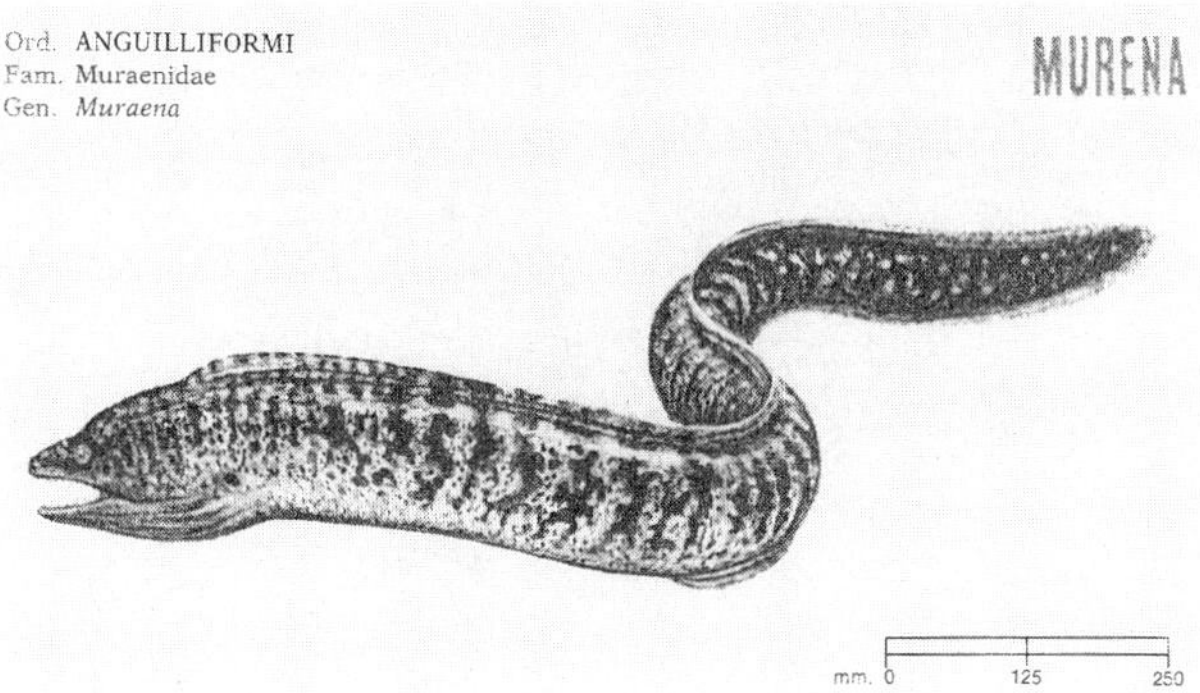

古代ナポリの「アクアリオ」で、食用と観賞用に飼育されていたというイール（ムラエナ・ヘレナ、和名ヘレンウツボ）

もっとも、ローマ時代の「アクアリオ」が水族館の発祥だというのなら、その歴史は、もっとさかのぼれると主張する別の意見もある。たとえば紀元前二五〇〇年のバビロニア王朝時代に、はや、シュメール人が淡水魚を飼っていたという話がある。古代中国でも、周代（紀元前十一世紀から）にもう、「家魚」（飼われている魚）という言葉があって、紀元前四七〇年、春秋時代の越の陶朱公の手になったという古書の『養魚経』には、コイのくわしい飼い方が書かれている。わが日本でも、古代の朝廷や貴族の邸の庭園に観賞用の池がつくられて、コイなどが飼われていた話が、西暦七二〇年の『日本書紀』に出てくる。

人類が魚を飼い、それをながめてたのしんだ歴史は、こんなふうに、ずいぶん昔にさかのぼって、むしろ際限がない。古代の国々で、庭園の池や石づくりの屋外水槽に魚を飼った話までアクアリウムの歴史に加えるのは、ちょっと、疑問がある。せめて、ガラス窓越しに魚を身近に見て楽しむようになったあたりを、アクアリウムの歴史の始点としたい。それならば、その意味の「アクアリウム」、そして日本語でいうところの「水族館」は、イギリスではじまった……というのが、ほぼ、今日の定説である。

ボイルとロイドの発見

十七世紀のイギリスの作家サミュエル・ピープスの『ピープス日記』には、ピープス自身が一六六五年のある日、夫人といっしょに訪れた知人の居間で、パラダイスフィッシュの入ったガラスの小容器があるのを見て、「みごとな珍品」（臼田昭訳）と感心した話が出てくる。

十七世紀のイギリスといえば、一六七〇年に、魚が水中の酸素を呼吸して生きていることを発見したロバート・ボイルが、その百年前の十六世紀の中ごろ、さる高名な水生動物学者の夫人がガラス器で淡水魚を三年間飼いつづけた話を紹介している。ロバート・ボイルとは「温度が一定のとき、一定量の気体の体積は圧力に反比例する」という、あのボイルの法則（一六六〇年）で有名な、物理学者・化学者である。

また、一八七一年にロンドンにオープンしたクリスタル・パレス水族館を設計して、開館後はキューレーター（学芸員）だったウィリアム・アルフォード・ロイドは、一八七六年に発表した論文で、「今から八六年前の一七九〇年のある日、エジンバラの街を青い服を着た使丁が一人、大きな土がめを重たげに抱えて歩いていた。三、四ガロン（一二〜一六リットル）ほども入る水がめには、その男を雇っていたジョン・G・ダリエル卿のアクアリウムに使う海水がいっぱい入っていた……」と、一八五一年以前にもう、ロンドンの町中で海の生きものを飼ってたのしんだ人々がいた話をまとめている。当時のロンドンで海の生きものを飼うには、一週間に二回か三回、平均して二週間に五回は、海から運んだ新しい海水に換える必要があった……と書き残している。

アルフォード・ロイドは、ハンブルグ、クリスタル・パレス、ナポリと十九世紀後半の水族館創始期に、欧米の著名な水族館づくりに功績のあった人物であった。求められれば気軽に国境を越えて、各国各地の水族館の設計を手がけた。新しく水族館の設計を担当するたびに、いっそう効果的な給水装置や酸素補給、照明の仕方など、何かしら新工夫をつけ加えるのを忘れなかった。

近年になって、アメリカで水族館の歴史についてまとめた単行本が少数ながら出版されるようになった。一九九三年に出版されたレイトン・テイラーの『水族館　自然の覗き窓』（本書三ページ参照）は、そのようなうちの一冊で、興味深い写真のたくさん入った親切な一般書である。ユーモアに富んだ文章も面白い。もう一冊は、二〇〇一年出版のヴァーノン・N・キスリング・ジュニア編著の『動物園と水族館の歴史』（Zoo and Aquarium History）である。これはむしろ学術書というべきであろう。

単行本ではないが、アルバート・J・クレーの『アメリカにおける趣味のアクアリウム』（Aquarium Hobby in America）もアメリカの「アクアリウム」の歴史にくわしい。アメリカ人に多い熱帯魚愛好者対象の月刊誌『ジ・アクアリウム』に、一九六七年十二月号から一九六九年九月号まで、二二回にわたって連載された長い論文で、アメリカのアクアリウムの歴史がホームアクアリウムで始まって水族館に発展し、それと並行してホームアクアリウムも普及して行った経緯をくわしく説明している。

レイトン・テイラーの本にたくさん原文が引用されているのが、一八七六年に初版が出たジョン・E・テイラーの『水族館　その生きもの、構造、管理』（The Aquarium. It's Inhabitants, Structure, and Management）である。復刻版がもし出ているなら、ぜひ読みたいと思ってまだ果たしていない。ちなみに、レイトン・テイラーは一二〇年も前の大先輩のジョン・E・テイラーのことを、自分とたまたま同姓ではあるけれども、姻戚関係はなく、アメリカではテイラーという姓は、ジョーンズと同じくらいありふれた苗字だと、わざわざ、ユーモラスにことわりを入れている。

これら三冊の単行本とクレーの雑誌連載論文の和訳書はまだない。日本語の題名は、筆者が仮りに翻訳してつけたものである。Aquarium という同じ英語を、「アクアリウム」と「水族館」にふり分けたのには、じつは理由がある。そのわけは、あとで説明する。いずれにしても、このような本も論文も、わが国にはまだ、ほとんどないのが残念である。

テイラーたちが筆をそろえて書くところを読むと、「アクアリウム」の発祥にやや先駆けて、十九世紀前半のイギリス貴族社会には、自然愛好趣味が大流行していた。山野草を小鉢に植え、ガラス瓶に淡水魚を飼い、籠に小鳥を飼ってたのしむ……小生物の観察、採集、飼育をトレンディなおしゃれと見ていた時代背景の前で、アクアリウムの趣味が生まれて普及していったのだ、と……。

十九世紀、ビクトリア王朝期のイギリスでは、自然を観察記載し、自然の法則を追及する趣味がはやった。ナチュラルヒストリーが大好きな社会、アクアリウムはそこから生まれてきたのだった。

アクアリウムとヴィヴァリウム

まず一八二九年、ナタニエル・B・ワードが、密封したガラスの小瓶（小函）の中に、たまたま生え出た小さなシダが、しっかり生きているのを発見した。そこから、密閉した小容器内に植物と動物を入れて光を当てておけば、互いの呼吸を助け合って長く生きる、言い換えれば生きものを長く飼えると信じて、そのことを一九三六年の植物学雑誌に発表した。さらに一九四二年には、陸の生きもの、あるいは陸生と半水生と両方の生きものを飼う装置、今日でいうテラリウムをつくって、「ヴィヴァリウム」ととなえた。

ワードの発見による、陸生の小植物と小動物を入れたガラス器の小セットは「ワーディアン・ケース」とも呼ばれて、当時のイギリスでの自然愛好の流行の波に乗って普及した。上流家庭の家々では、居間の机や飾り棚の上に、小さなシダなどミニチュアな植物を生やしたワーディアン・ケースをかざるのが流行した。

次いで一八四九年、ロバート・ウォリントンが、一個の水槽に入れた水中植物と水生動物の呼吸に相関関係のあることを発見して一八五〇年の化学会で発表した。小さなキンギョを二ひき、四五リットルのガラス水槽に半分ほど水を満たして入れて、それを学会の席上に持ち込んで見せ、平衡水槽（バランスド・アクアリウム）の実際を証明した。さらに一八五三年までに、四面ガラスの入れものを「ウォリントン・ケース」と名づけて売り出した。先行のワーディアン・ケースを意識して……か、どうかはわからない。

新案のウォリントン・ケースというのは、早くいえば、ワーディアン・ケースを天地逆にして、淡水か海水を入れたようなものだった。つまり、アクアリウムそのものだった。ただ、ウォリントンはこの時点ではまだ、アクアリウムという用語を使っていなかった。彼もまた、このセットを「ヴィヴァリウム」と呼んでいた。

いうなれば、ワーディアン・ケースをひっくり返しただけのウォリントン・ケースが、どうして、いつのまにか主客顚倒して普及し、先発のワーディアン・ケースはお株をうばわれて、影が薄くなってしまったのか。それはたぶん、水の生きもののほうが、陸の生きものよりも、飼っても、眺めても、ずっと面白かったからではなかっただろうか。

ウォリントンは、一八五〇年から一八五四年にかけて、淡水のアクアリウムの中の動物と植物の関係について論文を書き、また、それと同時進行的に、一八五三年と一八五四年には、海水のアクアリウムについても論文を書いている。一八五四年の論文のタイトルには、「アクアリア（アクアリウムの複数）」という用語がはじめて出てくる。

もう一人、ウォリントンと同時期に活躍した人物にフィリップ・H・ゴッスがいる。ゴッスは、ウォリントンのような学術論文は書かなかったが、一八五二年あたりから、ウォリントンと同じ方法でイソギンチャクを飼って、その観察結果を一般向きの本に書いて発表した。すなわち、一八五四年の『ジ・アクアリウム』と、一八五五年の『ハンドブック・オブ・マリン・アクアリウム』がそれである。

ゴッスは絵心のある人物で、この二冊の本は、著書というより画集であった。「アクアリウム」に飼育され、存分に観察されて、彩色図に描き出されたクラゲやイソギンチャクやサンゴのなかまは、たいへん魅力的な生きものだった。死ねば形を失う無骨格の海の水生生物を生かし、水槽のガラス越しに丹念に見て、生き生きと描いた、迫真のすばらしい図譜は、それまでになかった、名著といっていい書物だった。

生きているのを見なければ書けない、このような画集、それが、どんなに当時の人々を驚かせたことだろう。そこに描かれた生きものの魅力が、当時流行しはじめていたイギリスでの自然愛好の趣味を、いっきにアクアリウムへと向け、海の生きもの飼育へ向かわせたことは、たやすく想像できる。ゴッスこそはアクアリウム、とくにマリン・アクアリウムの普及啓蒙に大きな役割を果たした人物だった。

「アクアリウム」という名が使われたのは一八五四年で、その命名者はゴッス、とずっと信じられてきたのは、ゴッスがその名著のおかげでウォリントンよりも有名になったからだった。わたしの読んだ範囲の英語の事典や辞典には、すべてゴッスがアクアリウムの命名者と書かれていた。わたし自身もそう信じていた。それは間違いではないが、右のようなわけで、正確には同じ一八五四年に、ウォリントンとゴッスの二人が、偶然かどうか、同じアクアリウムという用語を最初に使っていたのは確かなようだ。

もっとも、十九世紀前半のイギリスで、ウォリントンとゴッスの活躍よりも少し以前に、アクアリウム趣味の創始と、アクアリウムという用語の命名と、両方にかかわった複数の人がいたようである。ジャネット・パワー（一八三二年、アクアリウムでの海洋生物研究の創始者）、ジョージ・ジョンストン（一八四二年にマリン・アクアリウムの創始）、アンナ・タイン（一八四六年に生きたイシサンゴを研究）……と、それぞ

ゴッスの著書『ジ・アクアリウム』に描かれたイソギンチャク．本書名が「アクアリウム」という用語の初出とされてきた

れの名誉が主張されているが、くわしいことはわからないので、この本では、その名を紹介するところまでに止めておきたい。

ガラス容器に水と生きものを入れるというだけのことならば、日本ではさらに一世紀ほども早く、十八世紀半ば、江戸時代の中期には、オランダ渡りの吹きガラス（ギヤマン、ビイドロ）の小容器（金魚玉）でキンギョを飼う風俗が現われていた。やがて、その「金魚玉」が、日本国内でも作られるようになり、作りやすい小さなガラス容器から女性が指先でつまんで下げられるような、国産品の小さな「ビイドロの金魚玉」が、風鈴などといっしょに売り出されて、しだいに普及していった。安価な小さな金魚玉に、これも安価な小さなキンギョを一、二ひき泳がせて軒先などにつるして眺めてたのしむのが、江戸の下町で流行った。

小さな入れものに小さなキンギョを入れるのであれば、大都市江戸の裏長屋に住む一般大衆が眺めて楽しむこともできる。平たい陶製の鉢や木製の桶で飼っていたのにくらべて場所もとらず、飼う魚の数も多くなくていい。それまで、上から覗いて観賞していたキンギョを、ガラス越しに横から、間近に眺めてたのしめるようになった。小さな軽い容器を、目の高さまで上げて、かざして見ることもできるようになった。そうして、キンギョと人間との距離がぐんと縮まった。可憐な小魚に一段と愛着もわいてきたことだろう。

当時の江戸では、コマネズミ、文鳥、万年青《おもと》、盆栽などの流行もあったが、なんといっても、キンギョの大流行にはかなわなかった。

江戸文芸にキンギョがはじめて登場するのは、もっと早かった。俳諧ならば万治三年（一六六〇）、「をどれるや狂言金魚秋の水」というのが有名である。この句ではまだ、キンギョはどんな容器に入っていた

ロイドが考案したといわれるアクアリウム

1850年代に西欧で流行した「キャビネット・アクアリウム」,「水族館」への移行のきざし？

1850年代に西欧で流行したアクアリウムの一形式「パルダリウム」. テラリウムとアクアリウムをジョイントしたもの

のかわからないが、明和五年（一七六八）になると、「びいどろに金魚のいのちすき通り」「びいどろに金魚の鼻のいきつまり」と、はっきり、ビイドロの金魚玉にキンギョを入れて、ガラスに眼を近づけて、魚をこまかく見ている雰囲気が伝わってくる。

もしかすると、これがガラス越しに魚を眺めるアクアリウムの楽しみを文字にした、日本最初の文芸……といって当たらずとも遠からずというところではないかと思われる。

で、そのような、わが国の「金魚玉」も、それから、イギリスでウォリントンやゴッスが活躍する以前、ロイドが書いたような、「週に二回も水がめで運んだ海水を入れ替えていた水槽」も、やっぱり、「アクアリウム」だったのだろうか。答えは、イエスでもありノーでもある。

江戸時代の日本の金魚玉（うちわ絵）

「アクアリウム」から「水族館」へ

アクアリウムと水族館

そもそも、アクアリウムとはなんだったのか。

十九世紀のイギリスではじまった、最初の「アクアリウム」は小型の卓上水槽だった。ただし、水が入っていて、生きものが容器の中で生きているだけでは「アクアリウム」ではなく、動物と植物の呼吸でバランスをとる自己完結式の平衡水槽（バランスド・アクアリウム）を、アクアリウムと呼ぶのだと、わりに厳密に考えていたようだ。それが、時代が進むにつれて、アクアリウムの意味はだんだんひろがっていった。

それでも、イギリスやフランスでは、卓上に置けるような小さなバランスド・アクアリウムをアクアリウムと呼び、今でいう水族館的な施設は、ヴィヴァリウムとかアクア・ヴィヴァリウムと呼ぼうとしていたようである。そして、二十世紀の初めごろまでは、アクアリウムとヴィヴァリウムは、やや混乱しながら使い分けられていたようだ。

しかし、そのうちに「アクアリウム」の範囲はどんどんひろがり、どのようなものがアクアリウムかというより、どのようなものがアクアリウムでないのかを考えたほうがわかりやすくなってきた。

余談であるが、わたしが一九七一年三月にはじめて、パリのジャルダン・デ・プランツを訪れたとき、そこのメナジェリー（動物園）には「アクアリウム」はなくて「ヴィヴァリウム」があった。そのヴィヴァリウムの入口には「一九二九年」と建設年のレリーフがあった。

もちろん、文久三年（一八六三）に福沢諭吉が見たそのままであるはずはなくても、彼が「生きながら玻璃器に入れた」魚を見て感激した気持の一端を味わいたいと思ったのだが、それから百年以上たったメナジェリーの案内図には「アクアリウム」の記載がなかった。水族館の所在を入口の売店で尋ねると「オー、ル・ポアッソン！」と肩をすくめながら教えてくれたのがヴィヴァリウムだった。

ただし、魚類の展示があったのは、隣のレプティル（爬虫類館）で、こちらはさらに古色蒼然とした建物だった。入口の上に一八九六年建設とレリーフがあった。一八九六年は明治二十九年である。

肝心の魚を入れた水槽は鉄枠、またはコンクリート枠の置水槽で、大きいほうがタテヨコ六〇〜一〇〇センチ、高さ約五〇センチ、板壁に窓をくりぬいて、水槽の手前側のガラス面だけが見えるようになっていた。ほかに小水槽が台上に並ぶ、淡水魚専門の小水族室だった。

本筋に戻ろう。現在でも、キスリング・ジュニアのように、アクアリウムをきちんと定義しようという研究者はいる。もっとも、そのいうところは、厳密すぎて、当てはめるのがなかなかむつかしい。

キスリングは、アクアリウムを「自然環境のように自給自足ないし自己完結的に自立したシステムで、水生動植物を飼育栽培する水槽」と定義する。ウォリントンとゴッスの名も出して、用語の由来も説明して、つまり、十九世紀の二人のイギリス人の功績と名誉に気をくばりながら、現在の水族館にも当てはまるようにと苦心の窺われる定義である。キスリングが、アクアリウムを「施設」ではなく「水槽」と定義していることにも興味をひかれる（本書六三ページ以下を参照）。

ちなみに、キスリングは、オセアナリウムをアクアリウムと分けて、オセアナリウムとは「少なくとも、一個の巨大な水槽をそなえて、イルカやシャチなどの水生哺乳類を飼育し、一般公開しているアクアリウム」と、定義している。さすがに、巨大水槽のオセアナリウムには「卓上の小水槽」をどうするかの問題はないので、わかりやすい。

『エンサイクロペディア・ブリタニカ』も見てみよう。こちらには、「(アクアリウムとは) 水の生きものを飼っている容器。淡水と海水の両方とも。あるいは、展示または研究のために水の生きものを収集している設備」と、そっけないが、これならだれにでもよくわかる。これが日本語でいう「水族館」の定義である。

一方で、クレーのいうように、アクアリウムとは、本来、家庭の居間に置くような水槽のことであって、

パリ／ジャルダン・デ・プランツにあったヴィヴァリウム（1971年撮影）

ヴィヴァリウム隣りのレプティル（爬虫類館）出入口．古色蒼然としている（同上）

ジャルダン・デ・プランツの内部．いかめしい檻に仕切られたワニのコーナー．ゾウガメも入っていた（同上）

水族館はその大規模になったもの、という見方もある。アクアリウムの発祥とその後の経過を考えれば、こういう解釈の仕方が本筋であろう。

レイトン・テイラーは、その辺の混乱をユーモアたっぷりに(「船《シップ》の上にボートは乗せられるが、ボートの上に船《シップ》は乗せられない」ということわざを引いて)、「小さな卓上の金魚鉢から、一億五〇〇〇万ドルかけたビルディングまでがアクアリウム」で、「アクアリウム(水族館)の中にはアクアリウム(水槽)があるが、アクアリウム(水槽)の中にはアクアリウム(水族館)がない」と茶化している。

「アクアリウム」の定義がこう面倒になったのは、ゴッス、ウォリントンの発明や活躍のあと、すぐ、その知識と原理を応用拡大して、ロンドンに最初の水族館ができ、これがフィッシュ・ハウスとアクアリウムと二つ名前を使ったからでもあろう。そして、ロンドンの水族館の成功に刺激されて、イギリスおよびヨーロッパ各国に次々と水族館がつくられ、それらがアクアリウムの名を使い、それまでの「アクアリウム」という概念をいっきに拡大してしまったから……ではないか。

ロンドンに最初の水族館が

世界最初の「水族館」は、一八五三年、ロンドン・リージェント・パークの動物園内につくられた。それも、開館に二年先立つ一八五一年ごろから、ゴッスが海産の無脊椎動物やら魚やらを持ち込んで飼育試験をしたり、水族館の設計を助けたり、それなりに準備を重ねての上のことであった。

レイトン・テイラーは、世界最初の水族館の様子を報じた当時のロンドンの週刊新聞、『リテラリー・ガゼット』の記事を転載している。G・ヴェヴァーズ『ロンドン動物園』(羽田節子訳、一九七九年)にも同じ記事の和訳があるが、ここではもう一度、テイラーの引用した原文を直接翻訳してみよう。

海底とそのあたりにすむ生きものの展示を見るのは、まったくの新体験なので、（記事が）博物学に偏りすぎると非難を受けるのを承知の上で、一般公開されたばかりのすてきな水族館（ヴィヴァリウム）の話をしよう。リージェントパークの動物園の花壇との境界近く、六〇×二〇フィートの敷地に、クリスタル・パレスふうのガラスと鉄骨でできた明るくて軽やかな建物がある。その透明な壁面の周囲に板ガラス製の六フィートの水槽が一四個置かれている。うち、八個は海洋生物用に使われる予定のもので、別の六個がすでに展示中である。水槽内には、岩くれ、砂、小石、石灰藻（のかたまり）、海藻、海水が入れてあり、たくさんの甲殻類、ヒトデ、シラヒゲウニ、イソギンチャク、ホヤ、有殻・無殻軟体動物、魚類が、すべて自然のままに生き生きと活動し、ときに休息し、ときに食べたり、食べられたりしている。

一八五三年のこの新聞記事にも、まだ「アクアリウム」が使われていない。水族館の意味で「ヴィヴァリウム」が使われている。世界最初の「水族館」が、ウォリントン・ケースやゴッスのアクアリウムと同じような、台の上にならべた可動の置水槽だったこともわかる。

ロンドン動物園に「水族館」がオープンして以来、西ヨーロッパの各国各都市で、にわかに水族館建設の大流行がはじまった。十九世紀末までにつくられた主な水族館は、たくさんある。たとえば、パリ・ブーローニュ、ベルファスト、ハンブルグ、スカーバラ、ブリュッセル、コローニュ、ルアーヴル、ベルリン、ブライトン、ハノーヴァー、マンチェスター、サウスポート、ヴィエンヌ、ナポリ、ヤーマス、ウェストミンスター、クリスタル・パレス（ロンドン）、フランクフルト、エジンバラ、セテ、アムステルダム、プリマス、ブレーメン、セヴァストポール……と、国境を越えて、ヨーロッパは水族館の一大流行期だった。水族館ブームは大西洋を越え、アメリカにも飛び火して、一八八八年以降に水族館の建設がはじ

ロンドン動物園に作られたフィッシュ・ハウス(1853年)．世界最初の水族館で，置水槽を並べたものだった

フランクフルト動物園に作られた水族室(アクアリエン・アンラーゲ，1859年)．ドイツ最初の水族館で，これも置水槽を並べたものだった

ロンドンのクリスタル・パレス　はじめハイドパークに建てられ，のちにシャイデンハムに移されて19世紀の最初の大水族館となった

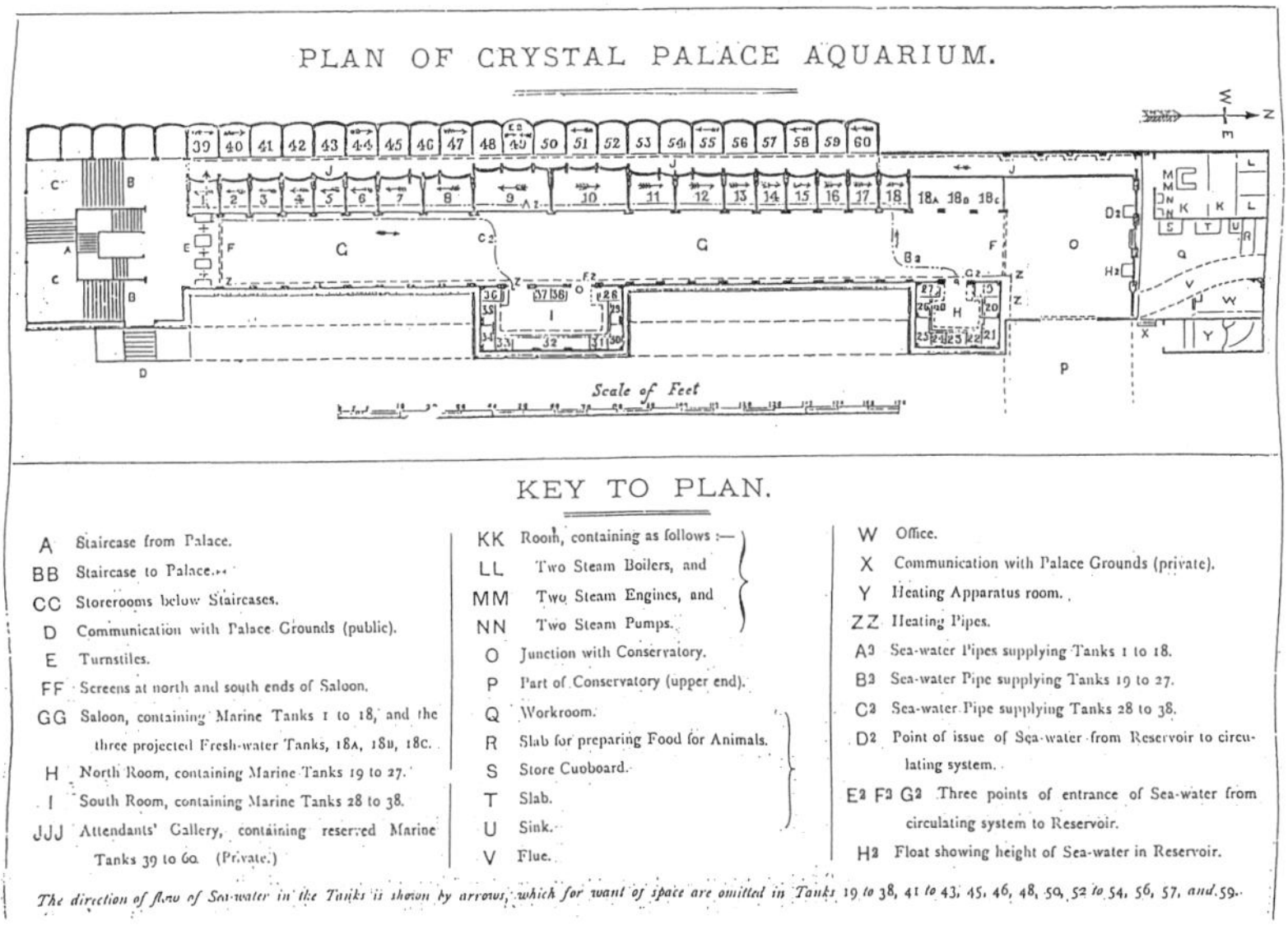
PLAN OF CRYSTAL PALACE AQUARIUM.
Scale of Feet
KEY TO PLAN.
A Staircase from Palace.
BB Staircase to Palace.
CC Storerooms below Staircases.
D Communication with Palace Grounds (public).
E Turnstiles.
FF Screens at north and south ends of Saloon.
GG Saloon, containing Marine Tanks 1 to 18, and the three projected Fresh-water Tanks, 18A, 18B, 18C.
H North Room, containing Marine Tanks 19 to 27.
I South Room, containing Marine Tanks 28 to 38.
JJJ Attendants' Gallery, containing reserved Marine Tanks 39 to 60. (Private.)
KK Room, containing as follows :—
LL Two Steam Boilers, and
MM Two Steam Engines, and
NN Two Steam Pumps.
O Junction with Conservatory.
P Part of Conservatory (upper end).
Q Workroom.
R Slab for preparing Food for Animals.
S Store Cupboard.
T Slab.
U Sink.
V Flue.
W Office.
X Communication with Palace Grounds (private).
Y Heating Apparatus room.
ZZ Heating Pipes.
A2 Sea-water Pipes supplying Tanks 1 to 18.
B2 Sea-water Pipe supplying Tanks 19 to 27.
C2 Sea-water Pipe supplying Tanks 28 to 38.
D2 Point of issue of Sea-water from Reservoir to circulating system.
E2 F2 G2 Three points of entrance of Sea-water from circulating system to Reservoir.
H2 Float showing height of Sea-water in Reservoir.
The direction of flow of Sea-water in the Tanks is shown by arrows, which for want of space are omitted in Tanks 19 to 38, 41 to 43, 45, 46, 48, 50, 52 to 54, 56, 57, and 59.

クリスタル・パレス水族館平面図．1871年『ネイチャー』誌に掲載されたウィリアム・ロイドの原図

まった。十九世紀にできたアメリカの水族館は、ワシントン、ボストン、ウッズホール、サンフランシスコ、ニューヨーク……と、これも少なくない。

十九世紀の欧米の水族館のうちで、最大の規模を誇ったのがロンドンのクリスタル・パレス水族館だった。この水族館は、もとは一八五一年の五月から十月にかけてロンドンで開かれた万国勧業大博覧会のためにつくられた建造物で、一九エーカーもの広さの鉄枠のビルディングに長さ四フィート、厚さ一インチのガラス板を二七万枚以上もはめこんだものであった。これを博覧会終了後、ロンドン近郊のシャイデナムに移設し、改装に二〇年をかけて一八七一年にクリスタル・パレス水族館としてオープンした。大型展示水槽が六〇個に二〇万ガロンの海水を満たし、最大の展示水槽は長さ二〇フィート、四〇〇〇ガロン、貯水槽は一〇万ガロンまたはそれ以上あった。

『ネイチャー』の一八七一年十月十二日号には、ウィリアム・A・ロイドが「ザ・クリスタル・パレス・アクアリウム」の紹介記を寄せている。ロイドはクリスタル・パレスを皮切りに当時黎明期の西欧の水族館を次々につくり、あるいは指導した人物であった。ロイドのこの論文ではもう、水族館が「ヴィヴァリウム」ではなく、はっきり「アクアリウム」と書かれ、この水族館が淡水魚をまず飼育して、それから海水魚の飼育に切り替えて、さまざまな苦心と試行錯誤の末、開館に漕ぎつけた経緯が語られる。展示水槽の総容量が貯水槽の水量の四分の一にしてあること、海水は一時間当たり五〇〇〇〜七〇〇〇ガロンを高架水槽二個にポンプアップして給水していること、動物の排泄物処理（彼は二酸化炭素としているが）のために海藻の存在が必要であること、海水を循環させつつ十分にエアレーションを行なうことで、海水を濾過せずに、濁りもない、化学的にも浄化された環境で、生きものを健康に飼育できること……などが詳細に説明される。大きな貯水槽と十分なエアレーションがあれば、濾過槽を必要としないという主張に

ジュール・ヴェルヌ『海底二万リーグ』(1870年）の挿絵．想像の深海潜水艇ノーチラス号の窓に現われた大ダコを眺めるネモ船長．当時初めて出現したばかりの水族館の光景からイメージしたと思われる

は、黎明期のわが国の水族館設計との関係に思い当たるところがある。

ロンドンのクリスタル・パレス水族館の海水はブライトンから運ばれていた。飼育水族は各地方の海岸部から運ばれていたが、わけても、プリマスにはヨーロッパ各地のアクアリウムからの注文に応じて、水族を集めて送り出すエージェントがいた。そのほかエセックス州サウスエンドほかの各地方にも、同様な業者がいて、ロンドンのクリスタル・パレス水族館がそれら専門業者を通じて水族を収集していた記述がある。

クリスタル・パレス・アクアリウムがロンドンでオープンした翌年、これをしのぐ大規模な水族館が、同じイギリスにできた。一八七二年オープンのブライトン水族館である。ブライトン水族館の最大の展示水槽は一〇〇×六〇フィートあった。海水の展示水槽は三〇万ガロン（一三〇〇トン）またはそれ以上で、貯水槽はさらに五〇万ガロン（一八〇〇トン）もあり、海から直接ポンプアップしていた。すなわち、展示水槽の大きさと総容量、貯水槽の容量のどちらも、クリスタル・パレス水族館を上まわるものだった。要するに、なんと、今から一三〇年前のイギリスで、早くもこんなふうに、水族館の大きさ競争が始まっていたのだった。

話は少し横道にそれるが、十九世紀の作家ジュール・ヴェルヌに『海底二万リーグ』という、有名な海洋SFの傑作がある。発行は一八七〇年、この小説は『海底二万マイル』という映画にもなった。（ただし、一リーグはほぼ三マイルであるから、二万リーグと二万マイルでは、だいぶ規模がちがう。したがって、わたしには映画の題名がすこぶる気に入らなかった……閑話休題）ヴェルヌはこの小説を書くために、何週間もヨットで大西洋を航海して構想を練ったという。その『海底二万リーグ』に「ナウチラス」という名の深海潜水艇が出てくる。「ナウチラス」は深海を浮き沈みして生きているオウムガイのことで、後年アメリカの原子力潜水艦がその名を頂戴したことでも知られている。

『海底二万リーグ』には、「ナウチラス」の大きな丸窓いっぱいに、奇怪な大ダコが腕をひろげているのを、窓際に立ったネモ船長が腕組みをしてじっと眺める挿絵がある。深海潜水艇にこのような大きな窓がつけられる道理はないが、そこがSFである。しかし、このような構図のヒントをヴェルヌまたはその挿絵画家はどこから得たのだろうか。もしかしてそれは、一八〇〇年代後半にイギリスやフランスではじまった水族館ブーム、とくにその大きさ競争の影響を受けていないだろうか。この挿絵の大きなガラス窓と窓にへばりつく大ダコの様子、そしてそれを眺める人物の姿勢は、どうしても、水族館の大きなガラス窓をはさんだ前と後ろの光景としか思えない。

話は戻って、一八五三年にできたロンドン動物園水族館は、そしてそのすぐあとにつづいたフランクフルトやハンブルグの水族館は、みな、台上に可動の小型置水槽を並べた水族館だった。しかも、そろって動物園内につくられた小規模の動物園付属水族館だった。

それなのに、それから二〇年もたたぬうちに、置水槽ではない、つくりつけで、しかも大型の壁水槽が主体の水族館が出現したのだから、その発展のスピードには驚かされる。水族館は、いや、水族館に限らず、ものに勢いのある時期には、こんなふうに、その勢いにまかせて、加速度的な進歩発展が見られるものなのだろうか。

「世界最初・ボルドーの水族館」への疑問

さて、そこで一つ問題がある。少なくともわが国では、今まで、世界最初の水族館は、一八三〇年にフランスのボルドーにできたそれであるといわれてきた。昭和三十七年（一九六二）の『水産ハンドブック』にも「世界最初の水族館は一八三〇年にフランスのボルドーに開設……」とある。かくいうわたしも、諸先輩の記述をそのまま信じて、何度かそう書いてきた。

だが、それはどうもおかしいようだ。この本に今まで書いてきたこととのつじつまも合わない。改めて欧米でのアクアリウム・水族館の発祥をたぐり寄せてみると、ボルドーに水族館ができたという一八三〇年という年代も、アクアリウム・水族館がスタートした時期としては早すぎるように思われる。水族館の歴史がボルドーで発祥したという根拠もあやしげである。かつては「水族館のボルドー発祥説」を孫引きで盲信していた一人として、反省しつつ再検討してみたい。

わが国の文献資料で、最も早くこの話が出てくるのは、今のところ、明治三十年（一八九七）発行の『動物学雑誌』第百八号の「雑録」である。そこに「水族館の事」と題して「水中動物と水藻との関係は六十年前には未だ十分に知るを得ざりしなり佛國ボルドーに於てM. de Moulins（ムーラン）が水中に水藻を入れ置かば魚類はよく活発に且つ健康なることを知りしは一千八百三十年なり……」とあるのが嚆矢らしい。もっとも、この文章ではただ、いわゆるバランスド・アクアリウム（平衡水槽）の原理を見いだしたのがM・ド・ムーランであったと説明しただけのようである。

その翌年の明治三十一年（一八九八）になると、『第二回水産博覧会附属水族館報告』の「総論」に「降テ一千八百三十年ニ至リエムドムーレンナルモノ仏国ボルドーニ於テ創メテ水族館ヲ開試シ現今欧米各邦ニ於テ襲用スル方法ヲ案出シテ動物ヲ放養シタリ……」とある。

どうやら、これが「水族館はボルドー発祥」とはっきり書かれた最初の記事のようである。先の「雑録」の文章は、じつは第二回水産博覧会附属（和田岬）水族館の紹介解説を兼ねていて、署名にT・Nとあるところから、この和田岬水族館の開設に尽力した飯島魁の愛弟子で、わが国の黎明期水族館の発展に功績のあった人物の一人だった西川藤吉の書いたものと思われる。『博覧会附属水族館報告』のほうも無署名だが、文面から見て、これもおそらく西川の執筆、または飯島との共同執筆と思われる。

そして、またその翌年の明治三十二年（一八九九）、今度は『東京名物浅草公園水族館案内』、つまり、同年にオープンした浅草公園水族館のガイドブックの「緒言」にも、右をそっくりそのまま引用したと思われる「降って一千八百三十年に至りエムドモーレンなる人仏国ボルドーに於て創めて水族館を設立し……」と同一の文章が出てくる。

これらの記述のもともとの原典は、それらの二十数年前、一八七六年に書かれたジョン・E・テイラーの著書（本書一三ページ参照）だった可能性が大きい。ジョン・テイラーの本には、「動物と植物の均衡を利用した近代的なアクアリウムが始まったきっかけは、M・ド・ムーランが始めたボルドーのアクアリウムだった。ムーランはナチュラリストで、水草を貝（巻貝？）と魚といっしょに入れて、うまく養うことができた。魚より貝のほうが丈夫であった」と、動物よりも植物のほうが主役のように書いている。先の動物学雑誌の「雑録」の記事はこれを直接引用したのかもしれない。

「ボルドーにあったド・ムーランのアクアリウム」は、文脈から見ると、淡水のそれだったようである。ただ、先に書いたように、この「アクアリウム」は「水槽」ではあっても、「水族館」ではなかったのだろう。あるいは、このM・ド・ムーランも、十九世紀前半のイギリスのアクアリストたちと同じ、「アクアリストであっても水族館人ではなかった」のではないか。わが日本でも、明治時代に入ってきた新知識を、アクアリウムすなわち水族館と疑いもせず直結して、それが必ずしも誤訳ではなかったところから、話がずれてきたのだろう。

もともとの西欧でも、その辺の混乱はあったらしい。「アクアリウムはアクアリウム」であり、「水族館トン・テイラーがいっているとおりである。

ところが、三二ページにも引用した、明治三十年（一八九七）『動物学雑誌』第百八号の「水族館の事」には、「人工を以て陸水或は海水中なる動物をして恰も天然界にあるが如き有様に生活せしめ得る設計物をアクアリウム即ち水族館と云ふなり」と書きながら、すぐつづけて「（アクアリウムは時に……『館』を意味せざることあり）……」と、断りを入れ、その上で「M・ド・ムーランのボルドーの水草と魚の関係」を紹介し、話をなおややこしくして、早くも混乱の種子をまいている。

それで一九六二年の『水産ハンドブック』（本書三二ページ参照）ではもう、アクアリウムと水族館を同義の用語とみなして疑わず、「種々の水族を飼育して一般の、また研究者の展覧に供する施設」と簡明に定義して、「水族館は陸上で（水族の生態を観察し、またこれを見て楽しむ）機会を与えてくれる唯一の施設」と、アクアリウムと水族館の異同に少しも疑問をもっていないようである。この項目の執筆者が水族館人でなく、その見識の問題もあるが、少なくともこのころのわが国ではもう、「アクアリウムすなわち水族館」というイメージが固まって、だれも疑わなくなっていたのではないか。

なお、この『水産ハンドブック』にも、「世界の最初の水族館は、一八三〇年にフランスのボルドーに開設……」とある。これもおそらく、右に書いただれかの記述を、そのまま孫引きしたのだろう。こう、孫引きに孫引きを重ねて「水族館の一八三〇年ボルドー創始説」が定説のようになってしまったのだろう。

西洋の黎明期水族館を見た日本人

パリからブライトンへ

十九世紀後半、ヨーロッパ各国に、にわかにつくられはじめた黎明期の水族館をはじめて見学した日本人がだれだったかは、正しくいえばわからない。しかし、その感動を書き記して後世に残してくれた最初の人が福沢諭吉だったことは、ほぼ間違いないようだ。

江戸から明治へ、時代が単なる改元を超えて大きく変わろうとしている直前の、文久三年（一八六三）に欧米に派遣された福沢諭吉は、パリの東の郊外にあるジャルダン・デ・プランツのメナジェリー（動物園）を訪問して受けた大きな感動を、その当夜ホテルに帰って、たとえば水族館の部分は、こんなふうに日記に書き留めた。

薬園は唯草木のみならず、禽獣魚虫玉石に至るまで、世界の物品を集めたる所なり……禽獣鳥虫も各々其の性に随ひ、これを養ふ。海魚は玻璃器に入れ、時に新鮮の海水を与へて、生きながら貯へり……

ジャルダン・デ・プランツを見学したとき、福沢は二七歳だった。二〇代の日本の若者がはじめて見た欧米の文物は、ものみなすべて、珍しく、驚嘆の対象だったことであろう。もちろん、メナジェリー（動物園）もその例外ではなかったはずである。

この日記は、帰国後、『西航記』と題されて多数の写本がつくられて大勢の人に読まれ、慶応二年（一八六六）に『西洋事情』と改題して再び出版された。『西洋事情』は幕末から維新後にかけて、それまで

十九世紀末のブライトン水族館

にない売れ行きであった。少なくとも当時のインテリ階級の人々が、この書物を通して、文明開化の日本がこれから学び取り入れてゆく「西洋の事情」を知ろうとしたのだった。

福沢諭吉が随行した遣欧使節一行は、ロンドン、アムステルダム、ロッテルダム、ベルリンなどの動物園を見学してまわった。ロンドン動物園にも、先に説明した一八五三年にオープンした、置水槽式の水族館があったはずだが、福沢は見学しなかったのか、知らなかったのか、水族館のことは何も書き残していない。

右の記載からも察せられるように、福沢の見たジャルダン・デ・プランツの「アクアリウム」は、ロンドン動物園の最初のそれと同じく、「玻璃器」つまり、台上に置かれた小型の置水槽のことであった。

『西航記』に「薬園」と書かれた「ジャルダン・デ・プランツ」は、『西洋事情』では「また、動物園、植物園なるものあり。動物園には、生きながら禽獣魚虫を……」と書き直されて、これが「動物園」(「植物園」も?)という日本語が出てくる最初の記述であるといわれている。しかし、この文章にはまだ、「水族館」という日本語は出てこない。

福沢諭吉の次に西欧の水族館を公式に見学した日本人は、明治五年（一八七二）に欧米を見て回った岩倉具視使節団一行である。使節団約五〇名の一つの特徴はその年齢の若さだった。大使岩倉こそ（出発時には）四八歳だったが、団員の平均年齢はほぼ三〇歳で、二、三〇歳代の青壮年を中心に構成されていた。さらに、五九名の留学生が使節団に同行していた。

岩倉使節団の各地での視察記録は、大使の私設秘書として随行した久米邦武が中心となって編集され『特命全権大使米欧回覧実記』（五編百巻）となって、明治十一年（一八七八）に博聞社から出版された。『実記』の編集者で、実質的な執筆者でもあった久米は当時三三歳、おそらく、そこに書かれた異国見聞の感動や驚きは、使節団の人々の平均的なそれであったことであろう。今、われわれは岩波文庫（田中彰校注）の『特命全権大使米欧回覧実記』五巻で、使節団の足跡と感激を追うことができる。

岩倉使節団が見学した水族館は、『特命全権大使米欧回覧実記』を読むかぎり、ブライトン、ロンドン（クリスタル・パレス）、ベルリンの三館であった。ほかにアムステルダムでも、「魚類の飼養施設」を見学している。フランス（パリ？）でも、水族館を見たのかと想像させる短い記述があるが、はっきりしない。一行はロンドン動物園へも行き、久米がくわしい見学記を書いているが、一八五三年オープンしたはずのロンドン動物園付属水族館のことは、福沢諭吉のときと同様、何も書かれていない。

『特命全権大使米欧回覧実記』のブライトン水族館の見学記は、次のように書き出されている。

……海岸ノ風景ヲ回覧シ、水族室ニ至ル、此ハ魚類ヲ生活セルママニ養ヒオク室ナリ、毎室ニ淡水海水ヲ盛リ、管ヲ以テ新陳逓ニ交代セシメテ、水ノ敗腐ヲ防ギ、底ニハ沙ヲ撒シテ、種種ノ海石、海藻、介虫ナトヲ蓄ヘ、側面ニ玻璃ヲ固嵌シ、人ヲシテ廊ヲ過キテ覧観セシム、其趣キ海中若クハ潭中ヲ横截シテ、側面ヲ窺見セシムルニ同シ……

海水淡水を流した水槽に砂を敷き、岩石や海藻などをあしらって、側面にガラスをはめこみ、人はその前の長いホールを歩いてゆく。その眺めは海の中や湖沼の中を切り取って、側面から見るようである……と。すなわち、ブライトンの水族館は、福沢諭吉が見たジャルダン・デ・プランツの置水槽水族館とは違って、つくりつけの壁水槽が並んだ、今日でいう水族館らしい水族館だった。岩倉使節団一行は、西欧の初期水族館らしい水族館を見てきた、記録に残る最初の日本人たちだった。

水族館が気に入った岩倉使節団

十九世紀のブライトン水族館と、その水族館を訪れた日本人使節団一行の動向については、一九九八年にイギリス・レディング大学院に留学中だった岩本陽児さんが、『ブライトン・ガゼット』、『ブライトン・ガーディアン』、『ザ・タイムズ』など、当時の新聞記事を克明に調べて、くわしく紹介している。以下、主としてその報告から、イギリスで当時第一級の水族館を見た使節団一行の気持ちを推しはかってみたい。ロンドン動物園の見学記については、中野美代子さんのくわしい解説があるが、水族館とは無関係なので省略する。

岩本さんの調べたところによると、一八七二年八月二十日、使節団一行は接待役の日本公使ハリー・パークスの案内で、ロンドン・ビクトリア駅から鉄道でブライトンへ日帰り旅行に出かけている。ブライトンでは午前中博物館を見て、午後はコンサート・ホールを訪れ、市長主催の昼食会のあと、ブライトン水族館を訪問した。ブライトン水族館の開館は同年八月十日であったから、使節団は開館してまだ一〇日後の真新しい水族館を訪問したことになる。長さ二一五メートル、幅三〇メートルの弧をえがいた斬新な設計のブライトン水族館は、開館一週間で四〇〇〇人の来館者を迎えていた。

使節団はここが気に入ったのであろうか、二日後にまたブライトン水族館を訪問している。そして、同年十一月三十日、使節団の副使木戸孝允は書記官五名を連れてブライトンに一泊旅行に来て、つまり三度水族館を見学している。

ブライトン水族館の観覧ホールは三つに分かれていた。淡水・海水の区分のほか、サケの孵化仔魚を見せたり、イソギンチャクのコレクションや、主としてイギリス沿岸の冷温帯系の海水魚、それも食用種を展示の中心にしていたようである。ただし、日本使節団の一行には、この水族館で飼われていた魚が、どのような種類のものか、ほとんど理解できなかったと。それはもちろん、そうだったであろう。ブライトン水族館ではまた、外国産の魚も飼って見せていた。九月には「中国」からベタ（淡水産の闘魚）が入って新聞の話題になっている。

この水族館では、水産資源に関する知識の教育普及も意図されていた。当時、家畜の口疫病が流行して食肉の価格が高騰しており、比較的安価な魚肉の奨励普及による経済安定への寄与が考えられていたからであった。ブライトン水族館の展示水槽のガラスは平均一・八五×一メートル、厚さ二・五センチ。飼育海水は海から直接メインタンク（二三〇〇トン）に汲み上げられたのち、それぞれの水槽に配水されていた。海水循環に使われていた蒸気エンジンポンプは、メインタンクを一〇時間でいっぱいにするほど強力なものだった。水族館の内部はさぞ、騒々しかったことであろう。

『特命全権大使米欧回覧実記』はまた、同年八月十七日にロンドンのクリスタル・パレス水族館を見学したときの印象を、次のように書いている。

水族室アリ、鱗介ヲ蓄ヘテ観ニ備フ、『ブライトン』ニ同シ（第二十三巻ニ出）、彼ハ新水ヲカへ、此ハ空気ヲ交換ス、水中ノ空気ヲ交換シ、魚介ヲ養フハ、新水ヲ交換スルニ比スレハ、更ニソノ生活ヲ全クスルト云つまり、クリスタル・パレス水族館が、いつでも海水を海から供給できるブライトン水族館とは違って、エアレーションを重視しつつ、循環飼育法を採用していたこと、その利点について説明を受け、その内容を理解したと窺われる記述である。

開館二年後のまだ新しい水族館を訪問した遠来の日本使節団を案内して、クリスタル・パレス水族館の仕組みをそんなにも熱心に説明し、エアレーションの良さを力説したのは、もしかすると、この水族館のキューレーター（兼主任技師?）だった、ウィリアム・ロイドその人だったのかもしれない。

特命全権大使の一行は、明けて明治六年（一八七三）三月十日、ベルリンでも動物園を見学し、水族館も見ている。ベルリン水族館のところは、こんなふうに書かれている。

夜水族観ニ至ル、是ハ「ブランデン、プェルゲルトール」（城門通リ）ノ広街ニアリ、四層ノ屋造ニテ、其屋中ヲ分区シテ、人造ヲ以テ石ヲ築固シ、天然ノ岩洞ヲ造成シテ、上層ヨリ下層ニ下ラシム……階ヲ下リ、地下ノ層ニ入レハ、鉄網ヲ以テ諸禽ヲ蓄ヘ……其園ヲ回リ、曲折シ去レハ、水族ヲ養フ所ニ至ル、水族ヲ養フコト、英ノ水晶宮ニテ見ルニ同シ、空気ヲ以テ水ヲ攪シ、新陳交代セシム、スヘテ一百十室アリ、奇巌洞ヲナシ、屈曲シテ……中ニ道ヲ開ク、処処ニ瓦斯燈アリ……五彩ノ光ヲナサシム、宛トシテ海底ノ洞ヲミルカト疑ハシム、英仏ニ水族室ノ設ケアリトイヘトモ、二十余室ニスキス、此観ハ之ニ五六倍ス、且屋中ノ造巧ニ至リテハ、実ニ世界一ノ観……

ベルリン水族館の開館は一八六九年で、ロンドンのクリスタル・パレスやブライトンよりも少し早い。久米はベルリン水族館の工夫をこらした見せ方と規模の大きさに感心したのであろう。ブライトン、クリスタル・パレスの両館に比べてはるかに規模が大きいと記し、ベルリン水族館についてだけ、ホールや水槽の展示装飾についてこまごまと記している。

ここで、久米が「水族館」と「館」の字を当てず、「水族観」「此観」などと書いているところに興味を惹かれる。博物館や美術館も博物観、美術観と書いてもいる。江戸時代から使われていた「水族」はともかく、「水族室」または「水族館」という日本語がいつできたのかはまだはっきりしない。しかし、少なくとも印刷物への初出は、この『特命全権大使米欧回覧実記』の「水族観」である可能性が大きい。

特命全権大使一行は、その他の各国各地で禽獣園（動物園）を見学しているが、水族館については、他にアムステルダムで水族館を見てきたらしい短い記載もある。

一行がアムステルダムの禽獣園を見たのはベルリン訪問に先立つ一八七三年三月六日であった。動物園の見学記「禽獣園並ニ養魚ノ説」という小項目に「又魚児ヲ養フ室アリ」と書き出して、同園が魚類（記述に疑問があるが、サケ類であろうか）、その人工孵化事業について紹介して「養魚人懇懇ト其術ヲ語リタレドモ」くわしく書きつくすことができないので、概略に止めると断っている。あるいは、ブライトン水族館ほかのときと同様、説明の内容がよく理解できなかったのかもしれない。ここには、水族館を見たとは書いてないが、一八七三年当時のアムステルダム動物園にはまだ水族館がなかったはずである。この動物園の水族館は一八八〇年に開館しているので、「魚児を養う室」というのは、その前段階となった施設だったのだろうか。

一行がナポリを訪れたのは一八七三年三月二十日である。ここではじめてマダイ（?）を食べて感激したとある。すなわち、「此ニテ紅鬣《タヒ》魚ヲ宰《サイ》ス、日本ヲ発スルノ後ニ、此魚ヲ食シタルハ、唯此国アルノミ」と、英、仏、独などの諸国では、ヒラメ、タラ、サケ、ひどいときは塩ニシンなどを食べさせられ、美味なマダイを食べさせてもらえなかった。このナポリではじめて、マダイが食膳に出た。これはわれわれ日本人のタイ好きを知っていて、こうしてくれたのだろうと、イタリア人の「行き届いた好意」を感謝している。

そのあと、「米欧各国ミナ此魚ヲ食セス、水族観ニモ此魚ヲ養フタルヲ見ス」と、ここでも「水族観」と出てくる。一行がナポリへ行きながら、水族館を見なかったのも当然、ナポリ水族館、正式にはアントン・ドールン動物学研究所という名の、水族館を併設した世界最古の国際臨海実験所のオープンは、全権大使一行が帰った翌年の一八七四年であった。

ついでにいえば、マダイは地中海にも大西洋にも産しない。地中海近辺はタイ科魚類の発祥地とされているが、この海のタイはすべて日本のマダイとは別種である。岩倉大使一行がナポリで供応を受けて大感激した「タイ」は、どんなタイだったのであろうか。

第II章

日本で水族館が始まったころ

水族館ははじめ異文化だった

「うをのぞき」でスタートした日本の水族館史

さて、欧州での水族館の成立を前史と見て、このあたりでわが国の水族館史黎明期に眼を移そう。

わが国最初の水族館が、明治十五年（一八八二）にできた上野動物園の付属水族館であったことは、今ではほとんど疑いの余地はない。幕末に彰義隊が立てこもって最後の抵抗を試みた上野の山が、明治維新後は公園となり、そこに文部省系の教育博物館（現在の国立科学博物館）ができ、教育博物館に動物園（現在の上野動物園）が付属施設として併設され、動物園内に水族館（観魚室・うをのぞき）ができた。

この教育博物館・動物園の誕生にあたっては、当時文部省の二人の役人、文部大丞町田久成と編輯権助田中芳男の熱心な努力が語り残されている。もっとも、二人の思う博物館像には相違があり、町田久成が、ロンドンの大英博物館（ブリティッシュ・ミュージアム）とサウスケンジントンの科学（技術）博物館に彼の理想とする博物館像をおいたのに対して、田中芳男は、パリのジャルダン・デ・プランツをモデルとする自然史博物館を理想像としていた。

上野の博物館に動物園が付属し、その中に小さいながらも、わが国最初の水族館がつくられたのは、ジャルダン・デ・プランツ路線を主張した田中芳男のおかげ、だったのかもしれない。ここでは、水族館に近い立場にいた田中芳男のことだけを（あとにまたくわしく書くが）先にちょっとふれておきたい。

幕末の文久四年（一八六四、改元して元治元年となった）に改称されて開成所となった幕府の洋書調所で、田中は物産開発と博物学の啓蒙普及に努力していた。慶応二年（一八六六）、田中は「仏国博覧会」（パリの万国博覧会）への出張を命ぜられ、フランスで博覧会、博物館、動物園、植物園を見学して帰った。ときに二七歳だった。田中のこのときの見聞経験が、明治期のわが国の動物学の普及と自然系博物館と動物園の実現にとって、大きな力となったといわれる。明治維新によって江戸幕府の開成所は明治政府に引き継がれ、田中は開成所御用掛として、のちの博物局長として、博物館行政にも、博覧会・共進会の推進とその附属水族館の建設にも大きな影響をおよぼすことになった。

とにかく、後世のわれわれにはわかりにくい複雑な紆余曲折を経たのち、明治十五年（一八八二）に、ようやく上野に博物館と動物園が完成した。同年三月二十日、明治天皇の行幸を仰いで開館式が行なわれ、式典が終わったあと、同日午後二時半から、一般公開された。上野動物園はもちろん、日本最初の動物園でもあった。館長ならびに園長という職はなく、博物館も動物園も農商務省博物局の所管で、動物園はその下の天産課所属であった。博物局長は大書記官町田久成、天産課長は同じく農商務省大書記官田中芳男で（田中は農産局長も兼務していた）、この二人が、それぞれ、事実上の博物館長と動物園長であった。

ただし、水族館は開館式には間に合わなかった。水族館が完成して、動物園のメンバーに加わったのは、それから半年おくれた同年九月二十日であった。日本最初の上野動物園の水族館は「観魚室」と書いて「うをのぞき」と読ませた。

開設の翌明治十六年一月の博物局第二報告書の園内動物舎のリストに「観魚室一棟（煉化《ママ》石ヲ以テ造リ叩キ土製ノ水槽ヲ装置ス建坪十七・五坪）」とあり、簡単な平面図が添えられている。その図で見ると、観魚室とは、長方形の建物の一方の壁には水槽一〇個が一列に並べられた簡単な構造の建物で、「室内ヲ暗黒ニシ一方ニ硝子窓ヲ造リ窓外ニ水槽ヲ設ケ水槽内ニ於テ魚ノ遊泳スルヲ見ル」式になっていた。要するにホールには照明がなくて暗く、水槽内は外から差し込む自然光で明るく、水槽にさしこむ自然光がホー

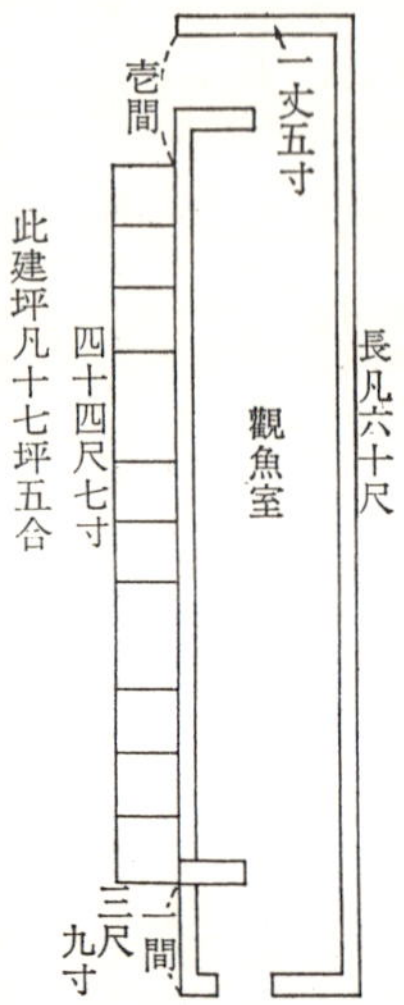

観魚室（うをのぞき）の平面図

京都・岡崎紀念公園水族館（明治41年開館）．上野の観魚室（うをのぞき）の写真は現存しないが，これとほぼ同一の外見・内容だったと想像される

ルの照明を兼ねていた。室内は暗かったが、それだけに水槽内が明るく、よく見えた。このようなダークルーム・ワンホール形式の水族館は、その後、第二次世界大戦後しばらくのあいだ、上野の観魚室からすれば、ざっと七〇年以上も受け継がれることになった。そしてその後、だんだん明るくなった水族館ホールは、近年また、流行の大型レジャー水族館で、海底に降り立つ雰囲気を出すために、ホールを暗くする傾向が現われてきた。

わが国最初の水族館だった上野の「観魚室」は淡水魚の水族館だった。飼育用水は、動物園計画のはじめから利水計画のあった千川上水を利用していた。また、翌十七年一月の第三報告書には動物園の「今十二月三十一日飼養スル所ノ現数」のうちに、「魚一二〇尾、蟹蝦類七七足」と、開館当初の観魚室の収容水族の内容概略が窺われる記録がある。

さらに一年おいて十九年一月の第五報告書

には「魚一〇八尾、蟹蝦一二疋」とあるほか、特記事項として「海魚の飼養試験を行った」ともある。明治十八年九月三十日現在の「上野動物園飼育動物一覧表」には、爬虫類にイシガメ、クサガメ、アカガメ(?)、スッポン、両生類にイモリとアカガエル、硬骨魚類にワキン、リュウキン、フナ、ヒゴイ、オイカワ、タモロコ、ホンモロコなどの淡水生物と、そのほかに、マハタ、ボラ、ヤドカリなど、海の生きものの名がある。リストから見てもわかるように、上野の山の上の動物園では、早い時期から海の生きものの飼育にも挑戦していた。海水は満潮時の隅田川から汲んできて使ったという。

開園してまもない上野動物園は、動物園とはいっても、おそまつな内容だった。観魚室のほかの園内施設は、鳥獣室、猪鹿室、熊檻二、水牛室、山羊室、小禽室、水禽庭籠二、あと、フクロウやミミズクの鳥舎と、ほとんど、これで全部だったから、その中にあって、しっかりした煉瓦造りの建物で、いかにも新味な「うをのぞき」は動物園の自慢の施設だったのであろう。

ちなみに、明治二十九年(一八九六)の雑誌『風俗画報』に掲載された彩色木版の挿絵を見ると、「観魚室」は動物園入口を入ってすぐの正面右側の、なかなかいい場所を与えられている。

水族館ができた初期には向上の努力もしていたらしい。明治二十三年(一八九〇)の『動物学雑誌』第十九号に「アクワリウムノ水ニ空気ヲ混ズル仕掛ケハ大ニ進歩シタカニ見受ケタル」とあるし、明治二十七年(一八九四)の同誌第七十一号には、「水族館ハ益々面目ヲ改メ、是マデノ淡水魚族ノ他ニ相州三崎産ノイソギンチャクヲ飼養セラル頗ル活発ニ棲息ス」と、東海道本線が新橋・横浜間しか開通していない時代に、三浦三崎からイソギンチャクを運んできて飼う努力を評価している。

もっとも、一方では「其中ニ縁日デモ見ラルヽ金魚ノ類ハ速ニ何カ他ノ物ト取替ヘテ貰ヒ度キ事ニナン」とか、「折角アクアリウムヲ築キ立テ其中ニ何時マデモ平々凡々珍シクモナントモナキ鮒、金魚ナドヲ入レ置クハ情ナキ事ナラズヤ」と、手きびしい。

なぜ、そんなにしてまで、上野でイソギンチャクを飼おうとしたのか、一八五四年のゴッスの名著『ジ・アクアリウム』（本書一六ページ参照）の影響もあったのでは……と考えたいところだが、真相はわからない。

わたしは、前著の『水族館への招待』で、上野の観魚室で海の生きものを飼おうとした動機を「当時のヨーロッパの先進水族館が、海から遠い大都会の動物園内にありながら、海の生きものを、しっかり飼っていたのに刺激を受けていたのかもしれない」と書いた。しかし、それは考えすぎだったのかもしれない。スタッフにきちんとした技術者がいたわけでもなく、学識経験者がいたわけでもない、当時の上野動物園（の水族館）に、海外の水族館事情を知る当事者がいたとは、思いにくいからである。では、どうして。あるいは、上野動物園の開園より三年おくれて、明治の浅草六区という東京下町の盛り場で、海水魚を飼って見せようという浅草水族館が店開きしたのに関連があったのかもしれない。

余談であるが、この二つの文章が、せっかく苦心の名訳（?）だったはずの「観魚室」の命名を無視するかのように、「アクワリウム」「水族館」と書いているところにも、ちょっと興味をひかれる。

「観魚室」があきられたわけ

上野動物園には、その後年々新しく珍獣奇鳥、とくに外国産の著名な鳥獣が追加され、ラインナップが充実していった。一方、観魚室の人気は相対的に低下していったと想像される。動物園側の観魚室に寄せる関心も期待も、次第にうすらいで管理にも手がまわらなくなっていったにちがいない。開園して二〇年後、明治三十五年（一九〇二）四月発行の『少年世界定期増刊・動物園』には、

十　第五号　今度が水族館です、暗くても怖しいことはありません、踏みはづさないやうに段を降りてお入んなさい、魚の游いでゐるのが見えて、宛然水の底へ入ったやうです、此水族館は煉瓦造の隧道で、硝子の戸棚のやうな所に魚が入れてある、而して上から光線が取ってあって、水は機械で常に通ってゐます。

以前は魚が沢山居ましたが、今は鯇魚（さんせうゝを）ぐらゐなもので、別に珍しい魚は居りません。此処も浅草公園のやうに、塩水を通はして、海の魚を観せて貰ひ度いのが、わたくしの願です、いや、わたくしのみではありますまい、皆さんの希望でせう。（傍点筆者）

▲ふな（鮒）数尾
▲ひふな（緋鮒）数尾
▲きんぎょ（金魚）数尾
▲さんせうゝを（鯇魚）数尾

鯇魚は一尺位なのから、三尺ほどなのがゐますが、其中の一番大いのは、皇太子殿下から御下附になったので……

と、親切丁寧な解説ぶりに、開館以来の観魚室の構造が、あらためてよく理解できる。ここでも、観魚室は「観魚室」ではなく、「水族館」と呼ばれている。右の文中で「浅草公園」というのは、明治三十二年（一八九九）に開館した浅草公園水族館（第二の浅草の水族館）のことである。オープンしてからまだ三年後の、フレッシュだった私立の浅草公園水族館の活動ぶりがうかがわれる。明治時代の浅草にできた二つのこの水族館については、次の章で説明する。

右の説明で気がつくのは、動物園の他の部分では、それぞれの動物の解説であるのに、この「水族館」

だけは施設の説明に止まっていて、魚名は並べてあっても魚の解説がない。

この頃の上野動物園にはすでに、しし（ライオン）も、トラも、ホッキョクグマもいた。ダチョウもエミューもいた。人気ものの動物がどんどんふえて、開園当時とは段違いに充実してきた。一方で、「珍しい」生きものが追加されない観魚室は、平凡な、小さな、代わり映えしない施設でしかなかった。いわばチョウチン持ちの「案内」にさえも、「別に珍しい魚は居りません」と切り捨てられた観魚室は、ただ、ほの暗い水底に降りてゆくような、非日常的な雰囲気を楽しむというだけの施設になっていたのではなかったか。

しかし、じつはそこに、水族館とは何なのか、何を見せるところなのかという基本的な問題が、早くも現われていたように思われる。

観魚室の人気というのは、最初から動物園の一般の動物の人気とは違うものだったのかもしれない。動物園の動物が、動物自体のキャラクターを見せているのに対して、観魚室は魚を見せる施設には違いなくても、いつのまにか、魚そのもののキャラクターを見せるというよりも、魚のいる水の中、ないしは魚のいる水の世界の雰囲気、あるいは「魚が生きている施設」を見せるだけのものになっていたのではないか。中味のない施設が代わり映えしなければ早くあきられるのは当たり前である。

「水族館があきられる」のは、魚やその他の水族のキャラクターがあきられるのではなくて、水族館という施設があきられてしまうのであろう。子どもたちが水族館にあきないのは、子どもにとっては、水族館がいつも新鮮だからであろう。わが国の水族館のあり方の歴史、水族館への期待の歴史は、最初の「観魚室」時代からすでに、水族館が何を見せるところなのかという点に、ずれというか、思い違いが出はじめていたのかもしれない。「うをのぞき」はほんとうに「魚覗き」だったのだろうか。魚を覗かせている、魚を覗いていると思っていたのは、じつは錯覚で、覗いていたのは魚そのものではなく、「魚のいる水の中」だったのではなかったか。

日本最初の水族館であった『観魚室（うをのぞき）』が、はっきりした意義目的もなくつくられ、そこから日本の水族館史がはじまった、のちのわが国の水族館のあり方を考えるときに常につきまとってきた「水族館の目的のあいまいさ」は、観魚室でもうはじまっていたのだろう。

上野の観魚室には、先進のヨーロッパの水族館とは基本的にちがうところがあった。

日本最初の上野動物園の水族館が「水族館」ではなく、「観魚室」と、ユニークにネーミングされた由来は、はっきりしている。

『上野動物園百年史』には、上野に観魚室をつくるときに、その名称をどうするかが問題になって、明治十五年九月一日付で出された「アクハリウムノ訳名ノ儀伺」という伺い書が引用されている。いわく、

上野公園清水谷動物園内ニ建築セシ原名アクハリウム（煉瓦ニテ室ヲ造リ室内ヲ暗黒ニシ一方、硝子窓ヲ造リ窓外ニ水槽ヲ設ケ水槽内ニ水族ヲ収容シ硝子窓ニ於テ其游泳スルヲ見ルノ構造ナリ）ハ原名ニテハ其用法ヲ了知致シ難キ哉ニ相聞エ候間相当ノ訳名ヲ……観魚室（うをのぞき）ノ文字可然ト……

これを読むと、上野動物園の設計計画を担当した農商務省の官僚が、アクアリウムという原語の対訳がなかったために、自ら直接訳出して「観魚室」と命名したように見える。しかし、この文中にも「水槽内ニテハ水族を」と、「水族」という用語が使われているし、さきに紹介した岩倉使節団の『特命全権大使米欧回覧実記』には、「水族室」または「水族観」という言葉が、複数回出てくる。『特命全権大使米欧回覧実記』は、明治十一年（一八七八）十月に第一刷が出版され、明治十六年（一八八三）までに第四刷、総部数は三五〇〇部も売れている。こんな堅い本としては、当時ベストセラーだったであろうに、「原名

アクハリウムの訳名を観魚室」とした役人は、この書物を読まなかったのであろうか。

また、こうして、「苦心して訳出し」、せっかく命名したという「観魚室」という名称が、ここだけの固有名詞にとどまって、それ以後、いっさい使われなくなってしまったのは、どうしてであろうか。このことは、次の浅草水族館のところでもう一度考えてみることにする。

水族館は真っ暗だった

次に水槽照明のことがある。

創始期のロンドン、ブライトン、クリスタル・パレスの水族館は、水槽(および観覧通路)の照明を、水槽に差し込む自然光に頼っていたようである。一方、ベルリンの水族館は、人工照明を巧みに使って、展示効果を出していたらしい(本書四〇ページ参照)。

クリスタル・パレスのキューレーターだったウィリアム・A・ロイドは「水槽に差し込む自然光の強さは、おおむね適切であったが、夕方になると暗い。人工照明が必要である。しかし、飼育水族にとって、どの程度の光量が必要なのかわからないので、検討しなければならない」と、やや、言い訳めいて注釈している。

一九七一年、わたし自身が訪問したパリのトロカデロ水族館も、水槽照明はガラス張りの天井から入る自然光だけで、観覧ホールには人工照明がなく、水槽に当たる自然光が水とガラス窓を通して入ってくる明かりだけであった。この水族館は、一八七八年のパリでの万国博覧会(トロカデロ万博)に建てられた、地底の洞窟を模した水族館であった。特命全権大使たち一行の訪問よりあとになるが、上野の観魚室よりは一〇年先輩である。

わたしの見てきたトロカデロ水族館は、創立以来百年近くたった、古めかしいがおしゃれな水族館で、十九世紀水族館の雰囲気そのまま、生きつづけてきた息の長さには驚かされた。この水族館のように、水槽内に自然光を採り入れ、その間接照明を観覧ホールに利用する採光方式は、ヨーロッパではごく一般的に、かなりのちまで承継されていた。

ヨーロッパの水族館が、まず置水槽（アクアリウム）を並べるところから出発したのに対して、わが観魚室は、壁にガラスを張った作りつけ水槽から出発している。ロンドン動物園の水族館や、福沢諭吉の見たジャルダン・デ・プランツのそれは、明らかに置水槽形式のそれであったが、『特命全権大使米欧回覧実記』一行の見た、開館したばかりのブライトン、クリスタル・パレス、ベルリンの三つの水族館は、すでに壁水槽、もしくは台上の固定水槽に変わっていた。観魚室と、これに次ぐ明治黎明期のわが国の水族館は、すべて壁水槽形式であった。すなわち、いや、わが国の水族館の歴史は、最初からこの壁水槽形式を取り入れて始まったといえる。もっとも、明治二十三年の東京大学三崎臨海実験所の「水族館」だけは台上に水槽を置くヨーロッパ式のアクアリウムで始まっていた。このことはあとで説明する。

上野の博物館・動物園構想がパリのジャルダン・デ・プランツにならったところから出発したということは先に書いた。しかし、『西洋事情』や『特命全権大使米欧回覧実記』に紹介されたヨーロッパの水族館事情が、実際にどの程度、あるいはどのように、わが国黎明期の水族館建設に影響を与えたのかは、はっきりしない。

トロカデロ水族館
（1878年パリ万博でつくられた）
（1971年撮影）

①前庭と入口（地下へ階段を下りる）
②水槽裏側の採光用天窓
③地底の洞窟を模した観覧通路
④水槽裏側

①

③

②

④

浅草水族館は趣味か商売か

明治の水族館奮闘記

上野の観魚室ができた三年後、明治十八年（一八八五）の東京下町の盛り場、浅草六区に、わが国で第二番目の水族館ができた。民営の浅草水族館である。

ところが、どうしたことか、このわが国第二番目の水族館は、長らくその存在が忘れられていた。たま

ロンドン市動物園水族館．上は1924年に改修されたマッピンテラスの下の水族館案内図（1971年撮影）．下は1971年当時の水族館の裏側．ずらりと白熱灯が並んでいる．観覧通路には照明はない（同上）

に文人の随筆などにそれらしい記事があっても、書いたほうも読むほうも、このあと、明治三十二年に浅草四区につくられた浅草公園水族館と混同していた向きがあった。かくいうわたしもその一人だった。

この水族館が、おそらくは技術的な問題もあって長くはつづかなかったこと、純然たる民営で、営利目的の水族館だったこと、明治十八年という創立時期も早すぎたこと、場所もたった一年前に浅草の新区割りができたばかりの浅草六区が、さまざまな見世物の集中する新興の盛り場だったことなど、いろんな理由で軽視されて、たいした話題にもならず、そのうちにわからなくなってしまったのだろう。

もっとも、ときのジャーナリズムは、この「水族館」の誕生をしっかりとらえ、歓迎していた。まず、『東京日日新聞』の明治十八年十月十八日水曜日付の第六面と第七面にはこうある。

〇浅草水族館　当夏の時より建築に取係りたる浅草公園の水族館は、漸く落成したれば、いよいよ、来る十七日十八日の両日を以て開館し、遍く公衆の縦覧に供する趣なり。此の水族館は、同所公園第六区即ち埋立地の大池の側に沿ひたる三角地に取設け、其の趣向は都て西洋のアクワリュムに倣ひて、新奇の意匠をも加えたるものなりと云へり。

其館の周囲は、一体に船板を囲ひ、門の内へ入れば、正面に水族館の三字を大書したる大額を掲げ、貝細工にて其文字を飾りたり。門内の左は事務所右は水族陳列所にて、乾魚貝類等を陳列せり。養魚場の正面には漆喰にて、綿津見神の神像を彫刻したり。

此の養魚場を見るに、入口の第一区は、其の内部を洞門トンネルの状に拵へて海洋の景色を示し、岩石の間に相対して数十個の養魚箱を揃へ、其中に種々の海魚を飼ひ、正面には硝子板を張りたれば、海魚が水中にて遊泳する様は見物人に見ゆるなり（上野博物館の動物園に河魚を飼われたると同じ趣向なり）。

此処を出づれば、第二には、中央に大なる池を掘り、海水を貯へて、粗大の海魚を数多飼ひ、池の中心には漆喰細工の鯨ありて、絶えず水を噴けり。此池の右の方には休息所あり。第三は池の左の方の一棟にて、是は池に面して、同じく十数個の箱に河魚の各種を飼ひ置く。第四の洞門は、海魚を飼へること第一に同じ。其の後ろの方の見えざる所に数百石の海水を貯へ置き、地中に管を通し、絶えず養魚箱の海水を交代せしむること、中々の大仕掛にて、河魚の方も同様の仕掛なり。

そもそも、我国にてアクワリュムを建築して海魚を飼養するは、未だかって聞かざる処なれば、是ぞ、その嚆矢なれば、実に見物すべき有益の設立なり。

殊に漆喰細工は、其の道に有名な伊豆の長八老人が、すべて自ら手を下し……巌石に海潮の激せるさま、水禽の驚き飛べるさま、及び弁才天女昇る、海女の子らが状など、実に目を驚すばかりなり。

これが、新聞に「水族館」に関する記事の出た最初かどうかははっきりしないが、この「浅草水族館」が「我国にてアクワリュムを建築して海魚を飼養するは、未だかって聞かざる処なれば、是ぞ、その嚆矢」であったことは間違いなく、しかも、「水族館」と名乗った、わが国最初の施設でもあった。浅草水族館は純然たる営利目的の水族館であったが、新聞記事は「実に見物すべき有益の設立なり」とたいへん好意的であった。『東京日日新聞』だけでなく、『朝野新聞』（十月十日）にも『時事新報』（十月十五日）にもほぼ同じ記事がある。

入口に「水族館と三字を大書」するのは、明治時代の水族館に共通の習慣だったようだが、その最初はこの水族館だった。水族観覧室（ホール）を「養魚場」、展示水槽を「正面に硝子板を張った養魚箱」「箱」と記し、観覧ホールを真っ暗な洞門（トンネル）に擬していること、水槽の「後ろの方の見えざる場所」に貯水槽があり、「地中の管」で、飼育海水を流通させていたことなどが新聞記事からわかる。

また、磯野直秀『田中芳男の貼り交ぜ帖と雑録集』には、明治十八年十月に浅草水族館を訪れた博物局の画家中島仰山の、「観魚室ヲ見タル記」の引用があって、これには浅草水族館の様子がさらにくわしく書かれている。表題に「観魚室」とあっても、上野の「うをのぞき」の観察記ではなく、浅草水族館のそれに相違ない。

観魚室ヲ見タル記

明治十八年十月十九日、小野先生ト浅草公園内ノ水族館ヘ同行ス。其装置ヲ見ルニ、四方弐拾間位ノ囲ニシテ、西ニ向テ楼門ヲ構ヘ、来観人ノ入ル所トス。見料弐銭。其内ニ入レバ小座敷アリテ、其中央ヲ往来ス……岩ヲ刳リ抜キタル如ク巌石ニシテ、高サ一丈、幅弐間、長サ六間程ニシテ、左右ニ三尺位ヅツノ硝子面七個ヅツアリテ、其内ニ海魚遊泳ス。其魚ハ左ノ如シ（省略）……。右ノ品々（魚類）拾七個ノ室ニ雑居セリ。尤イシダヒハ何レノ室ニモ多ク入リタリ。夫ヨリ南ニ向キテ出口アリ……爰ヲ出レバ中庭ニシテ、一面タタキノ場所アリ。左ノ方ニ淡水魚ノ室アリ、屋根ノ上ニハ牡蠣殻ヲ上ゲ、少シ軒ヲ出シ、三尺位ノ硝子面ノ魚室ニシテ又、西ノ方ハ屋根覆シタル弐間四方位ノ巌石ヲ畳ミタル水溜アリ。其中央ニ四尺位背ヲ顕シタル鯨ノ模型アリ、噴孔ヨリ水ヲ吐出スコト五六尺、高サ八九尺ニ至ル。此池ハ海水ニシテ游魚アリ。左ノ如シ（省略）……爰ヲ出レバ前ニ述ル所ノ剝製ノ陳列所ニ至ル。其品ハ（省略）……爰ニテ全ク縦覧終リテ外出ス。

此水族館ヲ見ルニ、水ノ流通ハ知レザレドモ、高サ三寸位（口径三分位、本ニテ五六分位）ノ管、魚室ノ内ニ何レモ壱本ヅツアリ。夫ヨリ水ノ出ルカト考フ。又、水ヲ吸上ル所アリ。三間四方位ノ二階ノ如キ室アリ。其所ヨリ、ゴム管出デタリ。是正シク室内毎ニ流通スル所ノ水源〔供給源〕ナルベシ。其水ノ高サ壱丈弐三尺ハ必ズアルベシ。水力ヲ付ルコトニ能考ヘタリト思ハル。依之、此水ノ流通スルヲ熟考スルニ、毎室内ニ細キ管ヲ地ニ建テ、大量ノ水ヲ高キ所ヨリ下セバ、其細キ孔ヨリ水ノ吐出スル力強クシテ、上ヨリ落トス水ノ力ヨリ十倍ナルベシ……。

明治十八年十月十九日、午後十一時認む。中島仰山

（原文は区切りなし。句読点は筆者。字も一部原文と異なる）

これでなお、浅草水族館の様子がはっきりして、いろんなことが飲み込める。博物局の画家とはいえ、ここまで観察した中島仰山とはいったいどういう経歴の人物だったのであろうか。

中島は、じつは明治十五年にオープンしたばかりの上野動物園の現場の責任者のような人物だった（福田三郎「上野動物園うらばなし」）。そして、旧幕臣の日本画家だった。上野に博物館ができる前、その前身のような施設の山下町の博物局には、出版物の図録や挿し絵を担当する画家が二人いて、そのうちの一人がこの中島仰山だった。

博物局が農商務省に移管され、山下町の施設がなくなって、以来、中島は上野へ移り、そのまま動物園の現場責任者のような立場にたっていたともいう。ともかく、そういう人物だったからこそ、こんなふうに分析的に、冷静に、浅草の水族館を見て書くこともできたのであろう。文章のタイトルが「観魚室ヲ見タル記」となっているのも（本文には「水族館」とあるのに）そういうわけだった……からかもしれない。

中島の「……見タル記」は、今から一二〇年前の文章だから、読みにくいのはしかたがない。しかし、おかげで、浅草水族館の大まかな雰囲気が想像できる。

高さ約三メートル、幅三・六メートル、奥行一一メートルほどの洞門のような観覧通路の左右の壁に、幅約一メートルのガラス窓が左右七個ずつ合計一三個……、そして、観覧通路のわき（?）に五・四メートル四方、つまり約二九平方メートルの中二階のような部屋があって、そこに高架槽兼用の貯水槽（?）

があった。この貯水槽（？）から出ているゴム管が各水槽への注水管で、注水の勢いを強くするために各水槽への注水口に工夫がしてあった……。

ただし、「水ノ流通ハ知レザレドモ」というところ以下がへんだ。水族館でいちばん肝心な点が、はっきりしない。少なくとも、中島らが水族館を見たときは、飼育水が流れていなかったような書きぶりである。海水水族館では、飼育水の流通は一刻も休むことができない。海水魚は止水では飼えないので、浅草水族館ではまだ海水魚飼育の基本ができていなかったようである。もしかすると、海から海水を運んできて、その貯水槽にあけ、新鮮な海水があるときだけ、各水槽に配水したのではないか。日本の水族館に、はじめて循環濾過の知識と技術が輸入され、水族館で実践されたのは、まだ一二年もあと、明治三十年になってからであった。

青い灯赤い灯の浅草水族館

とにかく、これでは長く水族館を維持するのは困難だっただろう。長くても二年ほどしかもたなかったのではないかと、磯野さんとわたしは手紙で意見のやりとりをしたものだが、山本笑月『明治世相百話』（初版は昭和十一年）には、なんと、こうある。

民間最初の水族館　浅草瓢箪池掘下げの珍獲物

浅草六区の瓢箪池を……明治二十年ごろ掘下げて……現れた……貝類から思ひついて、二三の人が計画したのは民間で初めての水族館、場所は今の三友館のある一角で、鉤形に百余坪の平屋建……館内はすべて岩組の海底のさま、当時漆喰細工の名人と知られた伊豆の長八が鏝先の腕をふるってさながら真物の岩窟、その両側へ所々ガラス張りの魚槽を設け、品川沖から船で海水を運んで放養したのは、鯛、黒鯛を始め河豚、コチ、アナゴ、マンバウなど海魚の数々。

水族館の名も耳新しく、開館早々たいした景気、まだその頃は上野の動物園にも金魚や緋鯉の「魚のぞき」が、やっと出来たくらゐ、海の魚は初めてのお目見得。カレヒの砂もぐりや海蛇の凄い恰好など、見物は大喜び。然るにおひおひ暑気に向って肝腎の魚類は続続たふれる。補充はつかず鰻や鯰で埋め合はせる。いっから珍らしくないので客は減る、一年足らずでたうとう閉館の悲運に接した……。その後二十四五年ごろ同公園第四区へ立派な煉瓦造りの常設小屋ができて……

文中「明治二十年ごろ」というのは、もちろん、記憶違いか誤記である（『台東区史』に「明治二十二年頃」とあるのも間違い）。この頃のこんなささやかな水族館で、マンボウを飼っていたとは信じがたい。「すごい格好の海蛇」というのも、爬虫類のエラブウミヘビではなく、魚のウミヘビとかハモとか、何か別ものだったと思われる。「その後二十四、五年ごろ同公園第四区へ立派な煉瓦造りの常設小屋……」も間違いである。要するに、信憑性に欠けるところの多い文章だが、他の資料と読み合わせた上で、興味の持てるところだけを拾っておこう。

この文章で、浅草水族館のあった場所と、「水族館の名が耳新しかった」ことと、二年はおろか、「一年足らずで閉鎖した」ことがわかる。やはり、海の魚を都会の盛り場で飼おうなんて目論見は、そう甘いものじゃなかった。しかし、明治もまだ早い時期に、もう、海水水族館をおひざ元の浅草でと発想した興行師の面目、平たくいえば香具師《やし》根性には恐れ入る。

この水族館が一年かそこらしか持たなかったことも、むりもないように思える。海水魚の飼い方もろくに知らなかったらしい。もっとも、このあと、次々にできた明治期の水族館の多くが、初めから一年以上の維持を前提としてはいなかったようにも思える。

もっとも、この水族館ができたおかげで、いろんなことが見えてきた。水族館の歴史を考えるとき、この小さな浅草水族館の存在を無視はできない。それはただ創立の年月が早かったからというだけではない。この水族館を出現させ、それにつづく流れをつくった日本人の気持ちが、水族館と日本人という命題を支える一半を語っているように思えるからだ。

つけくわえていうと、浅草水族館の正式の名がなんだったのかは、じつははっきりしない。「なになに水族館」という固有名詞があったのかどうかもわからない。ただ「水族館」と、それだけの呼称だったのかもしれない。「水族館」とそれだけで、上野の「観魚室」に対する、りっぱな固有名詞だったのかもしれない。もちろん、その当時はそれでもよかった。何しろ、「観魚室」以外には、他の同業者が一つもなかった時代のことである。もっとも、先の中島仰山の引用の題名が「観魚室を見たるの記」だったところからは、このころはまだ上野の「うをのぞき」にあやかって、水族館を観魚室と呼ぶ向きもあったのかもしれない。

こういう資料は、一度見つかると、次々につながってくるものだ。松本和也編『浅草六区年表』（台東区立下町風俗資料館編『浅草六区《えんこ》興行史』一九九三年）には「明治十八年七月・六区に水族館開業（オペラ館のあたりか）。伊豆長八の鏝絵の鯨が評判になったという」とあるし、さらにさかのぼって『東京百年史』（一九七七年）には、索引に浅草水族館の項目もないのに、付録に「（明治十八年）一〇月一七日浅草水族館開業」とある。開館日はもちろん、「十月十七日」で正しい。この『東京百年史』と『浅草六区《えんこ》興行史』を読み合わせると、浅草公園が六区に分けられたのが明治十七年、六区に見世物営業許可が下りたのが十八年、浅草公園の開園と、浅草の劇場第一号の常盤座開設が十九年……。明治十八年開館の浅草水族館は、新興の盛り場としての浅草六区公園（「えんこ」は公園の逆読み）の先陣を切った施設の一つだったのであろう。

浅草は上野とならぶ（日本における近代的な）公園の最初であった。明治六年（一八七三）一月十五日の『太政官布告第十六号』によって、「東京ニ於テハ金竜山浅草寺」を「万人偕楽ノ地トシ公園ト」決め、浅草公園の区割りと営業品目を規定している。うち、六区には興業（行）場、遊覧場、寄席、大弓場……とある。つまり、浅草六区はもともと浅草田圃を埋め立ててつくった場所で、そこに見世物小屋群を移動してきてできた興行地であった。都市文化研究家の芳賀登の著書『江戸文化と東京文化』（二〇〇一年）によれば、浅草だけではなく、日本の公園はクルワ的性格をもち、西洋のような「プラザ」ではなく、あくまで非日常的な「夢の島」的なところに日本的特色があったという。そこに水族館ができた。

浅草水族館には、当然、朝倉無声の『見世物研究』にいう江戸時代の「天然奇物」につながる見世物的要素もあったにちがいない。青い灯赤い灯のともる瓢簞池畔に、都市大衆の物見高さを満足させる「自然の断片の集積地」としてつくられた浅草六区の街なかに、わが国最初の民間経営で営利目的の水族館がつくられたことは、その後の水族館史の展開と思い合わせて興味深い。

三崎臨海実験所の「アクアリウム」

三崎に「水族館」ができたころ

東京大学理学部が、わが国で最初の臨海実験所を三浦三崎に開いたのは明治十九年（一八八六）十二月十三日であった。この臨海実験所の創始者であり初代所長でもあった箕作佳吉は、その五年前、一八八一年、アメリカでジョンズ・ホプキンス大学の大学院に留学中であったのを誘われて帰国し、東京大学理学部教授に就任し、同時に臨海実験所の開設に尽力することになった。

帰国を決心した箕作は同年三月、アメリカからヨーロッパに渡り、各国を訪問して、最後にイタリア・ナポリの臨海実験所に滞在して、この実験所のオーナー兼所長のアントン・ドールンとも知り合っていた。ナポリ臨海実験所はドールンの建設した私立の研究所で、正式にはアントン・ドールン動物学研究所といった。一八七四年に設立され、ドールンの経営手腕よろしきを得て、好評のうちに研究業績を伸ばして一八八五年からイタリア政府の負担による最初の増築が行なわれようとしていた。

箕作が訪問した頃はもう、有名になっていたナポリ臨海実験所には、有名な付属水族館がすでにあった。「研究所」というよりもむしろ、水族館として有名だった。水族館をつくるにあたって、ドールンは当時、水族館建設技術者として、すでに名をなしていた、あのウィリアム・アルフォード・ロイドの援助を求めていた。ロイドにとって、ナポリ水族館の二四個の水槽とその周辺設計は、ハンブルグ、およびロンドンのクリスタル・パレスに次ぐ、第三番目の水族館づくりの仕事であった。

磯野直秀『三崎臨海実験所を去来した人たち』には、箕作が帰国前に、これからスタートする日本の動物学を欧米の亜流にしないための突破口を海洋生物の研究に求めようとしたこと、したがって、日本にも臨海実験所をぜひ設立したいと考えていたこと、その候補地として三崎、駿河湾の江ノ浦、瀬戸内海の鞆ノ津の三か所を考えていたこと、さらに、臨海実験所の効用を、「第一　学術ノ進歩ヲ助クル事、第二　水産ノ事業ヲ助クル事、第三　学生及ビ地方学校教員ヲシテ実地ニ動物ノ研究ヲ為スヲ得ベカラシムル事、第四　博物館地方学校ノ為ニ水産動物ノ標本ヲ集ムルコトヲ得ベシ、第五　集ムル所ノ標本ハ外国ト交換シ……」と、臨海実験所の必要性を力説していたことが紹介されている。

ナポリのアントン・ドールン動物学研究所に滞在してきた箕作が、日本最初の臨海実験所構想に、水族館の併設を考えなかったはずはあるまい。事実、彼は臨海実験所の設立案について、たびたび、ドールンに宛てて手紙を出し、意見を聞いた。箕作の手紙の中に次の一節がある。「先の案では、実験室にいくつかの小水槽を置くつもりですが……設計を変更して水族室を分離することもできます」と。

とにかくこうして、日本最初の大学附属臨海実験所は、アメリカ・ウッズホール、イギリス・プリマスの両実験所よりも二年早く神奈川の三浦三崎にできた。

明治二十四年（一八九一）九月発行の『動物学雑誌』第三十五号に、三崎臨海実験所水族館を紹介する短文がある。

〇実験所内ノ水族館　昨年夏季設置セラレタル水族館ハ長サ五尺幅四尺高サ五尺（但シ台二尺）せめんと製ニシテ両面ニ玻璃ヲ用ヰ魚蝦ヲ側面ヨリ観察シテ……試ミニ飼養セルモノ拾余種……一目シテ能ク其動物ノ海中ニ在ルトキノ状態ヲ知ルコトヲ得テ頗ル面白シ（と、飼育している〈ゴンズイ〉の生態や毒とげの説明をして）……海水ノ新陳交代十分ナラザル為メカ蝦、蟹、海栗等ハ永ク生存セズいそぎんちゃく、ごるごにやあノ如キモ亦生存シ得ザリキ

この文章で三つのことがわかる。第一に三崎臨海実験所に「水族館」ができたのが明治二十三年（一八九〇）の夏であったこと、第二にその「水族館」が一・五×一・二×一（高さ）メートルのセメント製で、両側面にガラスを張り、高さ六〇センチの台の上に置かれた一個の置水槽であったこと、第三に海水の交換がうまく行かなかったらしいこと、いろんな動物を雑居させていたが無脊椎動物が、うまく飼えなかったこと……。

「ごるごにやあ」というのはイソバナやヤギの仲間のことで、ウニやエビと同様、水槽で飼うためには、

新鮮な海水が必要である。しかも飼育水の流動が十分でないと、健康に長く飼うのはむつかしい。「海水の新陳交代が十分でなかった」というのは、注水量が足りなかったのか、注水パイプが細すぎたのか、排水方法が不完全だったのか、手汲みなどの交換回数が少なかったのか……。表面積約一・八平方メートル、容積約一立方メートルの大きくもない水槽に、いろんな魚類や無脊椎動物を雑居させたのも、昔の水族館ではふつうの光景だった。

ふと面白く思われたのは、三崎臨海実験所に最初に設置されたこの「大型置水槽」が、「水族館」と呼ばれていたことである。ちょうど十九世紀も終わりに近づき、欧米各国に水族館がようやく普及して、水族館も置水槽主体から壁(窓)水槽主体へと変わりつつある時期だった。

それならば、この時期、ナポリのドールンの意見を求めた右の手紙の中で、箕作が「小水槽」と「水族室」を英語ではなんと表現していたのか。和訳者の磯野直秀氏にお尋ねしたところ、小水槽はアクアリア(アクアリウムの複数形)およびヴェッセルと書かれ、水族室はアクアリック・ルームと書かれていたことがわかった。箕作の手書きのコピーまで頂戴できた。日本最初の臨海実験所の「水族館」が単一の大型置水槽であって、当時の(初代の)事実上の所長で、洋行帰り早々であった箕作の感覚では、個々の「水槽」が「アクアリウム」であり、水槽の並ぶ部屋は「アクアリウム」でなく、「アクアリック・ルーム」だったこともわかった。

話は飛ぶが、わが国で第二番目につくられた大学臨海実験所の水族館は、京都大学理学部附属瀬戸臨海実験所のそれ(和歌山県、大正十一年、白浜水族館と通称)であり、第三番目が東北大学理学部附属浅虫臨海実験所のそれ(青森県、大正十三年、浅虫水族館と通称)であった。そして、それぞれの館長が前後して、それぞれの水族館紹介を昭和三年と同四年に英文で同じ海洋学の学術雑誌に投稿している。そこには、水

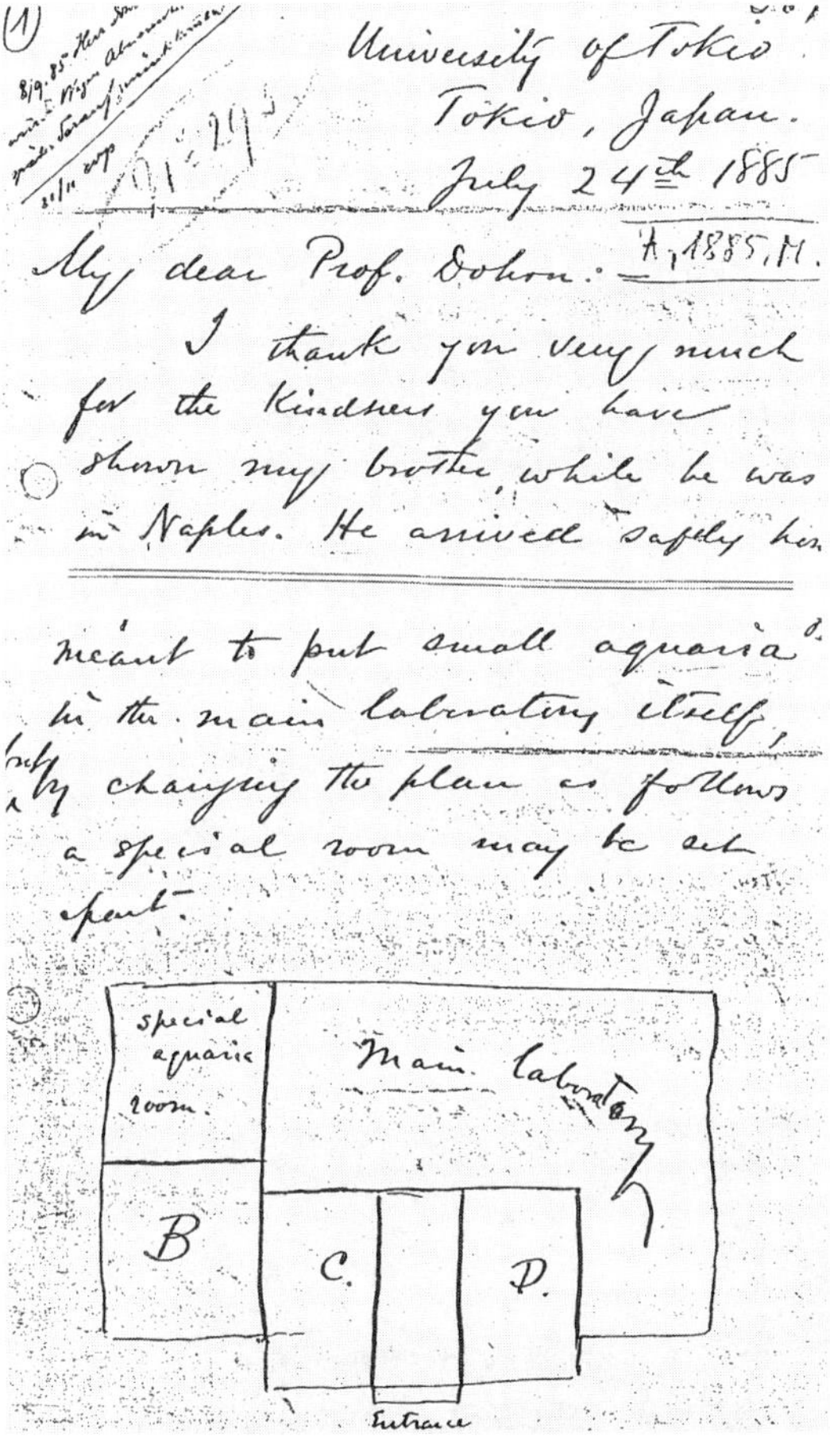

University of Tokio
Tokio, Japan.
July 24th 1885

My dear Prof. Dohrn:
I thank you very much for the kindness you have shown my brother, while he was in Naples. He arrived safely here

meant to put small aquaria in the main laboratory itself. By changing the plan as follows a special room may be set apart.

箕作がドールンに送った自筆の手紙．三崎臨海実験所に計画中の構想について意見を求めている．水槽をaquaria（aquariumの複数），水族室をspecial aquaric roomと書いている（磯野直秀氏提供）

ドールンに手紙を出した若き日の箕作佳吉

ナポリ臨海実験所の創始者アントン・ドールン

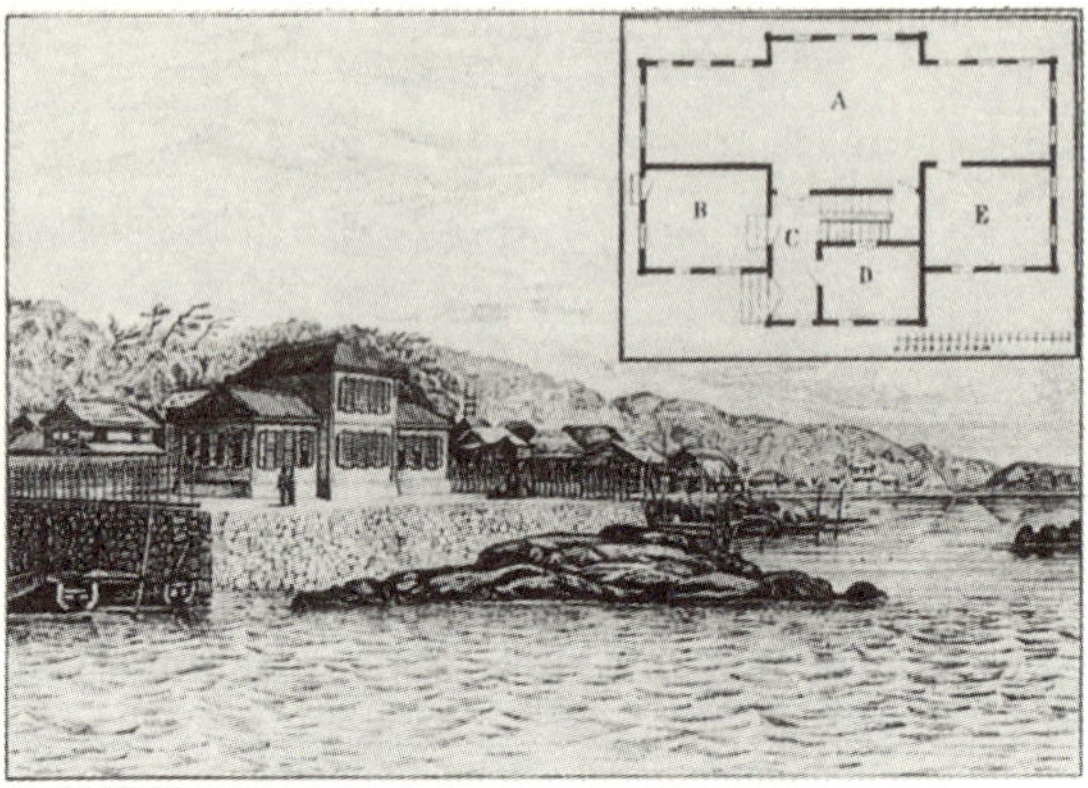

三崎に完成した東大臨海実験所。右上はその平面図。Aが水族室を兼ねた実験室で海に面している

同上・正面右の平屋建棟が水族室

①

②

ナポリ臨海実験所附属水族館

①中央の入口を入ると左側が水族館入口となっている

②水族館内部は建築当時からほとんど変わっていない．煉瓦作り，支柱は鉄枠

③左手前の小水槽にはシビレエイがおり，手を入れて発電の様子を体験させる

④水族館の裏手は市民公園になっていて，ふかしたピーナッツを売っていた

（いずれも1971年撮影）

③ ④

族館（の建物）がアクアリウム・ハウス（浅虫）またはアクアリウム・ビルディング（白浜）と英文で書かれ、中に並ぶ壁水槽、置水槽、屋内池を、アクアリウムとしている。

「アクアリウム」と「水族館」の異同が、欧米では昭和初年になってもまだ、はっきりしていなかったからだろうか。少なくとも海外留学経験のある当時の海洋生物学者がそろって、今いう「水族館」を英文で「アクアリウム」と書かず、ルーム、ハウス、ビルディングなどとつけているところから見ると、当時はまだ「アクアリウム」は、「水族館」をそのまま意味するよりもむしろ、一つ一つの水槽の意味のほうが優勢だったのかもしれない。

さて、明治三十年（一八九七）、入船町の三崎臨海実験所は油壺へ移転することになり、同年十二月末にはその移転工事を終わった。それまでの実験所には正式の所長もおかれていなかったが、移転翌年の明治三十一年（一八九八）十二月に箕作が正式に初代所長に任命された。少しさかのぼってこの年一月には、のちに「三崎の熊さん」と呼ばれ、名物採集人として有名になった青木熊吉が専属の採集人になった。熊さんの人となりと活躍ぶりは、三崎臨海実験所で育った大勢の動物学者のあいだで語られ、日本の黎明期海洋動物学にかかわった功績が、数々の逸話とともに知られている。『動物学雑誌』五二巻九号（昭和十五年・一九四〇）は『青木熊吉翁喜寿特輯号』となっているし、『三崎の熊さん』（大島廣、一九六八年）なる単行本まである。ただ、彼が和田岬や浅草公園など、わが国水族館史黎明期の他のいくつかの水族館にもかかわっていたことは、あまり知られていないようである（本書九七ページ参照）。

三崎のその後を、主として磯野直秀『三崎臨海実験所を去来した人たち』（一九八八）によって紹介しよう。

三崎のアクアリウムから油壺の水族館へ

実験所は油壺に移転して、大きく育つ基礎ができた。入船町時代の敷地がたった七〇坪（約二三〇平方メートル）であったのに対して、移転後は約七二〇〇坪（約三万平方メートル）と百倍以上に拡張された。もっとも、実験所そのものの拡張は簡単には実現しなかった。当事者の要望を文書や口頭で繰り返し上申した当時の要望書やその原稿が、現在も実験所に保存されていて、わたしはまだ見ていないが、その中には、事実上の副所長だった飯島魁が、総長外山正一に宛てた「三崎臨海実験所水族館新築ノ理由」という明治三十一年（一八九八）四月十三日付の文書の原稿があるという。

飯島はその二年前、明治二十九年（一八九六）六月五日に第二回水産博覧会水産室の設計を同博覧会から嘱託されて、明治三十年にはたびたび博覧会場の兵庫県に出張している。「第二回水産博覧会水産室」というのは、いわゆる和田岬水族館のことで、わが国の水族館史上、最初の循環濾過式水族館として知られる和田岬水族館の実現に尽力した飯島が、三崎臨海実験所にも「しっかりした水族館」をと要望した気持はわかる気がする。飯島魁と和田岬水族館については、次章でもう少しくわしく説明する。

また、明治三十年の春には、西川藤吉が東京大学を卒業して水産調査所の技手となり、翌三十一年に農商務省の技手として水産局勤務を命ぜられ、翌々三十二年には同省技師を拝命している。この西川もまた、わが国の黎明期の水族館史上特筆すべき二つの水族館で重要な役割を果たした一人であった。西川は東京大学を卒業した年に水産技手の身分で恩師飯島魁を助けて和田岬水族館の建設と運営に尽力し、明治三十六年（一九〇三）には、二九歳で第五回内国勧業博覧会附属堺水族館経営を委嘱されている。これらのことも、次章に詳しく述べる。

三崎臨海実験所の「水族館」は、実験所の油壺移転後もそのまま設備されて、希望者があれば館内を公開して観覧させていた。移転前は年間一〇〇名以下だった見学者数は移転後は一〇〇〇名を超す年もあるようになり、明治四十二年（一九〇九）十二月に水族室をふくむ水族飼養棟が新築されると、研究に支障がないかぎり……という条件で、一般に常時無料公開されることになった。

この水族室には、大小のコンクリート水槽が七個設置されて、うち三個は側面がガラス張りになっていた。最初は海水も淡水も人力で汲み上げていたのが、三馬力の石油発動機と二馬力の風車が設置されて、その動力によって海水と淡水を山上の高架水槽に汲み上げ、自然流下する配水が行なわれるようになった。同じく圧搾空気を送って水中の酸素を補給する配管も設備された。もっとも、石油発動機のほうはともかく、風車は設計ミスのために、まったく使い物にならなかったという。

新築工事によって水族室が増設されると、人気は急上昇して、実験所の年間見学者数は、水族室増設前は約七〇〇人から九〇〇人止まりだったのに、工事が終わった四十三年には一九七〇人、四十四年には二三九一人と増え、それから三年後の大正四年（一九一五）には三〇三〇人、大正八年（一九一九）には五六二〇人に達した。当時は観光地というほどでもなかった平凡な海浜の臨海実験所で、無料公開されていた小水族室にそんなにも魅力があったということにも、水族館の果たす意義を考えさせられる。

この時期の三崎臨海実験所では明治三十七年（一九〇四）に初代所長箕作佳吉が辞任し、同じ年に飯島魁が第二代所長になっていた。わが国動物学の父ともいわれた箕作は、明治四十二年（一九〇九）に五一歳で、飯島は所長の現職のまま大正十年（一九二一）に六一歳で亡くなり、翌大正十一年、谷津直秀が第三代所長に就任した。

谷津は三崎臨海実験所長に任命された翌々年、実験所大改造の構想のもとに新しい計画を立てていた。臨海実験所に保存されている文書には、大正十二年（一九二三）五月十日の日付と谷津直秀の署名のある手書きの実験所の拡張案があって、それには臨海実験所の使命として「学生ノ実習、実習会、研究、一般ノ教育」の四つが挙げられていた。そのうちの第四には「村民及ビ参観者ニ対シ、海ノ生物学ノ知識ヲ分ケ与フル為メニ博物室、水族室ヲ完備シ、時ニ講演ヲ開キタシ（入場料及ビ聴講料ヲ徴収セズ）」の注がつけられていたという。

たいへん残念なことに、この計画は、同年九月一日に起こった関東大震災のために日の目を見ることができなかったが、水族館の被害は比較的少なく、震災後も実験所を訪れる人々の眼を楽しませつづけた。昭和二年（一九二七）、実験所の採集人が青木熊吉から出口重次郎、通称出口の重さんに代わった。動力用電力が配線されて海水ポンプに使用するモーターが設備された。

昭和三年（一九二八）、臨海実験所は水族室の水槽を増やして、水族室と標本室の入場を有料とした。大人一〇銭、小人はその半額であった。ところがたいへん興味深いことに、有料になった水族室の観客数はむしろ増加し、無料時代の大正十一年（一九二二）には年間で二九八〇人、大正十二年に三二二八人であったのに、水族室が有料となった昭和三年には六三七八人、四年は一万二七〇〇人と一万人を超えた。

昭和七年（一九三二）、りっぱな水族館が新設され、八月一日に開館式、直後に一般公開された。新しい水族館は、実験所の研究棟や宿舎からは少し離れて、新井浜の海浜に面して建てられ、鉄筋コンクリート二階建、建坪八〇坪、煉瓦タイルを張った風格のある瀟洒な欧風の建物であった。階下はガラス張りの壁水槽一二、卓上置水槽八、屋内プール一、屋外プール一。階上は観客用の公開標本室で一二〇〇点の標本が常時展示されていた。一階のプールの上は吹き抜けで、回廊がめぐらされていた。

新しく店開きした東京大学三崎臨海実験所の水族館は、すぐに大評判となり、開館当年の昭和七年の観客数は四万七六六四人、その後も年々増加して昭和十一年（一九三六）には一〇万四一二七人に達した。

東京近辺の小学校では一度は遠足でこの水族館を訪れるようになった。東京大学実験所水族館の評価が後年、学童生徒の遠足や団体旅行の行先に水族館見学を加える習慣をつくったといわれている。

東京大学の水族館は、その後ずっと、一般に「油壺水族館」と略称されて親しまれた。大正期から昭和の最初の一〇年間に次々につくられた大学臨海実験所の水族館の先輩格として、昭和四十七年（一九七二）までつづいた。三崎臨海実験所がわが国海洋動物学をリードする多数の業績を挙げ、大勢の優秀な研究者を輩出してきたことはいうまでもないが、ただ、その業績に水族館がどう寄与したかは、はっきりしない。実験所に保存されている当時の文書からも、草創の時代から臨海実験所の水族館には、社会教育上の役割が期待されていたのが確かであったにしても、ただ、実験所の所在する近隣水域の生物相の一端を紹介する付帯施設としての認識にとどまり、むしろ来館者数の増減を話題とする行楽施設と見られていた印象が否定できない。

第III章

水族館をおこした人たち

日本に水族館をおこした飯島魁

飯島魁と和田岬水族館

磯野直秀が「東京大学動物学教室の歴史」(竹脇潔『ミズカマキリはとぶ』一九八五年)や『三崎臨海実験所を去来した人たち』(一九八八年、センター)に書いているように、三崎臨海実験所の第二代所長の飯島魁と第三代所長の谷津直秀は、わが国動物学の発展に大きな足跡を残した巨人であったが、性格も専門も動物学についての考えもまったく違っていた。

ただ、二人とも水族館が大好きだったらしい。欧米へ行けば水族館を見て歩き、前後して所長を拝命した三崎臨海実験所にしっかりした水族館が必要と考え、実験所の拡張計画の中に水族館を加えようとした。飯島はわが国最初の近代的水族館とされる第二回水産博覧会の水族館(和田岬水族館)を設計指導し、わが国で興行的に成功した最初の株式会社水族館であった浅草公園水族館も飯島の指導を受けた。さらに第五回内国勧業博覧会では堺水族館の事実上の設計指導者でもあった。堺水族館はわが国最初の本格的な恒久建築の水族館であった。

飯島はたくさんの学術論文を書き、動物学会を指揮し、大著『動物学提要』をはじめとする多数の学術書や教科書を執筆した。しかし、一般向けの普及啓蒙的な執筆活動をまったくしなかった。水族館について直接語った資料も一つも残していない。これに対して、谷津は水族館に関する啓蒙的な執筆活動に熱心で、機会あるごとに、海外水族館事情を紹介し、水族館の運営や経営方針に関する意見をのべた。昭和三年(一九二八)に博物館事業促進会(のちの日本博物館協会)が発足するとその理事となり、(第二の)江ノ

飯島魁

島水族館の壮大な改装計画にも加わった。その計画はいくつかの不運が重なったのが主な原因となって、実現せずに終わったが、残されている設計図や計画内容は、とてもりっぱなものだった。建物の概観も内容も運営方針も、明らかにナポリ水族館をモデルにしたと思われるこの水族館が、もし実現していたならば、日本の水族館史はちがったものになっていたはずである。谷津はこの江ノ島水族館建設計画で生物担当の委員であった。

ここではまず、飯島が残した明治期水族館への寄与について、少しくわしく話そう。少しだけ、上野の観魚室まで戻る。

上野動物園の観魚室（うをのぞき）は、自然史博物館には動物園がついていて、その動物園には水族館があるものだという、当時のヨーロッパの感覚をそのまま輸入したものだった。直接にはパリのジャルダン・デ・プランツをモデルにしたものであろう。その博物館・動物園（そして水族館）の実現には、佐野常民、町田久成、田中芳男という当時の博物館創立にあずかった大物行政官三人のかかわりは知られているが、実際の動物園や、その中の水族館（うをのぞき）の設計指導をだれがどういう考えで担当したのかははっきりしない。「考え」自体、なかったのかもしれない。

当時すでに「アクアリウム」用語に「水族室」「水族館」「水族観」などという訳語が当てられていたことも知らず、または知らぬげに、あるいはわざと無視したかのように、「観魚室（うをのぞき）」という和訳語を創作して、その使用をお伺いしている文書（が残されているおかげで、われわれはこう考えることができるのであるが）などを見ると、これらも結局、理念理想はさておいて、文明開化思想の吸収と成果を形にあらわすことに急だった、明治時代の「ハコモノ行政」の一環だったのかもしれない。ただ、博物館には動物園を、動物園には水族館をという舶来知識を受け入れただけだったのではないか。

それでは、水族館が何をするところなのか、水族館はどのように社会に役立つべきかという思想や主張は、いつからはじまったのだろうか。明治十五年の上野の観魚室、明治十八年の浅草水族館、明治二十三年の東京大学三崎臨海実験所の水族館、そして明治二十三年の第三回内国勧業博覧会と同二十八年の第四回内国勧業博覧会に水族室が設けられたあたりまでは、そのような議論があったという資料は見つかっていない。

水族館の目的や社会的役割、つまり、水族館機能論が言い出された最初と思える文章が、明治三十年（一八九七）に神戸で開かれた第二回水産博覧会の会場につくられ、のちに「和田岬水族館」と呼ばれて、わが国最初の近代的水族館とされた水族館の計画書中に見出される。博覧会の水族館といえば、一時的仮設的性格のものと思われがちだが、水族館に関しては必ずしもそうではなく、和田岬水族館も立派な水族館だった。その規模内容から「日本最初の水族館」としようという意見があったほどである。

第二回水産博覧会期終了直後に出版された『第二回水産博覧会附属水族館報告』（一八九八）、つまり水族館始末記の総論にはこうある。

水族館トハ淡鹹両水ニ棲息スル動物ヲ長ク飼養スル所ニシテ……各水族館ニ於テハ常ニ動物ノ性情ヲ

熟察シ一浮一沈ノ微ト雖モ必ス其原因ヲ追究セシニヨリ之ガ為メ学術ノ進運ヲ促シ技術ノ上達ヲ来セシコト少ナカラス遂ニ水族館ノ設立ハ学芸奨励上欠クヘカラサルニ至レリ……

水族館が水の生きものを「長く飼うところであり」「一浮一沈といったわずかな動作の原因もおろそかにせず」とは、なかなか、耳が痛いが、ともかく、これがたぶん、わが国ではじめて「水族館」とはどういうものかを説明した文章だったのであろう。この文章はつづいて、イギリス・ブライトン水族館で、ホワイティング（タラ）の生活史の研究が行なわれて同国の水産上大きな役割を果したこと、ならびに「此外水産並ニ純粋ナル学術ニ関スル疑問ヲ解釈セルコト甚タ多シ」と、水族館が「水産技術と海洋生物学に役立つべき効用」を説いている。

大正十一年（一九二二）の『動物学雑誌』第三十四巻に特集された、「飯島先生年譜」によれば、飯島魁は、明治二十九年（一八九六）六月五日、第二回水産博覧会当局から「第二水産博覧会水産室の設計を嘱託」されている。先にも説明したように「第二水産博覧会」は「第二回水産博覧会」、「水産室」は「水族室」の誤記である。

「年譜」には、「翌三十年一月十八日　三十七歳　第二回水産博覧会審査官被仰付（内閣）」、「同年二月十五日　審査第二部長を命ず（水産博覧会）」、「六月二日兵庫県へ出張を嘱託す（水産博覧会）」、「同十五日神戸出張所へ出張を命ず（水産博覧会）」、「同三十三年　四十歳　六月十二日　明治三十年第二回水産博覧会開設の際審査官と為り……其賞として銀盃一組下賜」と、飯島がこの第二回水産博覧会水族館の準備と運営にどっぷりつかってしまった様子が窺われる。

飯島の献身的な指導のもとにつくられた和田岬水族館は、しっかりしたコンセプトのもとに、合理的に設計されたわが国最初の水族館だった。

『水族館報告』には、次のようにも書かれている。

水族館建築

水族館は兵庫共催《ママ》株式会社に於て所有せる兵庫和田岬和楽園内に設置す其面積九千余坪にして館之構造は木製西洋形なり本館建築計画は会計課長葦原清風の担任なるも其設計に到ては理科大学教授理学博士飯島魁……に委嘱す而して各自分担する所左の如し

全般諸設計	東京帝国大学理科大学教授理学博士	飯島　魁
諸建造物	文部技師	久留正道
貯水及配水	神戸市川崎造船所技師	山崎鉱太郎
ヂオラマ絵画	東京帝国大学理科大学助手	長原孝太郎
諸工事現場監督	第二回水産博覧会事務官補	榎本惣太郎

浜松から千葉へ、そしてドイツ留学

飯島魁は文久元年（一八六一）六月、遠州浜松城下で生まれ、幼名を播之助といった。魁の祖父は岡村黙之助義理《よしまさ》といい、有能な人物で、幕末の浜松井上藩で側用人兼旗奉行をつとめ、困難な時期に幕府老中として江戸詰めの多かった若年の藩主井上河内守正直をよく補佐した。子弟の教育にも熱心で、弘化三年（一八四六）には一九歳の長男新三郎と一七歳の次男貞次郎を大坂の緒方洪庵の適塾へ入れてオランダ語を学ばせ、その二年後には熊本で西洋砲術を学ばせた。新三郎は、のちに飯島家の養子となり飯島新三郎道章を名乗って浜松藩の砲術指南役（教授）をつとめた。新三郎の長男が、飯島魁である。弘化三年（一八四六）に設立された浜松藩校の克明館（東高町）に魁も入学している。

慶応四年（一八六八・改元して明治元年）、浜松井上藩は上総国（現千葉県）に領知替えを命ぜられ、明治二年（一八六九）に仮陣屋を新領地の市原郡内田郷（現在の市原市）において鶴舞藩と称した。浜松市の資料に「千葉県茂原市へ移動」と書かれたものは、誤りである。

家族に連れられて浜松から市原に移住した飯島魁は、当時八歳であった。藩校克明館は明治三年（一八七〇）に鶴舞藩にも設置され、翌明治四年には生徒数七百七名に達したという。魁も克明館に通ったのち、開校したばかりの市原郡鶴舞村鶴舞小学校に転入学した。この小学校はのちに千葉県市原市立鶴舞小学校となって現存し、初期の卒業生名簿に飯島魁の名がある。

もっとも、この辺の資料にはやや混乱があって、鶴舞小学校の開校が明治六年（一八七三）であったとか、飯島魁が当時十二歳で明治六年に開校した東京開成学校予科の生徒になったとか、明治八年（一八七五）に一四歳で同校に入学したとか、諸説まちまちではっきりしない。

ともかく、明治十年（一八七七）、飯島魁は一六歳で東京開成学校と東京医学校とが合併した東京大学に入学、同十四年（一八八一）に東京大学を卒業して、二一歳で東京大学理科大学准教授になった。

翌明治十五年（一八八二）に、魁は東京大学を一旦退職してドイツに留学、近代寄生虫学の始祖であるライプツィヒ大学のカール・G・F・R・ロイカルトのもとで淡水産のウズムシを研究して、明治十七年（一八八四）三月に博士号を受け、翌年に帰国した。

ライプツィヒでは、東京大学医学部を魁より一年早く卒業して、二年おそく明治十七年にライプツィヒ大学に留学してきた森林太郎（森鷗外）と同じ下宿に住んだ。もっとも、森がライプツィヒに到着したのが明治十七年十月、飯島がライプツィヒを去ったのが同十八年四月であったから、二人が同宿したのは正味およそ半年間であった。一九九〇年ごろまではライプツィヒ中央駅近くの東南にタールストラッセとプラーゲルストラッセの交差する街角に飯島・森が寄宿した下宿屋が残されていたが、今はもうない。

飯島と森と、二人が同じ下宿に住んだ理由は明らかでないが、森の臨終を看取った同級生の親友賀古鶴所が浜松・鶴舞両藩の出身で、両藩校の克明館では飯島魁の同窓であったので、あるいは、その仲介があったのかもしれない。

ライプツィヒにおける飯島魁の生活の一端、ならびに森林太郎との交友のようすは、森鷗外『独逸日記』に点綴されている。異国での二人の交友は、短期間であったが細やかなものだったらしい。

明治十七年（一八八四）十月二十三日　……隣房には飯島魁住めり。千葉の人にて動物学を修む。

（明治十七年十一月）九日。ホフマン師の家を訪う。白手套は買ひたれど、黒き上衣なきゆゑ飯島に借りぬ。

（明治十八年一月）八日、水晶宮に往きて仮面舞を観る。われは飯島と共に土耳古《トルコ》帽を戴き、黒き仮面を被りて入りぬ。

（明治十八年四月）十八日。飯島魁発軔す。送りて停車場に至る。……

上野益三は『近代日本生物学者小伝』（一九八八年、および『博物学者列伝』一九九一年）で、この記述を指摘して「『千葉の人』とは森の思いちがいで、……飯島は遠州浜松の人である」と書いている。しかし、先に書いたようなわけで、飯島は「浜松の人」でもあり、「千葉の人」でもあるので、森の記述は正しい。

ライプツィヒ市には、飯島の滞留当時すでに（一八七八年につくられた）動物園があり、その園内に水族館（アクアリエン・ハウス）があった。一九一〇年に改装増築されて、世界的に有名な水族館になったライプツィヒ水族館の前身である。また、ライプツィヒから遠くないベルリンのウンター・デン・リンデンにも、一八七〇年に創立された水族館があった。岩倉使節団も見学して、壁の装飾や照明効果に感心して帰った、あの水族館である。当時ヨーロッパ随一の水族館だった。

飯島が留学中にこれら先進の水族館を見学したという証拠は見つかっていないが、好奇心いっぱいの人生を送り、しかも水族館が大好きだったと思える飯島が、それでなくても二十代前半の留学生時代のことである。一般に評判だったであろう、これらの新しい水族館を見ていなかったとは思えない。

ドイツ留学からの帰国後も、明治二十九年（一八九六）に第二回水産博覧会における（和田岬）水族館の設計を委嘱されるまで、飯島が水族館に関する積極的な意見を発表したり、水族館に熱心であった形跡は何も残されていないが、その彼が第二回水産博覧会で水族館の設計を委嘱されたのは、おそらくベルリンやライプツィヒの留学経験から、彼地の水族館事情にも明るいということだったからにちがいあるまい。

先にも書いたように、第二回水産博覧会の計画準備の進行とほぼ同時期に、飯島は三崎臨海実験所の拡充案を起草していて、その中には附属水族館の新設計画がふくまれていた。飯島は当然、準備段階から水産博覧会の計画にも参画していたのであろうから、博覧会の施設としても（臨海実験所のそれのように）水族館をつくる必要性を主張し実現させたということもあったのかもしれない。

しかし、ロンドンで万国博覧会のクリスタル・パレスを移設したクリスタル・パレス水族館の威容や成功をはじめ、当時の欧米水族館事情を、田中芳男をはじめとする博覧会企画当局者は見て知っていたにちがいない。飯島もまた、そういう時勢に疎かったとは思いにくい。

わが国でも第三回・第四回の内国勧業博覧会（明治十八年・一八八五と同二十三年・一八九〇）に、小規模ながら水族館（室）が展示されていたし、もうそろそろ、しっかりした水族館が出現してもよい機運が到来していたのではないか。

水族館へ「ハヤクキタレ」

飯島の愛弟子の一人だった藤田経信は、大正十一年に急逝した飯島の追悼文「飯島先生と水族館」（一九二二年）を、「ハヤクキタレ」の電報で「兵庫の和田岬にある和楽園に当時滞在中の飯島先生」に呼び寄せられたところから書き出している。

水産博覧会が……此の八月から開会することになって……之を付帯して水族館が兵庫に独立して建設されることになって居て、飯島先生は其の設計監督等万事を農商務省の当局から依頼されて居た。

水族館――こんな名前は当時新しくなかったかも知れない。然し其の組織や構造や開展の方法などについてはまだ知らないものが多かった。……先生は実に精緻なる思慮と豊富なる学識とで其の衝に当たられたのだ。……午前中に水族館設立地たる和楽園について早速先生に面晤せんと場内を尋ねてみたが影が見えなかった。不図水族館内の或大なる水槽内に汚れた半袖のシャツに猿又でタオルで頭を米屋被りをし汗と塵とで膚目も見えない様な壮漢がシックイ細工に余念のないのを発見した。硝子を通してよくよく見れば夫が先生であった。

七月苦熱の頃……先生の此の努力により期せずして皆々は十日を一日位にと奮闘した。先生は前に参考すべき書類もないから種々独創せられ注水のカランなども金属製を用ひないで硝子製としたり水槽内の水の排水等でも特に注意せられた。

藤田経信自身も、関係者一同（背景担当長原孝太郎、建築担当榎本惣太郎、故西川藤吉理学士）とともに緊張して八月一日オープンの日を迎えたところ、この水族館が大評判となり、「始め十日間ばかりは唯圧されながら出た人ばかりで『見た』と云ふ人が少なかった」と、新水族館開館前の多忙さと緊張、せっかくの水槽の魚もろくに見られぬまま、人波に押されて出てしまうほどの多数の来館者が押し寄せる混雑ぶりなど、これが今から一二〇年も前の水族館風景とは思えないほど、わたし自身も経験したことのある、まったく同じ光景を活写している。

『第二回水産博覧会水族館報告』には「水族放養事務主管」という一項があって、「水族放養の事務は出品課の主管とし審査官藤田経信主任となり雇高橋作次郎……之を補助したり」ともある。すると、藤田は博覧会の審査官と飯島の門下生としての準備手伝いと、両方を兼ねながら水族館の運営にかかわったということであろうか。

藤田の文中にある「故西川理学士（当時農商務省技手）」とは、三二一ページにも少し触れた西川藤吉のことである。藤田はつづけて「三十六年大阪に於ける内国勧業博覧会堺の水族館は……専ら之を担当して居たが間接に先生の補導を仰いだことは多大であった」とも書いている。

西川は飯島の愛弟子の一人であった。明治三十年七月に東京大学理学部動物学科を卒業して、その十月に農商務省水産局に勤務、同三十二年農商務省技師となり、三十四年に豪州出張、三十六年に第五回内国勧業博覧会堺水族館経営を委嘱された。西川が堺水族館にいつまでいたかははっきりしないが、三十八年四月に休職を命ぜられて真珠研究に転じているので、長くてもそれまでに水族館勤務を解かれたのは確かなようである。

藤田や西川の総師となった飯島は、内閣から博覧会の審査官を命ぜられた大学教授であった。明治時代の大学教授といえば、現在よりはるかに権威のある存在だった。その大学の先生が、一方で、博覧会の現場でしっくいだらけになってみずから水族館づくりを受け持っていた、その辺の事情はよくわからないが、ともあれ、和田岬水族館にかけた飯島の熱意と創意工夫、知恵に負うところは、大小数え切れぬほどたくさんあっただろう。その中で、後年のわが国の水族館発展の視点から、見逃せない功績を三つだけあげておこう。

その第一は、水族館の飼育設備に濾過槽を導入して、濾過槽と貯水槽および展示水槽をむすぶ濾過循環系を確立した、第二に、水族館が単なるハコモノではなく、建設にあたって技術的創案と指導の重要性を示した、第三に、展示計画と採集運搬および飼育技術の重要さを示した。

その内容の一端は、『附属水族館報告』に、次のように書かれている。

「供水法……（濾過槽の）底ニハ細沙ヲ敷キ水ヲ濾シテ清澄ニシ微少ナル生物ノ混入腐敗ヲ防クナリ濾過槽ヨリ水ハ弁井ニ流レ貯水池ニ入ル」、また別のところには、「貯水池及濾過槽　鹹淡水ノ濾過及貯水ノ部分ハ左ノ仕様書ノ如ク設計セリ……第二条　鹹淡水循環順序左ノ如シ……」と、ややくわしい説明がある。

「送気法……若シ送気ヲ怠レハ水族ハ永ク生活スルコト能ハス故ニ何レノ水族館ニテモ必ス空気ヲ送入スルノ装置有リ本館ニテ適用シタルモノハ最モ簡便ニシテ而カモ効能ノ確実ナルモノナリ……」

餌料……其種類は概ね左の如し

活餌　いわし。どじゃう。たこ。小ゑび。はい（筆者註「はい」は昆虫のハエであろうか、「かじかニハはいヲ與へ」と本文にある）

死餌　種々の魚肉。同越幾斯（同：エキス）。えび。かつをぶし煮出滓。

以上動物質餌料

活餌　種々の海藻

死餌　麩。麵麭（同：パン）

以上植物質餌料

「水族ノ採集及ヒ運搬……（海水魚は瀬戸内海産を展示したが無脊椎動物は入手できないので）遂に相模国三浦郡三崎地方より捕採輸送するに決せり」というわけで、八月下旬の六日間、「西川藤吉主トシテ斡旋其局ニ当リ三崎ノ漁夫（で三崎臨海実験所勤務の）青木熊吉之ヲ幇助セリ（と、「三崎の熊さん」まで引き出して）採集法ハ潜水法。海岸採集。海底採集等の諸種ニシテ各二回」採集に当たり横浜までは手漕ぎの小舟、横浜からは郵船会社の「小樽丸」で神戸港まで運んだ。こうして、四日かけて輸送したのに、苦心のわりに結果が良くなく、さらに藤田経信ほか一名が淡路島の福良村まで、「小蒸気船」に乗って海岸採集に出張している。

採集してきた水族は、まず、保健槽（予備槽）に入れて健康状態を見てから、放養槽（展示水槽）に移した。その一部は「和田岬ノ南側海中三町余ノ沖合」の「海中ニ繫留スル特別ノ活洲」に入れておくなど、水族収集の苦心談が率直かつ詳細に書かれている。

また、水族館用の海水は、地先海岸の数間（沖合）の海上に蒸気ポンプ船を浮かべて、海上から海岸までゴム管を通して海水貯水池へ入れた。『附属水族館報告』には、一々の展示水槽の背景や注水法までくわしい。展示水槽の背景も、一つ一つ、工夫を凝らしたもので、その背後にも、欧米先進の水族館での知見、たとえばベルリンのウンター・デン・リンデンの影響が窺われる。それに、さらに飯島の独創を加えたものであろう。

和田岬水族館のコンセプト

和田岬水族館には「鱒卵孵化」の展示もあった。「本館ノ最後ノ一室」に「北海道千歳川畔中央孵化場ニ於テ採集シ十月十八日発眼シタルモノ」を二十七日の到着以来飼育公開していたのがそれで、「水温高来ノミナラス用水ノ水質ハ良好ナラス」十二月上旬には全滅してしまったが、わが国最初の試みは評価できる。もちろん、これも明らかに、欧米の先進水族館での流行にならったものであろう。

あの岩倉使節団も、明治初年にオランダ・アムステルダムの水族館ほかで、近年ドイツで発明されたという「魚仔を養ふ方法」と「水族室」を見て感嘆し、その詳細を書き残している。和田岬水族館の「鱒卵孵化の展示」は、その再現だったのであろう。

田中芳男とともに明治政府で活躍し、のちに初代の水産伝習所長になった関沢明清が、近代的なサケ・マスの人工孵化法をアメリカから導入したのが明治九年（一八七六）、千歳川上流に日本最初のサケ・マス人工孵化場ができたのが明治十九年（一八八六）であった。サケ・マス孵化は、水産養殖の最先端事業、水族館でもきっと、トレンディな展示だった。水族館がただの珍奇な見世物でなく、教育価値のある施設なのだという識者の主張を援護する展示の目玉だったにちがいない。

和田岬水族館での、飯島一門の苦心は、まさにわが国の水族館活動の原点を見るようである。この報告書を読むと、その後のわが国の水族館での基礎的魚類飼育技術手法の多くは、この和田岬水族館で編み出されたノウハウを基本にしていること、あるいはこのときの工夫がほとんどそのまま、引き継がれてきたことが理解できる。

和田岬水族館は博覧会期終了後、当時神戸市の盛り場であった湊川神社の境内に移され、規模をやや縮小して半年後の明治三十五年四月二十七日から明治四十三年二月十二日まで、約八年間、市民に親しまれた。経営は兵庫共済株式会社であった（八〇ページの「共催」は誤記）。

藤田経信はまた「飯島先生と水族館」に、次のようにも書いている。

何（ママ）にしろ我邦に出来た水族館は悉く兵庫の設計を其の計画中に織込まないものはないので……飯島

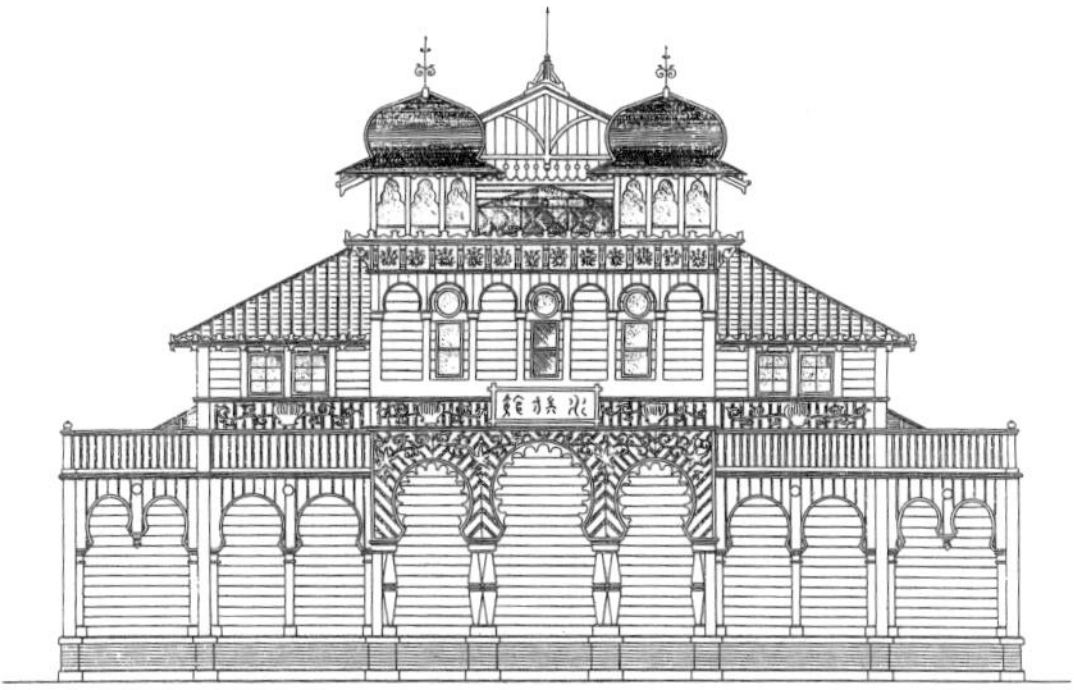

第二回水産博覧会・和田岬水族館
上　正面図、下　側面図

先生の余光を拝して居る次第である……実に先生は我邦に於ける「水族館の父」と云ふべきである。

ただ、和田岬水族館が、わが国ではじめての合理的な循環濾過装置をそなえた「本格的な水族館」であったこと、規模もそれまでになく大きく、大勢の来館者を集めて評判になったことから、この和田岬水族館を「わが国で最初の水族館」とする意見がある。

昭和三十七年（一九六二）、日本動物園水族館協会は動物園開園八〇周年・水族館開館六五周年を記念して全国で「動物園水族館まつり」を繰り広げて記念誌『日本動物園水族館要覧』を発行し、その序文に協会理事長の古賀忠道が和田岬水族館を

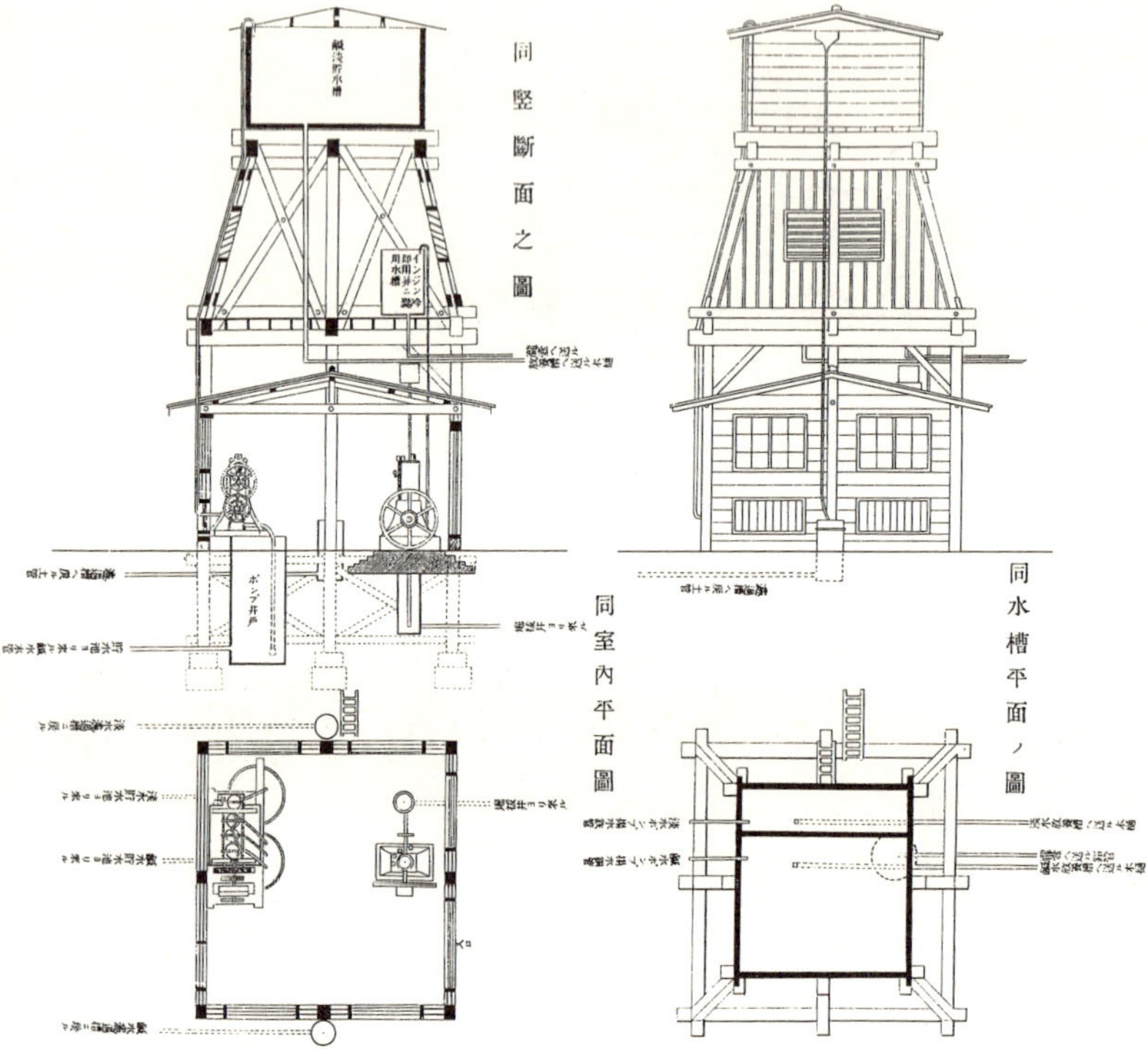

和田岬水族館の機関室とその屋上の高架貯水槽

「最初の水族館」としたのが、その初出である。しかし、その理由については何も書かれていない。

神戸・和田岬の水族館を日本最初の水族館としようと提案したのは、当時の神戸市立須磨水族館の館長で、協会副理事長をしていた井上喜平治であった。一九六二年当時はまだ水族館黎明期のわが国の水族館事情も明確ではなかったが、一つの見識として、関係文書が残されていないのが惜しまれる。

和田岬水族館が「わが国最初の本格的水族館」であることに、わたしも異論はない。しかし、「水族館」とは、先に紹介した『水産ハンドブック』や『エンサイクロペディア・ブリタニカ』にも書かれているような「水族（水生生物）を飼育して一般に公開して見せる」ものと、なるべくわかりやすく定義しておくべきものであって、規模内容や施設が「本格的かどうか」まで考えた上で「最初の水族館がどれか」を決めるのは賛成できない。日本最初の水族館はやはり上野の観魚室であると、改めて主張したい。

浅草公園水族館の奮闘

浅草公園四区に新水族館

東京浅草の水族館は今では殆ど人に忘れられた様だが兵庫の直系である。当時同地に出張していた大日本水産会の中尾某が此の水族館の非常な人気に感激して翌年早々東京の興行地の中核たる浅草に之が建設を企望し終に成就したのだ。

大正十一年（一九二二）三月に急逝した飯島を追悼する『動物学雑誌』の特集号に、第二回水産博覧会の和田岬水族館で飯島魁を助けて尽力した藤田経信は、「飯島先生と水族館」で浅草公園水族館について、右のような手厳しい文章を書いている。

理由ははっきりしないが、藤田は浅草公園水族館、またはその経営者に対して好印象を持っていなかったらしい。浅草水族館が営利的な施設だったからというのは表向きの理由で、他にも何かのいきさつがあったのかもしれない。

もっとも、藤田が浅草公園水族館を無視したわけではなかった。藤田はその著作『編年水産十九世紀史』（一九三〇）に和田岬とこの浅草公園の二つだけを十九世紀のわが国の水族館として記載しているからだ。その明治三十二年の項には、こうある。

東京浅草公園に水族館建設せらる。太田實、中尾直治等の計画にして昨年の兵庫水族館に模したるなり。これ私設水族館の権輿なり。

浅草公園水族館は、明治三十二年（一八九九）十月十一日、浅草四区でオープンしている。先行の明治十八年の浅草水族館は、浅草六区にあった。浅草公園水族館は、わが国では第七番目の水族館で、私企業の経営する営利目的の水族館としては、明治十八年（一八八五）開館の浅草水族館に次ぐ二番目に当たる。動物園、大学臨海実験所、博覧会などの付属施設ではない、独立の常設水族館としても、同じく浅草水族館（は、長くはつづかなかったが）に次ぐわが国二番目の水族館に当たる。

明治十八年の浅草水族館は、先にも書いたように、しっくい名人とうたわれた伊豆長八の鏝細工を玄関に飾り付けたり、近くの瓢簞池底から出土した大型の貝殻の標本を並べるなど、かなり凝った造作までしてかかったのに、水族館の運営がうまく行かなかったかして、短期間で撤退してしまったので、せっかく、好意的な新聞報道などの後押しを受けながら、早々と忘れられてしまったのが残念である。後発の浅草公園水族館のほうが有名になったせいもあって、ごく最近まで、前後一四年の年月を跳び越えて、明治の浅草にあった二つの水族館は一つに混同されていたのだった。

浅草公園水族館のことはこの水族館が開館した翌明治三十三年の『風俗画報』第二〇四号（臨時増刊号）に極彩色の折り込み浮世絵入りの六ページにわたる解説紹介にくわしい。これはわが国の一般雑誌に掲載された最初の水族館記事のはずである。タイトルは「土木門・水族館」。今でいえば「建築関係」とするところだろうか。執筆者は坪川辰雄。「水族館は教育技芸上甚た切要のものにして。本邦に未たに其常設なきを遺憾とせしか。昨三十二年十月十一日太田實氏の浅草公園内に……」と書き出して、「一たび同館に入れは。眼前忽ち河海天然の実景を現出し……」とは、いささか大げさだが、あるいは、当時はまだ、実際に水族館がそれほど新鮮で珍奇な感動の対象だったのかもしれない。

もっとも、浅草公園水族館は小規模な水族館だった。明治十八年にできた兄貴分の浅草水族館のような凝った飾りものは、館内外ともにつけなかったらしい。それに水族館の建物自体も新築ではなかった。「りっぱな煉瓦づくりの……」と書かれた記事は間違いまたは勇み足である。

実際の浅草公園水族館は、『風俗画報』の臨時増刊号によると、「同館の建築物は。もと共栄館と称へし勧工場にて設立せしものに……幾分かの改造を為せるもの」で、「建坪僅かに拾八坪のこととて。甚たしく狭隘」だった。一八坪といえば、六〇平方メートルに満たず、タタミ三六畳分でしかない。そこに合計一六個のガラス張りの展示水槽と、別に池と放養槽（予備槽）が一個づつあった。

それでも「館の外部は洋風木造にして。屋上に水族館（AQUARIUM）と記したる扁額を掲け。正面にて切符を販売す。其左側を入口とし右側を出口とせり。幅三尺ほどの入口を入れは。館内暗黒にして隧道（トンネル）の如し。通路の上下左右は皆コンクリートを以て堅固に築造し」と、水族館らしくしつらえたものの、館内は殺風景で真っ暗だった（口絵参照）。「昼は日光を槽の上部より入射せしめ。夜は水中に点灯す。室内を暗黒ならしむるも」水槽内を見やすくするためだと説明し、別の資料では、「相州江之島の巌頭に模擬せる隧道」と、堂々、それらしい理由をつけている。とにかく、後年、第二次世界大戦後しばらくのころまでの水族館といえば、内部をこんなふうに真っ暗にして、相対的に水槽内を明るく見せ、水槽からの入射光だけで海底に下りてゆく連想を期待するのが決まりだった。

水族館の飼育水管理は、もちろん、和田岬にならった循環式だった。

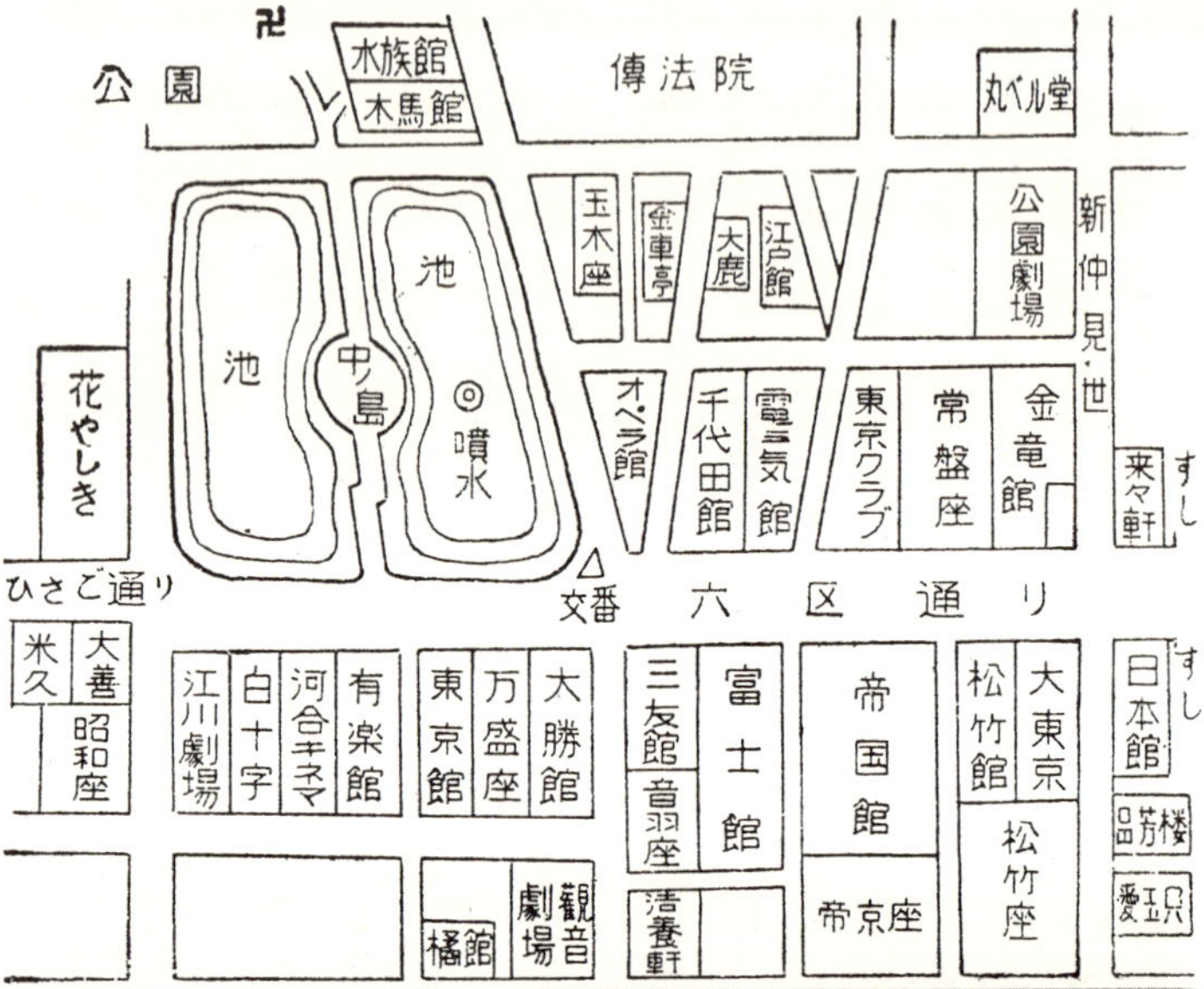

①

③

②

浅草公園水族館

①昭和初期の浅草公園水族館とその周辺図
②水槽を見入る家族
③水族館で旗上げしたカジノフォーリーのプログラム（早稲田大学坪内逍遙記念演劇博物館提供）

「館全部の床下は皆貯水池にして。……池中に貯ふるところの鹹水は。東京湾富津沖より汲取り。之を濾過して用ふるものといふ。此貯水池にある水は。昼夜絶へす喞筒を以て室内の高処に汲み上け。之を各放養槽に送り出すの仕掛」に使う喞筒（ポンプ）はもちろん、蒸気ポンプだった。館内はその音で、さぞやかましかったにちがいない。

「其放養槽に充たされたる水は。溢れて他の樋を通過し以て一大槽に入るなり。此槽は濾過槽と名《なづ》け。……魚類の排出せる汚物を除き。水を清澄ならしむるの具なり」と、基本はよく理解されている。

飼育水族はというと「多くは相模灘付近にて採集し。相州三浦郡三崎村に設けたる蓄養場に入れ」馴らしてから、船で運んでいた。その船は「游鱗丸と名《なづ》け。同館にて昨暮発明せしものといふ。其構造は船内に魚槽及給水濾過の方法等を。自在に為し得る水槽を設けたるものにて。一つの活洲船（ウェルヴェッセル）なり」と。もちろん、水族館が自家採集船をもった最初の例である。

ここで、感心するのは、この活魚船が「考按者は大学教授及ひ水産局技師にして。游鱗丸と名けしは曽彌商務大臣といへり」と、浅草公園水族館が私企業の水族館でありながら、行政・学術各方面の指導援助、ないしは協力を受けていたことを窺わせるところである。坪川はついでに、東京魚市場に入荷する鮮魚の鮮度低下に触れて「今本館にて改良せる此活洲船を。一般に用ゆることとせば。東都の名物を加ゆるのみならず。水産上に及ほす効果もまた」少なくあるまいとも書いている。

日本最初の水族館解説書

浅草公園水族館には『東京名物浅草公園水族館案内』と題する解説書がある。明治三十二年十一月二十五日、つまり、水族館がオープンしてまもなく出版されたもので、ほぼB６判大、一八ページの小冊子で

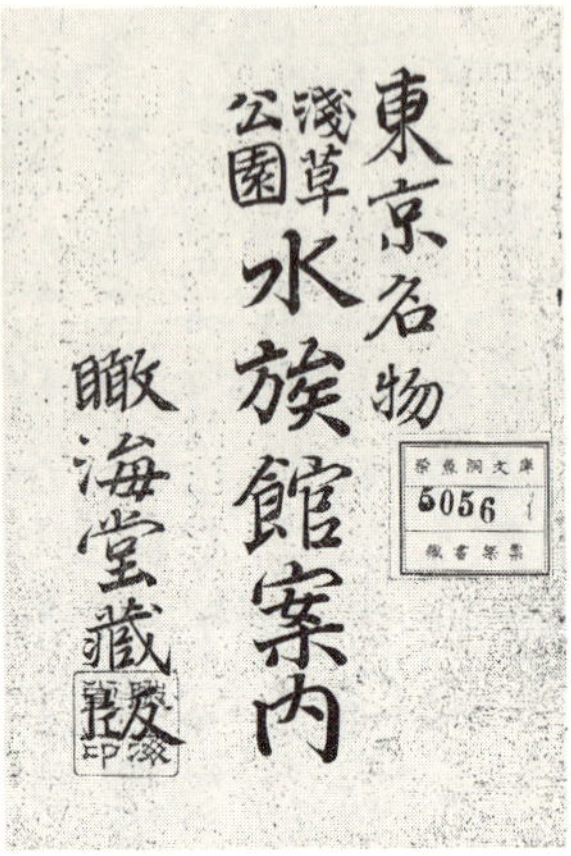

日本最初の水族館解説書『東京名物浅草公園水族館案内』明治三十二年

浅草公園水族館のスタッフでもあった「三崎の熊さん」こと青木熊吉

あるが、わが国で最初の水族館解説・案内書であろう。出版社は東京浅草・瞰海堂。編集・発行人は藤野富之助。藤野がどういう人物なのか、今のところはわからないが、長洲漁長というペンネームで序論と本文の解説を執筆している。先行の神戸和田岬の水族館を褒め、首都東京にまだ水族館がなかったことを嘆き、そのために「株式会社水族館設置の挙」に参加したと書いている。

『水族館案内』の巻頭言には、大日本水産会会頭小松宮の来館に当たり、館長太田實、岸上鎌吉・飯島魁両博士が案内説明したことにも触れている。太田が大日本水産会の設立に関わり、本所区（のちの墨田区の一部）の区長をした人物であることはあとに述べる。飯島についてはすでに述べたが、岸上は三崎臨海実験所で箕作佳吉教授の指導でクラゲ、サンゴ、エビ、カブトガニなどを研究し、明治二十二年に卒業して（飯島の八年後輩である）農商務省技師となり、わが国水産学の育ての親のように活躍した、当時すでに高名な行政官を兼ねた水産学者であった。すると、「活漁船游鱗丸の考案者の大学教授」は飯島魁で、「この船の命名者の水産局技師」は岸上鎌吉だったのであろうか。

その真偽はともかく、浅草公園水族館は、私企業の水族館でありながら、このように、海洋動物学、水産学の両学界にも目配りをきかせながら、スタートしたのだった。浅草公園水族館の実質的なオーナーだった太田實の力によるものと推察される。

太田は当時東京市本所区の二代目区長だった。本所区は浅草とは隅田川を隔てた対岸の現墨田区の一部である。太田實の名が水産分野の記録に見出されるのは大日本水産会創立のために開かれた、明治十四年十二月の協議会出席者の一人としてである。太田は、この協議会で互選された規則確定委員一〇名の委員のうち、最多票を得ている。大日本水産会は東京水産大学の前々身、水産伝習所を起こし、のちに官制の水産講習所設立への橋渡しをするなど、明治期から日本の水産教育をリードした民間組織だった。

太田實を筆頭とする浅草公園水族館の経営陣と技術スタッフについても『水族館案内』に説明がある。

「同館は株式会社の組織にして……館長太田實ほか役員三名、技士三名、建築技師一名、外書記守衛等拾数名」。役員の中には、藤田の書いた「中尾某」こと中尾直治の名もある。一方、『水族館案内書』の執筆・編集者の藤野富之助の名は、なぜか、ここにない。もう一つ、意外なことに、水族館の技士の肩書で、三崎臨海実験所の名物採集人だった青木熊吉の名がある。

青木熊吉は三崎臨海実験所の生え抜きの採集人で、熊さんと呼ばれて親しまれ、数々の逸話を残している。熊さんが臨海実験所に出入りしはじめたのは、明治十九年とも二十一年ともいわれ、浅草公園水族館開館の前年、明治三十一年一月に正式の採集人として雇用されたばかりであった。それがどうして、私企業の浅草公園水族館の従業員ないしは技術スタッフとして名が出ているのだろうか。ただ、名義を貸しただけだったのだろうか。もっとも、営利を目的とするほどの水族館での魚集めには、やっぱり、青木熊吉のような有能な専門採集人の力がどうしても必要だったのだろう。

ついでにいえば、浅草公園水族館の採集船「游鱗丸」は、ふだん、三崎臨海実験所に預けられていたらしい。昔はそんなふうだった。三崎臨海実験所は前後して、実験丸、道寸丸、あらゐ丸（いさを）などの採集専用船を所有していたが、それとは別に、浅草公園水族館の採集運搬用発動機船も実験所の業務に適宜利用されていたらしい形跡がある。水族館のほうも、そうやって臨海実験所の水族採集能力の援助を受けていたろう。

たとえば、大正二年（一九一三）の『動物学雑誌』三〇〇号の雑録には、臨海実験所にきていた一人の学生が、実験の合間に水泳に興じていて、不運にも溺死したのを悼む記事があり、そこに次のように書かれている。

其研究材料蒐集の為、浅草水族館生魚運搬用石油発動船活魚（いくを）丸を利用して、屢相模灘に出漁せりといふ……柩は短艇に安置せられ……小舟は静に活魚丸にて曳かれぬ

浅草公園水族館の開館以来、ここまでで一四年が過ぎている。水族館の活魚運搬船がいつから活魚丸に代わったのか、活魚丸が何代目の浅草水族館の採集船なのかはわからない。

浅草公園水族館の魚たち

『風俗画報』の臨時増刊号に見る開館翌年の浅草公園水族館の飼育魚類は、海水魚一一五種、海産無脊椎動物二二種である。リストには、「のこぎりざめ」「たかあしがに」「みのかさご」など、これはこれはと驚かされる魚もふくまれている。もっとも「きちがひうなぎ」とは、なんだろう。

浅草公園水族館の模範になった和田岬水族館では、海水魚五三種、海産爬虫類三種、海産無脊椎動物二七種、淡水魚ほかが二八種だった。もっとも、こちらは行政報告なので、それだからか、魚名はふぐ、べ

ら、うみうし……などと、かなりいいかげんである。それに比べると、浅草公園水族館の展示内容はなかなか充実している。和田岬水族館が短期集中的な博覧会水族館であったのを思うと、なお立派なものである。

それが、開館の一四年後、当時魚類学の第一人者だった田中茂穂（のちの三崎臨海実験所長）が大正二年（一九一三）の『魚学雑誌』に発表された「水族館の魚類」（内容は「浅草公園水族館の魚」である）では、海水魚は三三種に減り、それも平凡な種類だけになっている。しかも「魚類以外の水産動物」は「種類は頗る少なき」ため「多くをいわず」、以前は「タカアシガニを飼養したるも余り長く生活しざりき」とある。

昔も今も、水族館は、開館したときが施設も内容も最高の状態なのがふつうである。年を経るにつれて施設はだんだん古びてゆき、内容が変わり映えしなければ、当然、大衆にあきられてゆく。人にあきられれば入館者が減り、水族館は経営が苦しくなるので、施設の整備が行き届かなくなり、魚の数も少なくなって、ますます魅力が減り……の悪循環に陥る。その様子の一端が、この黎明期の有名水族館にも、すでに垣間見られている。

田中茂穂の「水族館の魚類」には、「（この報告を書くにあたって）浅草水族館技術部主任前川鯉亀太郎（ママ）氏に負ふ」ところが多かったと、謝辞が書かれている。一方、水産講習所（東京水産大学の前身）養殖科第五回（明治三十五年・一九〇二）卒業生三名のうちにも前川鯉亀次郎（田中が「鯉亀太郎」としたのは誤りか？）という珍しい名があって、両者はたぶん同一人物であろう。開館当初の一時期を除く浅草公園水族館の飼育担当スタッフについては、他には資料が見つかっていないが、もし同一人物ならば、前川鯉亀次郎は水産系の教育を受けたわが国水族館技師の嚆矢だったのかもしれない。

藤田経信は、同じ大正二年に、こうも書いている。

（浅草公園水族館は）然し余り興行本位たりし為め、成功したものはまだ一もないのは遺憾千万である。

「興味本位だったから成功しなかった」と短絡しているのは、いささか一面的で乱暴だが、この頃の浅草公園水族館は、たしかに凋落ぎみであった。大笹吉雄『日本現代演芸史』には、雑誌『新演芸』の大正五年（一九一六）五月号に「水族館は……事業に消長あり、大正二年組織を変更し水族館株式会社と為し水難救済会の村田虎太郎氏を取締役兼社長とし……また数名の事務員もゐる。二台の水揚ポンプと不寝番が有て昼夜水と餌を供給してゐる。……水族は明治天皇御愛好に依て御命名を得たる湖水魚鰉（ひがい）を始め大小の奇魚珍介数十種ある」（「浅草公園観世物総捲り」）という引用があり、同書の別のところには、「水族館の二階に演芸場が出来、そこに娘手踊りなどのアトラクションをするようになったのは組織が替わった大正二年からである。つまりは水族館としてだけでは見物客が次第に減っていったのである。」という、注目すべき記述がある。

浅草に水族館を起業した中尾直治と太田實

藤田経信は、もともと「兵庫（和田岬の水族館）の直系」の浅草公園水族館を好意的に見ていなかったらしいが、それでも和田岬水族館の成功に事業のヒントを得て指導援助を求めてきたのであろう中尾直治を「大日本水産会の中尾某」と、失礼な言い方で一蹴しているのはなぜだろうか。

藤田が飯島魁の教え子で、和田岬水族館の準備と運営にあたって、飯島を助けて活動し、この水産博覧会の審査官も引き受けていたことは先に述べた。藤田はまた、明治三十年に開校した水産講習所の当初からの教官として、鹹水養殖（学）を担当し、明治三十七年に養殖主任となって、明治四十年に北海道帝国大学に農科大学水産学科ができて教授として赴任するまでその職にあった。

したがって、水産講習所の前身の水産伝習所の設立に尽力した浅草公園水族館の太田實や中尾直治を知らなかったはずはない。同館でやがて飼育主任となった前川鯉亀次郎も教え子の一人だったはずである。本所区は藤田が動物学雑誌に故飯島魁の追悼文を書いた大正二年には、太田實も中尾直治も、水族館とは関係がなくなっていたのかもしれないが、その旧知のはずの中尾直治を「中尾某」とそっけなく呼び、浅草公園水族館の経営維持の苦心を「不成功」と切って捨てているのはなぜかと、読んでこだわりを感じる。

太田が区長をしていた浅草の川向こうの本所は、大相撲の本場所が開かれた、本所回向院を中心とする江戸時代以来の有名な盛り場であった。もっとも、太田が本所区の区長であったことと、太田が新興の盛り場で浅草公園水族館の創始を思い立ったこととのあいだにはなにかの相互関係がありそうだが、それは全然、わからない。そして、太田の盟友のような中尾直治は、明治初年に在野の農学者として高名な津田仙の学農社に学んだ人物で、明治十三年七月に『中外水産雑誌』が、水産社から創刊されたとき、その編集長をつとめた。この『中外水産雑誌』は、わが国で最初の水産分野の民間雑誌であった。明治十四年に大日本水産会創立の発起人となった二四名の賛同者の中に、品川弥二郎、内村鑑三、田中芳男、松原新之助、関沢明清などの有力者と並んで、中尾直治と太田實の名がある。それだけでなく、会の規約案を審議する規則確定委員の互選では、太田實が最高投票数を獲得し、中尾直治は第三位であった。こうして発足した大日本水産会で太田と中尾はともに議員にえらばれ、中尾は役員に任命されている。

浅草公園水族館のオーナーでもあり、実質的な館長でもあった太田實は、大日本水産会が創設した水産伝習所の創立に尽力して、明治二十一年十二月に発足した水産伝習所の初代監理という役職についた。今でいう事務局長のような立場であろうか。

大日本水産会がつくった水産伝習所は、明治三十年三月、水産講習所官制の公布によってその任を果たし終わって廃止された。民間私立の伝習所が官立の講習所に変わったわけである。水産講習所の所管は農商務省であった。新しく発足した国立教育機関の水産講習所の歴史に、太田實の名はもう見出せないが、そのエネルギーは水族館や博覧会にも向けられていたらしい。これより先、明治二十四年に一旦廃止された農商務省水産局の再設置を請願する運動の一端として時局講演会が催されたとき、太田は箕作佳吉、岡村金太郎、谷干城などのそうそうたるメンバーに伍して、「閣龍世界博覧会について」と題する講演をしている。「閣龍」はコロンブス（コロンビア?）の当て字で、太田の講演の二年後の明治二十六年（一八九三）にコロンビア州シカゴで開かれたコロンブスのアメリカ発見四百年記念世界博覧会のことである。閣龍博覧会には二千万人以上の入場者があり、御木本幸吉が貝付き半円のアコヤガイ養殖真珠を出品して指導者の箕作佳吉とともに受賞して注目された。この博覧会にも水族館（アクアリウム）があった。直径約四〇メートルの円形の建築物で中央に池があり、凝った装飾の水族室だった。

一方、中尾は明治三十一年のノルウェー・ベルゲンで行なわれた万国漁業博覧会への出品・会計を担当している。その後、中尾は大日本水産会の録事となり、執行部にあって活動、大日本水産会の機関誌『大日本水産会報告』（のちの『水産界』）の創刊および編集にたずさわった。今日広く使われている巾着網という用語は中尾の造語で、アメリカの雑誌に出ていた「パース・セイン」を和訳したものだという。

わが国の水産業界は明治十五年の観魚室（うをのぞき）あたりでは、水族館には関心がなかったのか、どこか、よそごとで、動物学会のほうが熱心だった。しかし、第二回水産博覧会をきっかけに、水族館建設への積極的な関心が芽生えたようである。藤田経信の言葉をひくまでもなく、学界と業界の両方に顔の利いた飯島魁はまさに「水族館の父」であった。そして浅草公園水族館は、和田岬にかけた飯島の努力の果実の一つだったということもできる。この水族館の開館にあたって大日本水産会頭の皇族の案内役まで引き受けた飯島には、藤田が憤慨するほどのわだかまりもなかったのではあるまいか。

太田實は、浅草公園水族館のあと、大阪難波にも水族館をつくった。館名を日本水族館といい、やはり株式会社組織であった。社長（兼館長？）もやはり太田實だった。明治三十四年一月七日の『大阪朝日新聞』には「〇水族館の開業式　南区難波新地五番町に新築なりし日本《につぽん》水族館は昨日午後開業式を挙行せり。鹹水十三槽、淡水八槽にて……」の記事がある。敷地は一八〇坪強（約六〇〇平方メートル）だった。開館は明治三十四年一月で、浅草公園水族館の一年三か月ほどあとになる。これまでに知られているかぎり、わが国で八番目の水族館である。私立の水族館としては、三番目ということになる。

日本水族館の開館を知らせる新聞記事によれば、開館式の参加者は三百余名、大阪府知事代理、兵庫県知事の列席をはじめ「箕作（佳吉）、岸上（鎌吉）両理学博士、村田（保）水産会幹事長、田中（芳男）同幹事等の祝辞代読」もあって盛会だったという。東京からの顔触れは、浅草公園水族館開館のときと、ほとんど重なる。

大阪難波の日本水族館のことは、これまでほとんど忘れられていて、その外見内容については、写真もスケッチもまだ発見できずにいるが、開館三ヵ月後の明治三十四年一月十日の『大阪朝日新聞』に「水族館を観る」という、簡単な内容紹介の記事がある。

「いと清潔なる二層楼の洋風家屋あり。是れぞ今回新築せられたる日本水族館にして現に東京の水族館に成功したる水産家太田實氏の創始にかかり……」、すべての設計は東京のそれよりはるかに完備……とある。もちろん「昼夜間断なく……蒸気力をもって」飼育水を濾過循環していることも、浅草公園水族館と同一。館内には噴水を設け、庭園をつくり、一日の清遊に役立ったと。

『大阪朝日新聞』の記事は、この水族館の効用を単に娯楽的に見ても楽しいし、子どもに知らず知らずの間に水産上の知識を与え、学者の研究にも役立ち、大阪市が偶然にも労せずにこの公共的事業を有するに至ったのは喜ぶべきことだと結んでいる。

わが国の水族館史黎明期の水族館には、「〇〇水族館」という固有名詞を使う習慣がなかったらしい。上野の「観魚室」を除けば、浅草も和田岬も、そして浅草公園も、入口にはただ「水族館」とだけ掲示していた。浅草公園の経営組織も「株式会社水族館」だった。それがこの難波の日本水族館がたぶん、皮切りになって、明治三十五年の江ノ島水族館、三十六年の堺水族館、三十九年の横浜教育水族館、同四十三年の箱崎水族館と名古屋教育水族館……と、固有名詞としての水族館名を名乗るようになった。市立の堺水族館を除くほかは株式会社で、法人名もそれぞれの水族館と同名の株式会社〇〇水族館だった。

大阪・難波の日本水族館も一時はずいぶん賑わったが、明治三十六年五月の第五回内国勧業博覧会で第二会場の堺大浜に、当時東洋一と称した堺水族館ができたこともあって、次第に衰微し、経営困難となって姿を消してしまった。閉館がいつであったかははっきりしない。大都市の盛り場にできた民間施設が、経営が立ち行かなくなれば早々に消えてしまい跡形も残らなくなることは、水族館の黎明期にもう、例外ではなかった。その意味では明治から大正、昭和のはじめまで、東京名所として約三〇年間持ちこたえた浅草公園水族館は、よく奮闘したといえるかもしれない。

開館の九年後の明治四十一年（一九〇八）、石川啄木は小説『天鵞絨』で、岩手盛岡近在から東京に出て帰った源助に東京の土産話として「銀座通りの賑わい、浅草の水族館、日比谷公園、西郷の銅像」を語らせている。そして、その話を聞いて東京へきた娘が「(掏摸《すり》が多いと聞いていた) 水族館の地下室では……帯の間の財布《かみいれ》を上から抑へた」と、開館七年目の水族館の賑わいぶりを描写している。

水族館にカジノ・フォーリーの旗揚げ

昭和四年（一九二九）七月、榎本健一（エノケン）が中心になって、浅草公園水族館を足場に軽演劇団のカジノ・フォーリーが結成された。この頃の浅草公園水族館の一階が水族館、二階が軽演劇の劇場、地下が喫茶店兼軽食堂という構成が、いったいいつからそうなったのかは、じつはまだはっきりしない。少なくとも、明治期の純然たる水族館から大正二年以降の演芸場を兼ねた水族館にまず変わり、大正十二年九月の関東大震災から復興したとき、この水族館の外観と内容はがらりと変わっていたのであろう。資料はまだ十分に見ていないので、ここでくわしく説明できないが、浅草公園水族館の地下で、お茶をしながら水族館の水槽を仰ぎ見ることもできたという「水族館」の雰囲気が、カジノ・フォーリーの旗揚げをきっかけに始まったのは確かなようである。

ともかく、水族館演芸場に旗揚げしたエノケン一座の最初「水族館レビュー」、カジノ・フォーリーは、たった二か月で挫折して、さらにその二か月後、同じ年の十一月に再出発している。演劇史ではこれを、第一次カジノ・フォーリー、第二次カジノ・フォーリーと呼び分けている。

カジノ・フォーリーに庇を貸して母屋をとられたような按配の水族館は、『日本現代演劇史』によると、「カジノ・フォーリーの旗揚げ前は、飼われているのは金魚ばかりになってしまって、見物人もほとんどなくなって……。やがて抵当流れになり、その管理を事業家の桜井源一郎が任された」のだった。

水族館の演芸場は、第一次カジノ・フォーリーの解散後、映画館に改装しようとしたが、設備不十分で消防署の許可が下りず、やむなくレヴュー劇場として再出発したのだともいう（『日本現代演劇史』）。とにかく、水族館レビューと歌と芝居で笑わせるエノケンたちの芸達者ぶりが評判になり、折よく、昭和四年十二月十二日から『朝日新聞』で始まった川端康成の連載小説『浅草紅団』が、浅草公園水族館とカジノ・フォーリーの名を一躍、全国に有名にした。昭和初期に川端康成が発表した一連の「浅草もの」の小説『浅草紅団』『水族館の踊り子』『浅草の姉妹』などは、多かれ少なかれ、すべて浅草公園水族館が舞台だった。

小説の中の浅草公園水族館は、次のように書かれている。

（地下にあった直営食堂の）屋根の端が一ところだけガラス張りだった。そのガラスは水槽の底で、水族館で一番大きい水槽で、たひ、をこぜ、ほうぼう、のどくさり、かれひ、いろんな魚が泳いでいましたよ

……勿論水族館は、海の魚よりもレヴューを見せる小屋だったのである

また、高見順が編集人になった小冊子『浅草』（一九五五年）には、浅草公園水族館とカジノ・フォーリーにまつわるさまざまな事件がこの水族館とカジノ・フォーリーにかかわった人たちの懐旧談として、興味深く書かれている。その二、三の例を紹介しよう。

この水族館の二階の演芸場は、下の水族館の、いわば客寄せで、水族館の付録のようなものだったのだが、間もなく、これは逆になり水族館のほうが付録になってしまった（榎本健一「浅草と僕」）

エノケンを失った水族館カジノには、竹久千恵子、清川虹子も加わり、相変らずの盛況をつづけていた。余興場のほうが有名になり、水族館のほうはおまけの形であったが、それでも東京市との関係で教育参考品として廃止することもできず、申しわけのように金魚やスッポンを泳がせていた……（水守三郎「レヴューからバーレスクへ」）

舞台が終ると水族館に降りて行って、水族館のガラスを鏡にし、見物の手すりをバーにして、夜毎、夜毎、猛烈なレッスンを開始しました。お魚の入っている水槽の水は、黒くにごっているので、ガラ

スは鏡のようによく写りました（望月優子「紅団のあのころ」）

浅草公園水族館の閉館の時期ははっきりしないが、『浅草』に、カジノの看板女優だった望月優子が「昭和八年、カジノは解散しました」と書いているので、この前後までは水族館の形をとどめていたのだろう。明治三十二年以来、三十四年の歴史であった。

浅草公園水族館は、藤田経信が大正十一年に見通して喝破した通り、たしかに「あまりにも営利本位」ではあった。いや、そうならざるを得なかった。日本博物館協会の機関誌『博物館研究』の第七巻第六号（一九三四年）にも「浅草の水族館はその設立当時は、学者の指導を受け最新知識を集めた真面目なものであったが、経営困難で、終には怪しげな娯楽場に化した」（大渡忠太郎）という指摘がある。しかし、これにつづいて「これらは矢張国家なり府県市なりが経営すべきものであらう」とまでいうのは、いささか的外れな主張に思える。

浅草公園水族館は、たしかに「水族館としての理念」に欠けていたかもしれない。水族館を一種の興行施設とみなして、営利追及が目的だったのかもしれない。しかし、その後のわが国の水族館は、今日に至るまで、官公立であると株式会社経営であるとを問わず、ほとんど全部の水族館が、毎年毎月ひとしなみに入館者数の動向、すなわち、収入の多寡変動に一喜一憂する施設として足並みをそろえるようになっているからである。新しくできた水族館で最大、かつ共通の関心事は、開館当年の大観客動員がいつまでつづくのか、経年減益のくびきをどう逃れるか、あるいはそれをどうしのぐかにあるといってもいい。

水族館を教育の場としてみるならば、「レビューを客寄せ」にするのは、たしかに料簡違いである。しかし、浅草公園水族館もはじめからそのつもりはなかったにちがいない。開館当時の案内書の冒頭に書かれた「教育欠くべからざるもの」という認識と自負はけっして嘘でなかったであろう。

とにかく、わが国最初の常設の株式会社水族館が、水族館らしくあったのは長くても一四年間でしかなかった。

浅草公園のような興行・歓楽街のど真ん中で、「面白くてためになる水族館」の運営は、むつかしい。所詮、場違いだったのかもしれない。創始時代の理想も失われ、観客にもあきられた「水族館」という名の古びた施設の経営を引き取った後継者のなりふりかまわぬ経営手法を責めるのも気の毒である。

経営難となった浅草公園水族館は、最初は隠されていた「営利」という名のもう一つの顔をさらけ出すことで生き残り、興行街の真ん中で昭和八年ころまで、合計三十五年間生きつづけた。教育効果をふり捨てた浅草公園水族館が『浅草紅団』にも、『浅草』にも書かれているように、長く大衆の支持を受けつづけたのも、わが国の水族館の、いわゆる一つの現実の姿であった。

浅草公園水族館の「水族館を超えた経営手法」が後進の水族館の経営にどう影響したかの具体的なことはわからないが、水族館に遊園地的要素を同居させる発想が浅草水族館を嚆矢とするのはたしかなようである。少くとも当時のわが国民性には、その方向が見合っていたのかもしれない。

最初の東洋一堺水族館

堺水族館の準備

和田岬での活躍ぶりを語り草に残して、飯島魁は明治三十四年（一九〇一）五月、四一歳のときに、スコットランド・グラスゴー大学の創立一五〇年記念式および第五回万国動物学会出席の目的で出張し、約一年後の翌年三月に帰国している。たぶん、このときの飯島の外国出張では、ヨーロッパ諸国の水族館見学も目的の一つだったのであろう。

『飯島先生年譜』では、このヨーロッパ旅行の目的などについては何もふれていないが、明治三十四年（一九〇一）の動物学雑誌に「飯島教授の出発」という記事がある。すなわち、「（飯島が）学事視察のためアメリカ、イギリス、ヨーロッパ各国を歴訪する」と報じて、翌三十五年（一九〇二）の『動物学雑誌』雑録の「東京動物学会例会」には、飯島が「先着亜米利加に始まり其処の数多の大学博物館水族館の状況より諸大家の消息をもたらし夫より転じて英国に移り欧州本土に入り無数の大学博物館大学者又は旧知に」会った講話をしたこと、「教授の感得せられたる博物館其他公共的事業に対する意見」が、大いに有益であったことなどが書かれている。

また、同年の次号（五月号）には、三十四年九月から三月まで、オーストラリアとニュージーランドへ出張していた西川藤吉の旅行談が動物学会の例会であり、とくに「各地の博物館又は水族館等の規模設計の現況」などの講話が有益だったともある。

飯島も西川も、帰国後すぐ、翌明治三十六年（一九〇三）の第五回内国勧業博覧会附属堺水族館（堺水族館）の建設準備にかかったものと思われるので、彼ら二人の外国出張には、初めから堺水族館建設のための新しい知見を得る目的がふくまれていたのではないかと想像される。

西川藤吉の（?）堺水族館

農商務省水産局技師西川藤吉は、明治三十六年（一九〇三）に第五回内国博覧会堺水族館経営の委嘱を受けた。ときに二九歳であった。これより先、西川が明治三十年の第二回水産博覧会の水族館（和田岬水族館）で、恩師飯島魁を助けて奮闘したことは先に書いた。

新しい博覧会でもまた、水族館の辞令を手にしたとき、西川は東大の理学部動物学科を卒業して、農商務省に技手として登用されたばかりであった。それ以来しばらく、農林水産畑の官吏でありながら、同時に水族館史黎明期の大型水族館の設計準備と運営にたずさわる……たいへんユニークな二足のわらじをはいて社会人としての第一歩を踏み出したのであった。西川はその前年、オーストラリアとニュージーランドを訪問して、彼地の水族館を見て帰ったばかりでもあった。

しかし、西川が完成なった堺水族館に勤務した期間は、意外に短かく、わずか二年ほどであった。なぜなら、西川はまもなく、真珠養殖の研究をすることになった三崎臨海実験所へ明治三十八年に呼び戻されて農商務省の休職を許されていたからである。

水族館の在任期間は短かったが、黎明期水族館の計画で西川が果たした役割は少なくなかったはずである。飯島の助手に徹していた西川の名が水族館計画の表に出る場面は少なかったが、和田岬と堺の二つの水族館での事跡には実質的に西川に負うと想像されるところが少なくない。

西川藤吉は、大阪南区桃谷町の出身で、三崎臨海実験所では、箕作・飯島両教授に目をかけられたらしい。箕作は明治二十三年（一八九〇）の第三回内国勧業博覧会で会った御木本幸吉に、アコヤガイ養殖をすすめ、真珠の養殖について助言し、明治二十六年（一八九三）、シカゴでの世界博覧会に御木本が半円養殖真珠を出品したとき、箕作もその立案者として賞を受けている。

箕作の愛弟子だった西川も、明治三十年ごろには、真珠養殖の研究をはじめていた。そもそも、真珠養殖の研究は三崎臨海実験所の箕作・飯島両教授のもとで、まず、西川藤吉が真円真珠の作出に成功したところからはじまったのである。西川は御木本の養殖場もたびたび訪問し、明治三十六年に幸吉の次女と結婚している。

西川藤吉の名はむしろ、真珠養殖の研究者として真円真珠の作出研究に携わったことで知られている。翌々三十八年、西川は農商務省を休職して三崎臨海実験所に研究生として復帰し、明治四十年に真珠形成法（西川方式）の発明を特許出願した。同四十一年、東京大学の事業としての真珠養殖研究が三崎臨海実験所で始まったとき、西川は真円真珠の養殖試験に加わったが、翌四十二年（一九〇九）に三五歳の若さで急逝して、その才能を惜しまれた。

西川は好奇心の強い、自然のできごとに広く興味と関心をもつ人物だったらしい。箕作、飯島両教授に見込まれただけに優秀な人物だったのであろうが、何が専門とは、はっきりしない。若くして亡くなってしまったので、大器が晩成し得なかったのかもしれないが、書いた論文の題目は「ヒラメの眼の移行」「ラブカの胚」「ヤリイカの発生」「赤潮」「ヒシコ調査」「イワシの発生」「三つ眼の動物」「真珠」「浮鯛」「浮遊性のイカの卵」と、じつに変化に富んでいた。

西川はまた、水族館にも人一倍の興味をもっていたのであろう。明治三十年（一八九七）十月には、『動物学雑誌』第百八号に和田岬での水族館準備の経験をふくめ、新水族館の紹介を兼ねて、「水族館の事」と題するエッセーを書いている。

そのエッセーは諸外国が「水族館隆盛の時代」に入ったことをまず伝えた上で、「日本に於る水族館の歴史は実に単簡なり」として、明治二十八年の第四回内国勧業博覧会が京都で開かれたときと、明治三十年に第二回水産博覧会が神戸に開かれたときと、両方に設けられた水族室（館）の規模内容を比較して、「甲は乙に如かざること数百歩、甲（で）は四角張の水槽中に濁水（が）満ち（て）魚の硝子面を去ること数寸なれば最早や認むる能はざりし（魚がガラス面から十数センチも離れれば、もう見えなくなった）」のに対して、「一二年間の学術進歩」により、あとの「当今開館中のものは各水槽内に各内に適する岩細工あり……蛸には蛸に適する（ふさわしい構造がしつらえてあって、来館者は）潜水衣を着して水中に入るの感あり……」とわかりやすい。

つづいて、この第二回水産博覧会の（和田岬）水族館が「飯島博士の設計にして……彼地には水族館主管として水産講習所技師理学士藤田経信君」がいるのに、自分などに、水族館について何か書け書けと編集者がうるさいので……と恨んだり、不平をいったりしている。『水産動物学』上下二巻をあらわした藤田経信は、水族館についてのまとまった文章は何も残さなかった。

西川が辞令まで受けて、第五回内国勧業博覧会の堺水族館に取り組むことになったのは、和田岬を中心とする水族館関連のこのような前奏があってのことに違いない。ただし、堺水族館の建設にあたって、飯島と西川の二人がどう役割を分担していたのか、あるいはどちらがより実質的に水族館計画の指導に当たったのかは、じつはよくわからない。

堺水族館の周到な計画

堺水族館については、これがそれまでにない規模内容で、かつ、恒久的建築の水族館であったこと、第五回内国勧業博覧会そのものが、それまでの博覧会総集篇とでもいうべき、日本博覧会史上画期的な大がかりなイベントであったこと、それだけ水族館に力も入り、この施設にかける期待も大きかったのだろう。それまでになく、たくさんの資料が作られ、残されている。

代表的なのが、まず、『第五回内国勧業博覧会事務報告』である。これは農商務省第五回内国勧業博覧会事務局の編集発行（明治三十七年・一九〇四）で、上下二巻に分かれて、「水族館」は下巻にある。これが堺水族館に関する基本資料であろう。

次に、発行日付は後先になるが、会期中につくられた『第五回内国勧業博覧会堺水族館図解』がある。『浅草公園水族館案内』に次ぐわが国第二の水族館案内解説書で、内容は段違いに優れている。A5判本文六九＋八ページ、単色刷りながら飼育動物の正確な木版画がたくさん入っている。編集は博覧会事務局、発行は金港堂。定価一五銭で一般に発売された。

次に『風俗画報』臨時増刊第五回内国勧業博覧会号（明治三十六年六月）がある。水族館関連の記述は長くはないが、博覧会期間中の様子が窺われ、カラー印刷の折り込み版画「水族館の図」が、同二百四号の折り込み版画「浅草水族館」と対比して興味津々である。（口絵参照）『風俗画報』は当時のいわゆる通俗雑誌であるが、水族館の内容紹介はすこぶる真面目に教育上の効果を熱心に説いている。

凡そ水族館は。……魚類の遊泳するに就ても。いかなる時に背鰭を立つるか。いかに尾を動すか。その体をいかにするや。物を捕る時の姿勢はいかなりや……必ずや此水族館の観察に依らざるべからず。……学校の講義又は図書を閲して解する能はざることとも。此の水族館に来れば容易に判断し得るものなり……。

と。

このほかにもまだ、堺史談会の編集者だった内村義城の執筆した『堺水族館記』というのがある。

堺水族館は博覧会期が終わったのち、堺市に払い下げられて堺市立水族館になった。それから昭和二年ごろまでの経過については『堺市水族館要覧』にくわしい。もっとも、この堺市立図書館所蔵の資料は内容はしっかりしているのに、表紙は『堺市水族館要覧』、とびらは『市立堺水族館要覧』となっていて、どちらが正しい書名かわからない。前書きも後書きも奥付もなく、発行年も不明である。統計資料や博覧会当局と市とのあいだの水族館譲渡に関する契約内容などの記載から見ると、昭和三、四年に出版された行政報告書であろうかと思われる。

堺水族館の建設については「設計ハ東京帝国大学理科大学教授理学博士飯島魁、文部技師久留正道及工学博士山崎欽次郎ノ三氏ニ嘱託シ殊ニ館内ノ装飾並ニ各魚槽ノ設計ハ飯島博士自ラ之ニ当リ……総建坪二百十八坪ニシテ木造の西洋風二階建及平家……」と『第五回内国勧業博覧会事務報告』にある。一方、『堺水族館図解』には、「総坪数一万五千坪、本館の建坪は二百十八坪……全般の設計は、矢張飯島魁博士の考案に依りしものなれども、庭の方は、福羽技師、機械の方は、手島工業学校長、貯水池及び配水のことは、山崎技師の担当……」と、多少ちがっている。

この水族館での飯島魁の指揮奮闘の様子は、あちこちに書き残されているのに、堺水族館建設の中心人物の一人だったはずの西川藤吉については、その活躍ぶりはもちろん、その氏名さえも、文献資料にほとんど出てこないのが不思議である。右にあげた資料の総論は、みな、水族館の起源から説き起こして、先進欧米の水族館事情について述べ、それからわが日本の水族館事業がおくれをとっていることを嘆き……と、ほとんど大同小異で、同一人の文章、またはそれを下敷にしたもののようである。『浅草公園水族館案内』もこれに同じ。それらの内容を読み比べてみると、明治三十年の『第二回水産博覧会附属水族館報告』に行き着く。すなわち、堺水族館も、あらゆる点で「和田岬にならひしもの」なのであった。

堺水族館の展示水槽数は合計二九。一つずつの水槽展示と水槽装飾に工夫をこらして、「蛸は蛸なりに」の和田岬からもずっと進んだものになっていた。新しい工夫も随所に展開されていた。たとえば、

第十五号槽ハ天井ヨリ吊下セル魚槽ニシテ其直下ヨリ魚類ノ遊泳ヲ仰視セシムヘキ装置ナリ是亦他水族館ニ類例ナク又第十七号槽ニ至リテハ館内最大ノ魚槽ニシテ欧米ノ水族館ニ於テモ未ダ曾テ見サル

所ナリ……其容量多クシテ硝子板ニ受クル水圧力亦甚大ナルヲ以テ大ニ工事ニ苦心セシニ……

また別の資料にいう。

第一号槽　この槽内には硝子筒二個をいれたり、内一個には堺港にて時々採集したる浮遊性の微細なる生物を容れたるものなり……一見何物も居らぬごとくなれども、其の実数限りなき多数の生物あるなり……今一個の筒には……水母を容れたるものにして、体は至極透明、形は一寸松茸の如く、右左もなければ前後もなく只その笠を拡げ或は縮め以て水中をフワリフワリと運動するなり……

堺水族館の設備上の工夫は、のちの水族館で重視されるようになった。和田岬や浅草公園の水族館ではまだ歯切れが悪かった濾過槽の構造についても、その効用と設計に自信をつけたのであろうか、はじめてきびきびと明快に具体的に説明している。

池ノ下層ハ底面ニ煉瓦石二枚ヲ並ヘ中層ハ一尺ノ厚サニ玉砂利（七八分目ノ篩ヲ通リ三四分目ノ篩ニ止マル程度）ノ充分ニ清水ヲ以テ洗滌シタル荒砂ヲ敷キ表面ヲ平坦ニセリ……

博覧会の会期を決めるのにも「農家ノ閑散期」を当てているのも、文字通り今は昔、隔世の感がある。このようにして、周到な準備のもとにつくられた堺水族館は、もちろん、わが国でそれまでに最大規模の水族館であった。入館者数もすごかった。水族館だけの入館者数は今、わからないが、水族館の入場者がとくに多かった。全体の入場者数は五三〇万人を超えた。それまで最高だった第四回内国勧業博覧会（京都・明治二十八年）の総入場者数が一一四万人弱であったから、飛躍的な増加といっても嘘ではない。

水族館は大祭日、日曜日等。入場者は雲霞の如くにして。一時に館内に迎ふること能はざるを以て。当局者は大迂回入場の方法を実行し来たれり。……この大迂回の経路を量るに。延長三百六十間余。一間五人づつとすれば一千八百人なり。雑踏の際は其の速度一分間に僅か三間を進むといへば。百八

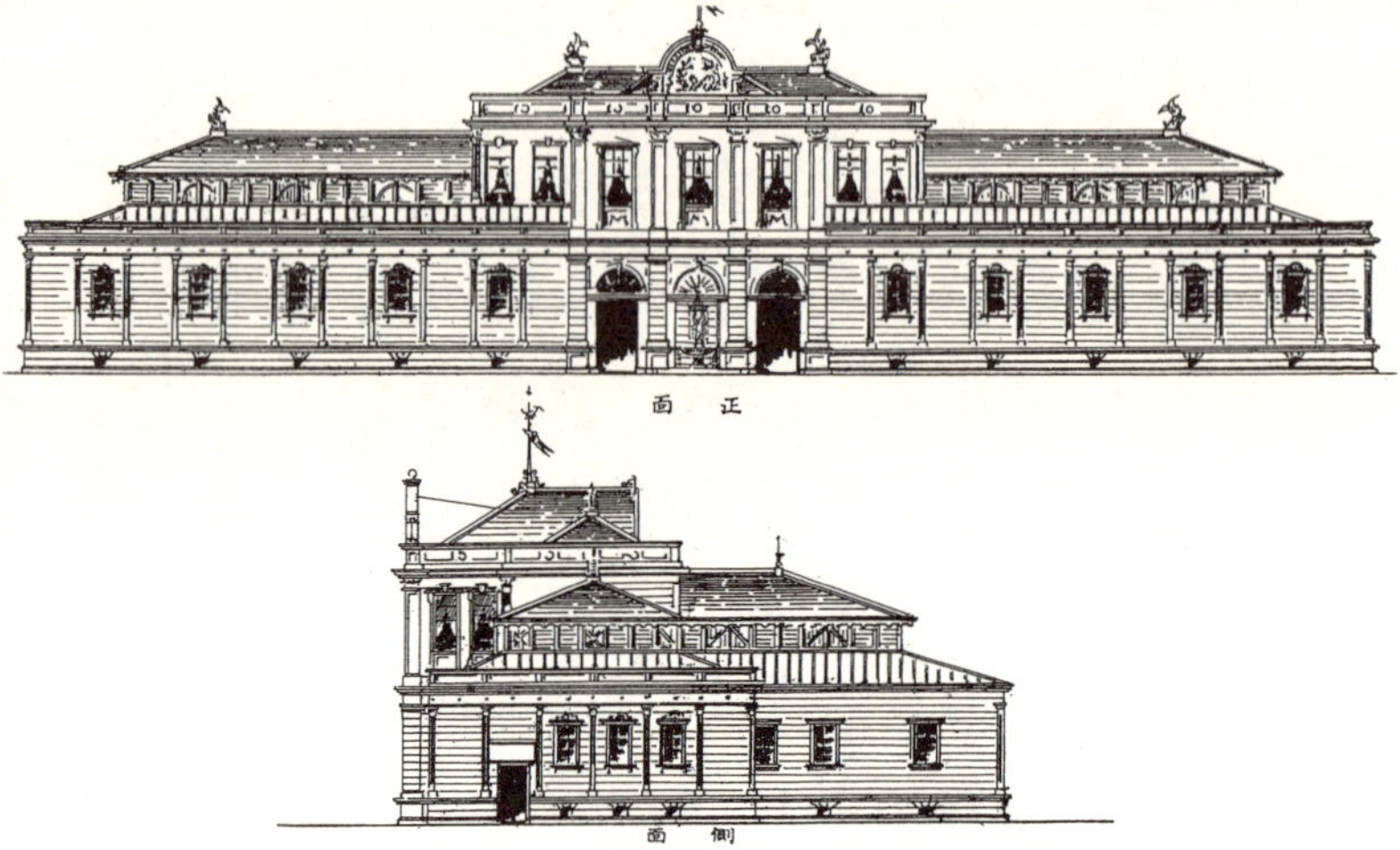

①

②

③

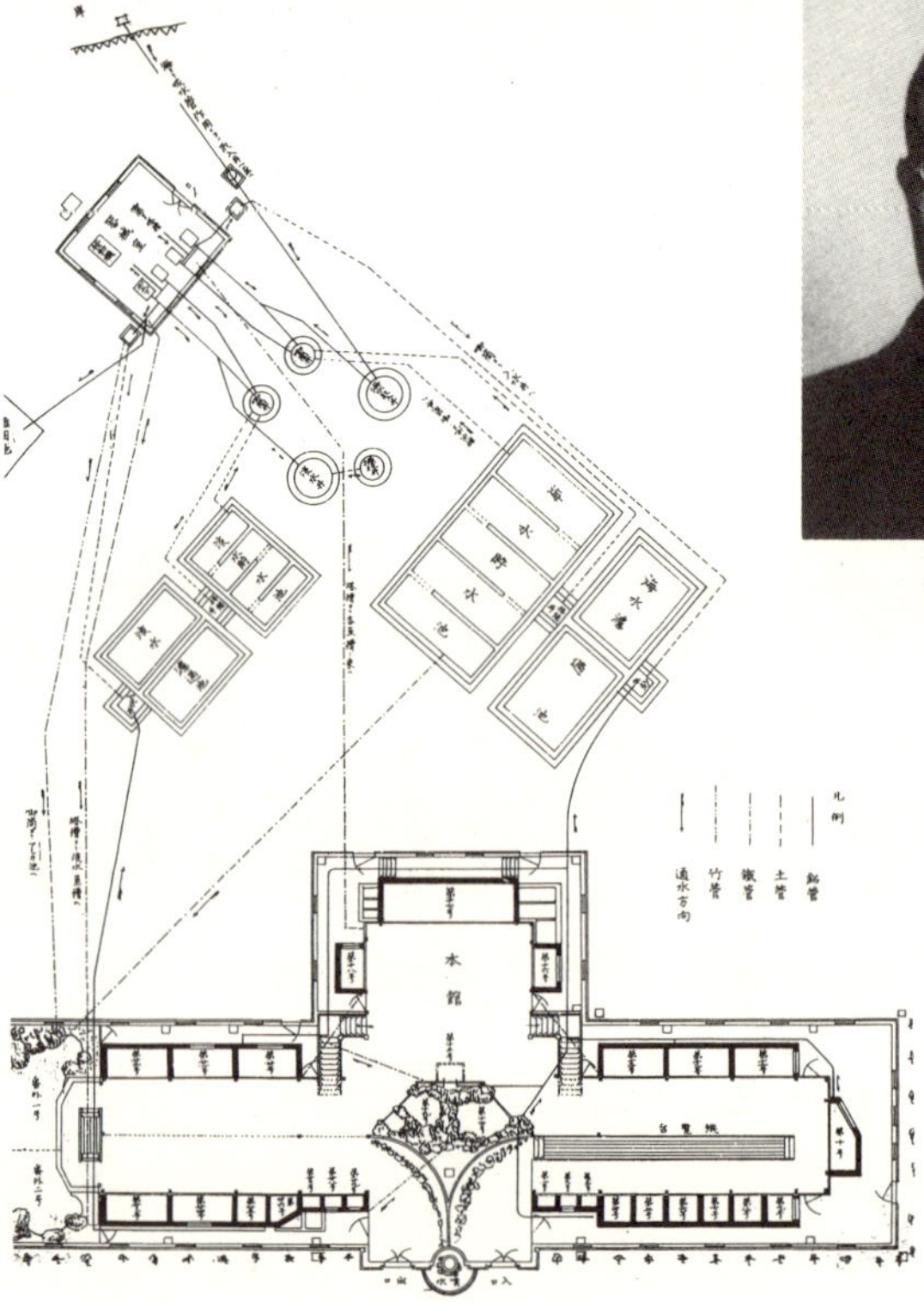

第五回内国勧業博覧会・堺水族館
①正面図と側面図
②堺水族館の実質的中心人物として活躍した西川藤吉
③平面図

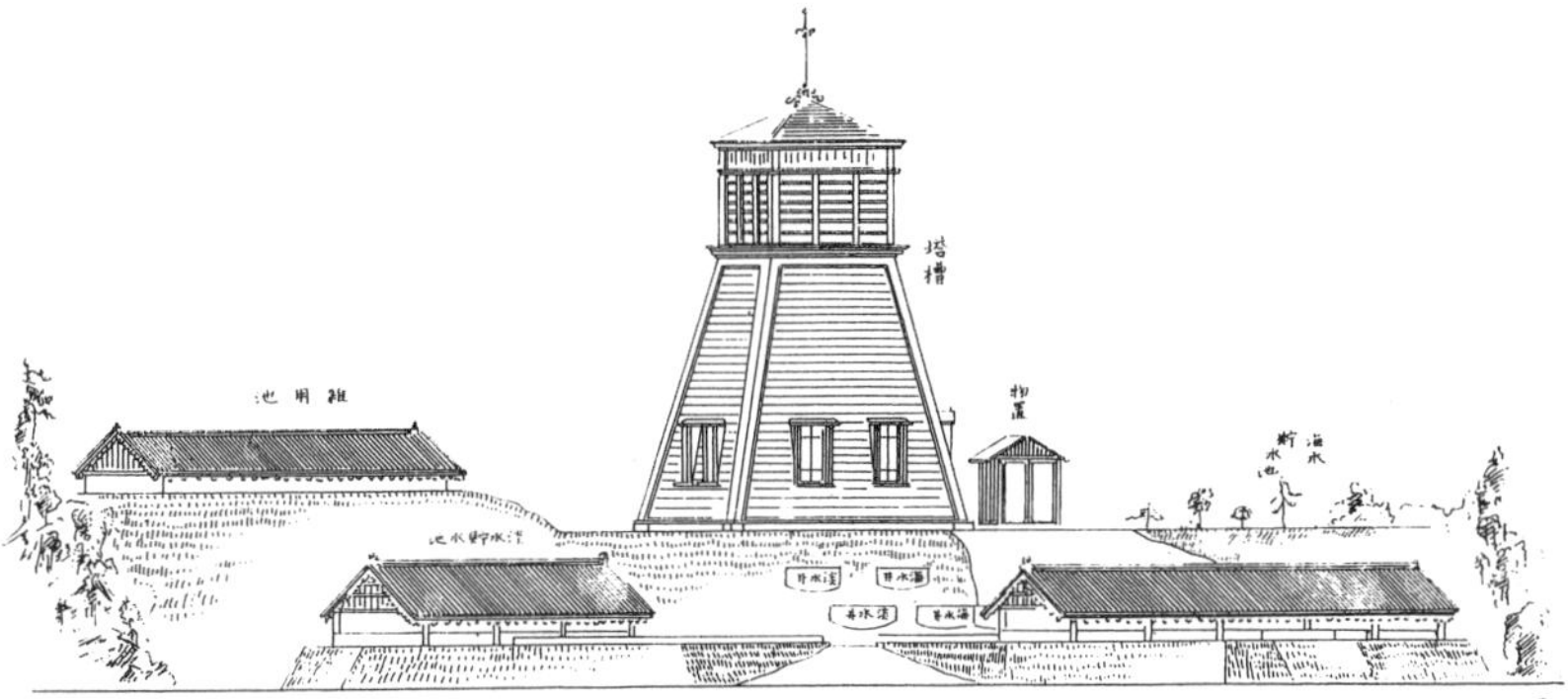

④

⑤

⑥

⑦

④貯水池と塔槽（高架槽）
⑤⑥観覧ホール
⑦置水槽室

十分即ち入場までは三時間を有するの割合とす。其の遅緩真に驚くべしと雖も。実際此の如きの景況あり……

百年近く前からの明治時代にも、水族館にはそんなにも大勢のお客さんが入った。和田岬といい、浅草公園といい、堺といい、水族館ができるたびに大評判になった……わが国の水族館の歴史が、欧米の水族館にならってもともとは自然史博物館構想の一環として動物園の中にできたのに、動物園内の施設としては発達せず、建前としては教育、研究、調査への重視や応用効果がうたわれながら、いつのまにか、博覧会の客寄せに、大都市の繁華街での興業施設に、あるいは観光地にと、もっぱらその興行成績が優先重視されるようになった。その萌芽は、水族館史の黎明期に和田岬、そしてそのひそみにならった浅草公園、そしてこの堺の水族館に期待した以上の来館者が押し寄せた大繁盛ぶりからはじまったのではないか。

『堺水族館図解』の総説に、

わが国にて第三第四回内国勧業博覧会の時に水族館を設けられたれども、実に不完全のものにして、水族館と名くる《(ママ)》ことさへ出来ぬ位のものなりしも、其の後明治三十年第二回水産博覧会を神戸に開きしときに……和田岬に設けられしは、我が国水族館の最初と云ふべきものにして、後東京の浅草、大阪の難波新地、相州の江の島及び名古屋にも設けられたるも、何れも和田岬のものに倣ひしものにして、元より興行的のものにて学問的のものならず……然るに今回の水族館は、欧米のものに優るとも劣らぬ位のものにて……

とある。文中の「浅草」は浅草公園水族館、「大阪の難波新地」は日本水族館、そして「相州江の島」の水族館は、あとに述べる初代の江ノ島水族館のことで、明治三十五年（一九〇二）に開館している。ただ、明治期の名古屋には、明治四十三年（一九一〇）に名古屋教育水族館がつくられたことがわかっているが、

『堺水族館図解』が出版された明治三十六年（一九〇三）以前の名古屋またはその近郊に水族館があったという資料は、まだ発見できていない。

博覧会から市立水族館へ

『堺市水族館要覧』によれば、第五回内国勧業博覧会の会期が七月三十一日に終わると、閉会とともに水族館は堺市へ払い下げられて、「当初の契約に基き市立堺水族館と改称し明治三十六年八月一日より開館（初年度は三十六年十一月十五日を以て閉館）」している。当時「東洋一」のこの水族館の払い下げ価格は、「建物附属物其他一切」で「参千五百円」だった。

博覧会での水族館の建設費は、庭園、噴水、巡査詰め所まで入れて六万六八五一円六四銭五厘であったから、建設費のわずか五パーセントの払い下げ価格だった。なお、別に博覧会期中の修繕費が一八六七円七銭八厘……と、『第五回勧業博覧会事務報告』にある。うち、本館分は建坪二一八坪で一万四四三九円三一銭であった。坪単価は六六円強になる。

ちなみに、四年前の和田岬の水族館の建設費は『第二回水産博覧会附属水族館報告』によると、合計三万二一六四円七〇銭で、うち、本館は建坪一七三坪で一万六七八〇円ちょうどだった。坪単価は約九七円となる。二つの博覧会水族館をくらべると、堺のほうが数段立派な規模内容であったように思われるのに、六年前の和田岬のほうが、お金がかかったことになっている。これは意外なことであった。

国から払い下げを受けた売買契約書には「堺市は買い受けたる時より五ヶ年以内に於ては水族館の目的を変更せざるものとす」とある。「水族館の目的」とはなにか、と今ならいうところだが、それを規定した文書はなくて、要するに、建物を水族館以外の用途に使用してはならぬということだったのだろう。

ともかく、当時の物価で七万円近くかけてつくった水族館が、半年後には三五〇〇円で払い下げとは、堺市はずいぶん安い買い物をしたように思われる。これで、水族館が繁昌しつづけ、経営が安定していたのなら、申し分なかった。ところが、博覧会期中は大好評だったのに、堺市立になってからの水族館経営は、なかなか、たいへんだった。それに、堺市が水族館をゆずり受けた目的も、はっきりしない。水族館のある大浜公園を観光名所にでもしたかったのだろうか。

開館二年後の明治三十八年に、堺市は経営難を理由に早くも市直営から撤退して、市内在住の熊倉善次郎に経営を請け負わせたが、翌々四十年にはその契約を解いて泉盈三と請負契約し、四十一年には再び市直営に戻している。ところが、この年に近火や大阪の大火などの不運なできごとも起こって、入場者数はなおさら低迷し、四十三年にはまた中井縫之助に飼育管理業務を請け負わせたが、これも一年しかつづかなかった。

こうして、毎年のように経営主体を変えてはつないできたところ、明治四十四年に阪神電車が大浜まで開通して客足が上向き、また市の直営に戻した。手元に資料のある大正元年（一九一二）の年間入場者数は二二万三八一三人、ところが、その二年後には激減して大正五年まで一〇万から一二万と半数に落ちている。大正六年から再び盛り返して以後昭和二年までの一一年間はまた二〇万前後に回復している。堺水族館のここまでの業績経過については、入場者数と、それに伴う収入の増減だけがくわしい。

堺水族館での水族採集活動は、和田岬の水族館で神奈川県の三崎からはるばる無脊椎動物を海路輸送したような面倒な手段はもう、とらなかった。それだけの進歩があったのだろう。もっぱら地元、それも淡路島由良港や和歌山県雑賀崎の魚市場や漁師たちに水族採集を依頼する方法を開拓した。「近海に於ける普通の水族は便宜上堺市魚問業者……より納入せしめ、無脊椎動物若は美麗なる魚類は和歌山県海草郡雑ヶ崎……より、亦淡路島近海に於いて無脊椎乃至珍奇の動物は淡路島由良……淡水魚竝亀類水生昆虫類は府下泉北郡……又海獣類は神戸市……より購入」と、遺漏がない。その中には後年、わたし自身がお世話になった、雑ヶ崎の魚又さんこと、東出又吉の名もある。

堺では和田岬や浅草公園の水族館で大学附属の三崎臨海実験所の採集人に水族収集を依存していたところから一歩進んで、水族館が直接、適当な漁業者を探し、そこを拠点として水族の収集を依頼していた。堺水族館が開拓しはじめたこの手段が、現在の水族館の主な水族収集方法の原点となった。

市立堺水族館は、こうして開館をつづけてきたが、年を追って古びてきたからであろう。昭和に入って、改造・増築計画も浮上していたらしい。昭和九年の『博物館研究』七月号の「博物館ニュース」には、「堺水族館の大拡張　同館を名実共に日本一にしようといふ新計画案によれば、水族館の総面積は約七千坪で参考館及び大水禽舎を新築し、淡水と海水の二つの池をつくり……」と、短い報告が載っている。しかし、その「大拡張計画」は、実現しなかった。翌十年（一九三五）、堺水族館は、火事を出して消失してしまったからである。

個人の寄付で水族館の復興

昭和十年三月二十八日の『大阪朝日新聞』は、「焦熱地獄の竜宮」という見出しで、堺水族館の出火を報道している。その記事をかいつまんで紹介すると、「熱焔に包まれて狂ふ海獣を救ふ　自慢の大鯛がとんだ塩焼　焼けた堺の水族館　陸の竜宮の壊滅市立水族館は遂に烏有に帰した。世界第三位の大水槽をはじめ二十九槽……二十七日午前十時半出火と同時に厚さ一センチ以上もある魚槽のガラス板はパンパンとすごい音を立てて破裂し……」と。

わが国で第２番目の水族館解説書
『堺水族館図解』（明治36年発行）

『堺水族館図解』の内容の一部
（７ページ・右と39ページ・左）

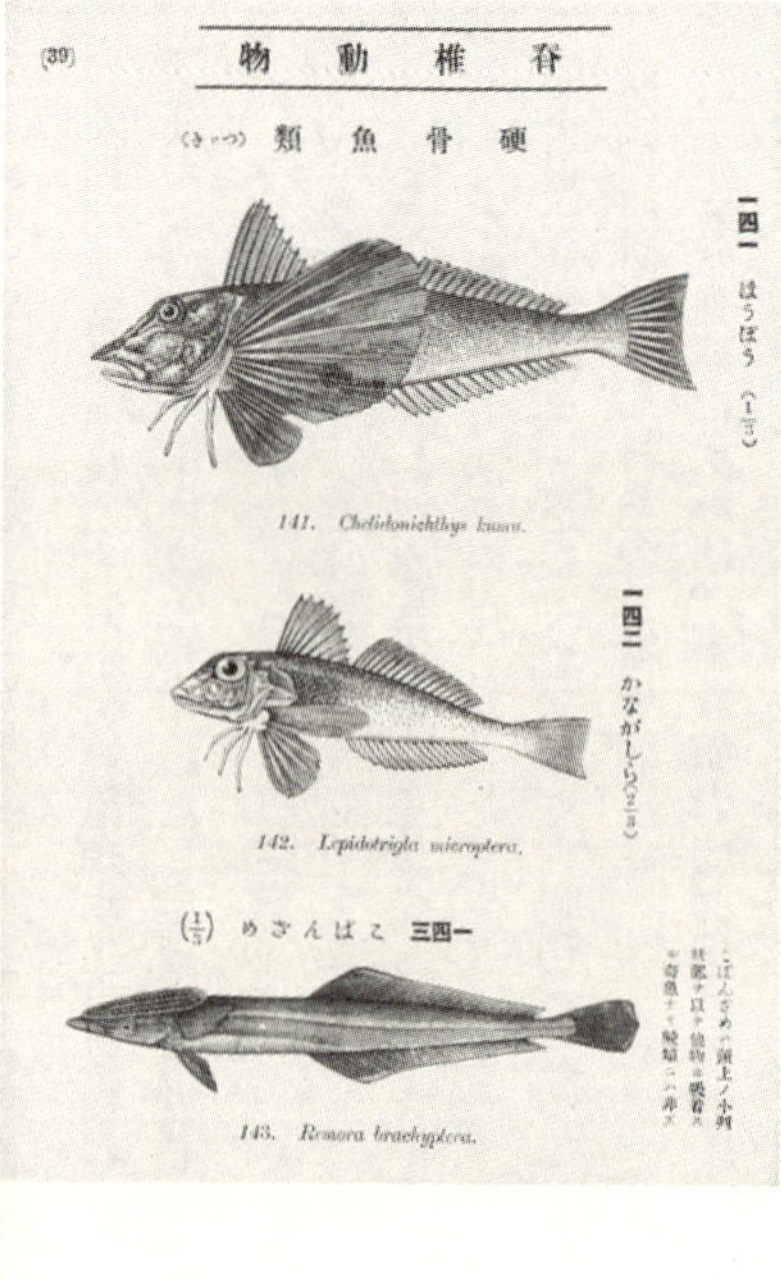

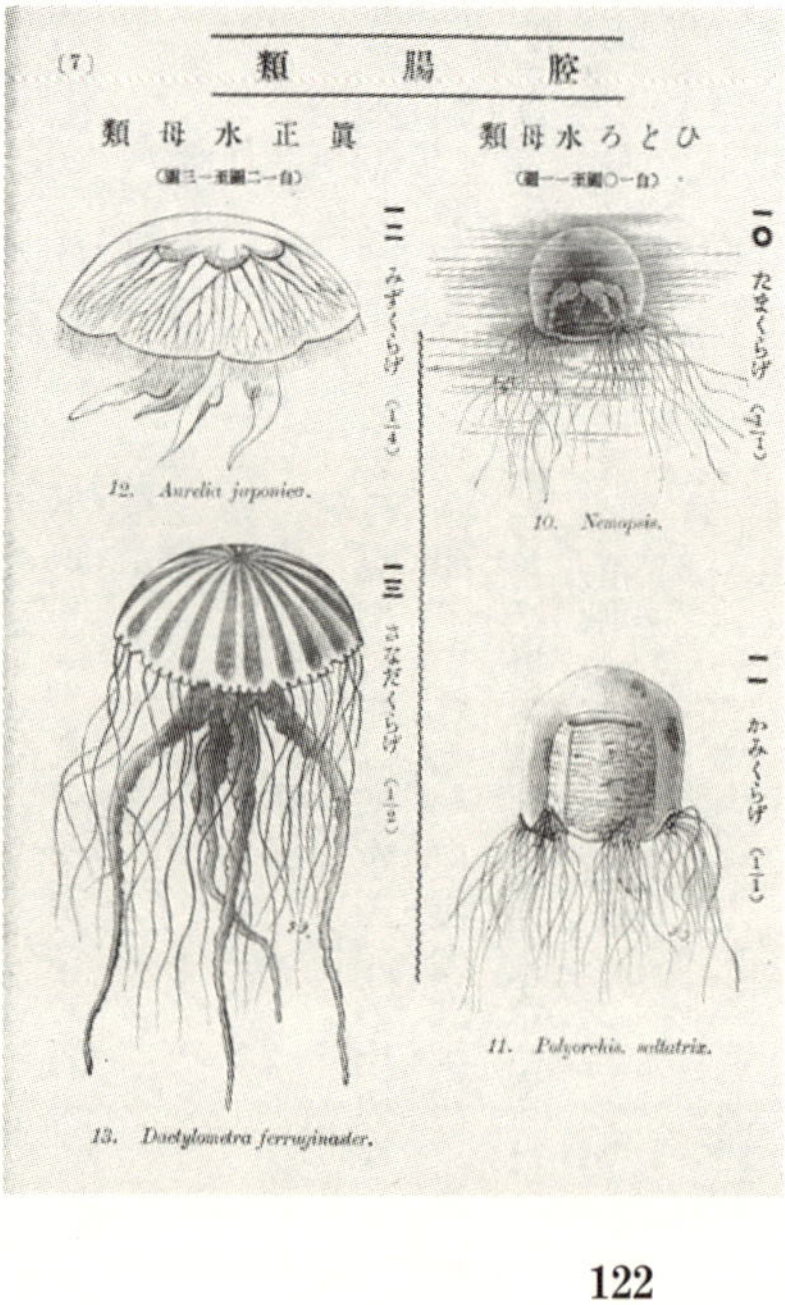

堺水族館の呼びもの。昔も今も世界最大のカニ――タカアシガニの絵はがき（昭和初年）

堺水族館ほかで魚採集に協力、活躍した和歌山・雑賀崎の魚又こと東出又吉（昭和三十年頃）

堺水族館で魚に餌を与える堀家惣太郎飼育主任（昭和初年）

「竜宮」と、当時の新聞がありし日の堺水族館を形容したのは誇張ではなかった。

「暑い夏の陽が落ち、大浜公園に夕暮れがせまると、水族館の装飾電灯やサーチライト・園庭照明灯などがいっせいに点灯される。本館建物には、赤・黄・青など、透明塗料で着色された数百個の電球が美しい光の綾を夜空に放ち、水族館は七色の海に浮かぶ竜宮城となった」と、堺水族館の飼育主任堀家惣太郎の子息として水族館の中で遊んで育ち、のちに複数の水族館で館長をつとめた堀家邦男が著書『水族館の魚達』（一九七五年）で、火災に遭う前の、はなやかだった堺水族館の夜景をなつかしんでいる。

火事で焼けてしまった堺水族館の復興は、しかし、幸運にも恵まれてすばやかった。被災の翌月、四月二十七日の新聞は、「堺水族館三つの復興案」と、早くも堺水族館の復興に向けて動き出したことを報じている。

すなわち「第一案　焼失した本館を木造で復興　予算八万九千四百八十円　第二案　鉄骨鉄筋で復興　十万六千八百八十円　第三案　同　十二万三千八十円」。市は財政難に頭を痛めながら、その第二案をもとに市議会への提出を検討していたところ、思わぬ資金援助の手が市民から差し伸べられた。

翌昭和十一年（一九三六）四月二十七日の同紙には、「十萬円の多額寄付」の見出しで、市内在住の上田信三郎が堺水族館再建のために一〇万円の寄付を申し出たニュースと、「市民として当たり前のこと」と語る上田本人の談話が出ている。そこで「南海電鉄からの五万円を合わせて、市は早ち《マヽ》に水族館復興起債申請を取り下げ」て、水族館の再建に取りかかった。建物は焼け落ちたが、水槽などの内部構造がしっかり焼け残っていたのも幸いだった。

こうして、堺市立水族館は再建された。「海水も従来は堺港の渡し場から取ってゐたが、こんどは三十馬力のモータで大浜沖から新鮮な海水を取ることになった」など、技術的な改善も加えて、昭和十二年四月一日、堺水族館は再出発した。同日の『大阪朝日新聞』に「白亜の竜宮城十五万市民の歓呼裡にけふ堺水族館ひらく　七千坪の前庭には十五万市民の熱情に生まれた千本桜がパッと開いて復興を微笑み、鶴も小猿も『堺の春』を合唱している」と、読んで気恥ずかしくなるような大時代な報道であるが、それだけ、堺水族館の再建は市民に歓迎されたのであろう。

ちなみに、その「鶴」も、同じ新聞報道によれば、曽我廼家五郎が水族館再建を祝って寄付した、一つがいのタンチョウヅル（価格一五〇〇円）であった。

アメリカには有名なシカゴのジョン・シェッド水族館やスクリップス研究所水族館のように、個人の遺産や寄付金で建てられ、そのお金を基金として運営されている水族館がある。また、最近の水族館を訪れると玄関ホールの目立つ場所に、数百万ドル以下の寄付者名の一覧表がかけられているのがふつうになった。モントレイ・ベイ、カブリロ、ロングビーチ……。アメリカは寄付金大国である。

わが国にはそのような習慣がない、寄付をすすめる社会的圧力もないし、税制もこのような寄付行為に対して冷淡なので、寄付金が集まりにくいと嘆く声もある。しかし、昭和の初めごろ、失火で焼失した堺水族館が、一篤志家の寄付金で再建されたことは、大書されてよい。少なくともわが国の水族館史にしっかり書き残しておく価値がある。

堺水族館は、市に払い下げられてから昭和三十六年（一九六一）の閉館まで、五八年間つづいた。ただ、堺水族館は、水族館の発達に寄与するような積極的な指導的活動には参加しなかった。昭和三年（一九二八）に博物館事業促進会（のちの日本博物館協会）が発足すると同時に、堺水族館はその会員に加えられているが、市または館の方針もあったのであろうか、堺水族館の職員が年次大会に出席した記録もない。正規の館長が任命されていたかどうかも、はっきりしない。

明治四十三年（一九一〇）ごろから、昭和八年（一九三三）までの二四年間の事実上の館長は堀家惣太郎だった。しかし、彼の正式な身分もはっきりしない。昭和八年（一九三三）の『博物館研究』九月号に堀家が寄稿したエッセー「鯛とその他の習性」では、自らの肩書きを「水族館主任」と記している。その子息邦男の思い出話では、大正十年（一九二一）ごろの水族館の飼育係は、他にただ一名だったという。「東洋一」を自称した堺水族館の舞台裏は、意外にお粗末だったが、これが当時の水族館一般の実情であった。

昭和十三年（一九三八）に鷹司信敬が館長に就任した。鷹司は昭和十四年十一月に日本動物園水族館協会が発足するとその評議員になった。水族館は第二次世界大戦のため、昭和十九年（一九四四）から同二十七年（一九五二）まで、閉館となった。戦後、鷹司は近畿大学の白浜養殖試験場の創立や市教育委員会での社会教育活動をしながら、堺水族館が再開されるとその嘱託となって、昭和三十六年（一九六一）の廃館まで、堺水族館に勤務しつづけた。一般に短命だったわが国の黎明期の水族館のうちで、堺水族館は紆余曲折の運命をたどりながら、例外的に長命な水族館となった。

学窓を出てまもないわたしが堺水族館を訪問したのは、昭和三十二年（一九五七）のことであった。すでにこの水族館の晩期で全体に古めかしさは否めなかったが、水槽内の装飾など、とても五五年も前につくられたとは思えぬりっぱな水族館であった。弱輩のわたしを案内してくださった鷹司館長の長身と上品な温顔も忘れられない思い出になっている。東洋一をほこったこの水族館が斯界の指導的役割を果たす立場になかったのが残念であったと、今でも思っている。

博覧会・共進会・田中芳男と水族館

博覧会の父は大物行政官

博覧会も水族館と同様、ヨーロッパで始まった。ただし、発祥の歴史は水族館よりも一世紀ほど早い。最初は各国各都市単位の比較的小規模なものであったが、次第に発展して一八五一年、ロンドン・ハイドパークで開かれた最初の万国博覧会につながった。

このロンドン万博で評判になったクリスタル・パレスが、会期終了後に移設されてクリスタル・パレス水族館として有名になったことは先に述べた。博覧会は一定の会期中の臨時のイベントであるが、その開催をきっかけに、会場とその周辺が開発整備され、水族館をふくむさまざまなモニュメントがつくられた。十九世紀後半の西欧は、博覧会の時代だった。博覧会に水族館がとり入れられた時代だった。たとえばフランスでは、一八六七年のパリ万博に半地下式の淡水・海水水族館があった。一八七八年のシャイヨー宮を主会場とするパリ・トロカデロ万博では、さらに凝った雰囲気のトロカデロ水族館がつくられた（第I・II章参照）。

万国博覧会が十九世紀の欧米社会で歓迎された理由はいろいろにいわれているが、博覧会場が未来への希望、進歩の楽しい夢に満たされた場であったこと、そのような夢や希望への志向が当時の欧米社会に強かったからだとされている。昔も今も、博覧会場は楽天主義に満たされている。そして、そこで感じる愉快さは、水族館の中で非日常の空間を楽しむ気持ちともどこかでつながっているはずである。

万国博覧会というものが西洋にあるのを明治政府が知った最初のそれは、一八五三年のニューヨーク万

パリ万国博覧会（1867）に派遣された若き日の田中芳男の博覧会場入館許可証

博だったといわれている。一八五三年といえば幕末の嘉永六年、なんとペリーの黒船が江戸湾に現われた年だった。そして、日本が正式に参加した万国博覧会は、一八六七年のパリ万博だった。日本の元号でいえば明治に改まる前年の、慶応三年のことであった。

日本の万博参加のきっかけは、この博覧会でフランス政府が日本に昆虫標本の出品を依頼してきたところからはじまったという。なにしろ、明治前の日本には昆虫を捕らえ、標本につくる習慣はまったくなかった。昆虫採集自体が日本人にとって異文化であった。博覧会開催の前年になって、わが国では前例のない業務を命じられた若手の下級官吏がいた。名を田中芳男といった。

田中は天保九年（一八三八）信濃国（現長野県）飯田の生まれで、この年二六歳だった。田中は苦心して収集した「日本の昆虫標本」を運ぶために、パリへの出張を命ぜられ、使節団に随行することになった。使節団長は徳川昭武、最後の将軍徳川慶喜の実弟で、当時一四歳であった。使節団一行二六名、慶応三年（一八六七）一月に日本を出発している。もっとも、田中芳男だけはそれより一足早く、慶応二年（一八六六）十一月に日本を先発している。

田中がパリ滞在中、その四年前に福沢諭吉を驚かせたジャルダン・デ・プランツを訪問したことは確かだったらしい。当の田中が

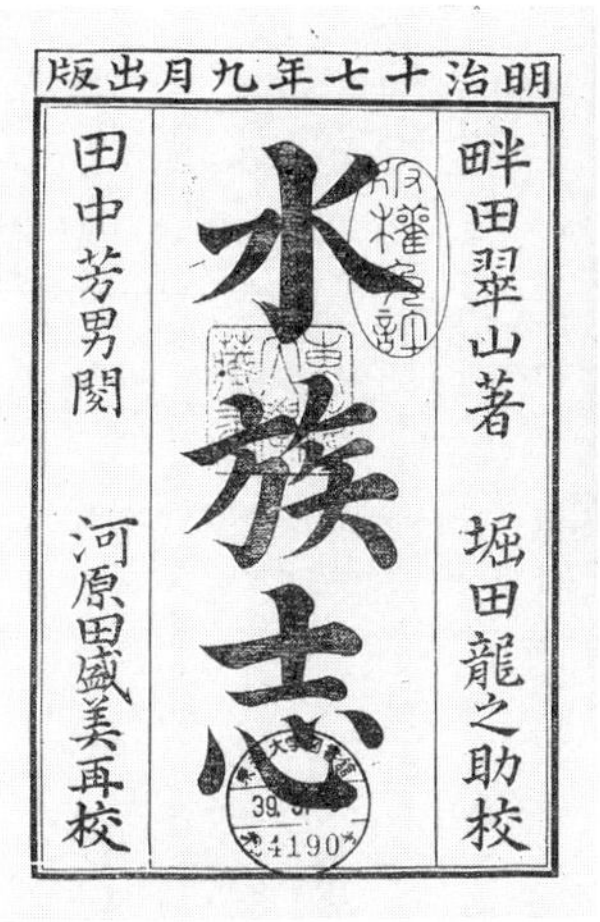
明治十七年九月出版
畔田翠山著
堀田龍之助校
水族志
田中芳男閲
河原田盛美再校

晩年の田中芳男（大正８年）と，彼の監修した『水族志』（明治17年）．田中は農林水産業の振興にも尽力した

そう書いているし、ジャルダン・デ・プランツの自然史博物館の、研究者に会った証拠が残されているからである。

　昆虫標本係として渡欧した田中が、メナジェリー（動物園）と、そこのヴィヴァリウムには立ち寄らなかったとは思えない。福沢の見た「生きながら玻璃器に入れられた水生生物」もしっかり見てきたのではないか。このときの田中の見聞が、のちの上野動物園の誕生につながったはずだからである。しかし、この博覧会でつくられた半地下式の淡水・海水水族館を、田中が見たかどうかはわからない。

　田中はこのパリ万博で、薩摩藩からきた町田行成と、おそらく、はじめて出会っている。同じ天保九年（一八三八）生まれの田中と町田は、のちに二人してジャルダン・デ・プランツをモデルとした自然史博物館（および動物園ならびに観魚室〈うをのぞき〉）を上野の山につくるべく、協力して日本の博物館史の基礎を築くことになる。

　二人のうち、とくに田中芳男は、パリ万博の後もずっと、万国博覧会があれば出品準備に携わり、明治六年（一八七三）のオーストリア・ウィーン、明治九年（一八七六）のアメリカ・フィラデルフィア……と、博覧会の現場へもたびたび出張を命ぜられた。

田中は明治九年（一八七六）には、わが国最初の内国勧業博覧会事務局兼務を命ぜられ、翌年の第一回内国勧業博覧会で審査官を勤めた。それ以来、内国勧業博覧会のたびに事務局と審査官をつとめることになった。とくに堺水族館がつくられた第五回内国勧業博覧会では、会期に先立って一〇府県を回って歩いて、博覧会への出品を勧誘し、各地で博覧会の意義について講演するなど、積極的に活動し、なお、博覧会期中は審査部長・事務官・評議員をつとめた。

田中には伊藤圭介門下の本草学出身の自然科学者としての顔もあり、農林水産業の育成援助にも力があった。水産分野では、明治十五年（一八八二）に大日本水産会が設立されると関沢明清とともに幹事となり、協力企画して明治十六年に第一回水産博覧会を東京・上野で開いた。田中と関沢は明治九年（一八七六）に、アメリカ建国百年を記念して開かれたフィラデルフィア万博に出張を命ぜられて同行している。関沢はアメリカの技術を導入してこの明治九年にわが国で初めて、茨城県那珂川にサケマス人工孵化場を開いた功績で知られるが、その知見もこのフィラデルフィア万博で田中と同行して得たものであり、試験場開設にも、田中芳男の援助があった。

博物館の父ともいわれ、明治期の水産業と水産応用学の振興にも尽力した田中は、上野動物園の観魚室のあと、明治二十三年の第三回内国勧業博覧会水族館、明治二十八年の第四回内国勧業博覧会水族室、そして和田岬と堺……、いずれも、田中とのかかわりを暗示させる。田中は、明治二十九年には大日本水産会の第五代幹事長に就任し、和田岬の水族館の第二回水産博覧会では、評議員と審査官に就任している。それ以来昭和初期まで、博覧会のかかわる水族館には、つねに田中芳男の名が見られるようになった。

みやじましげる『田中芳男傳』（一九八三）には、「水産博覧会を設ける」と「水族館」と二つの章があって、講演記録の一部であろうか、水族館の効用として「第一に娯楽にあり……第二に飼育にあり……第三に捕魚にあり……第四に学術学芸にあり……第五に美術にあり……」という、（出典は示されていないが）田中の言葉が紹介されている。

博覧会の水族館には会期終了後、払い下げられて独立の水族館として残されたものと、会期終了とともに取り壊されたもののほかに、博覧会期の終了後、別の博覧会で再利用された少数例があった。大正元年（一九一二）から第二次世界大戦直前の昭和十五年（一九四〇）までに、博覧会場につくられた水族館で、今までにわかったのは、次の通りである。（↓のあとは会期後の再利用）

昭和三年（一九二八）　大日本勧業博覧会（岡山・岡山市、会期後↓三蟠軽鉄水族館）
同　大礼記念国産振興東京博覧会（東京・上野、会期後↓横浜磯子水族館）
同　中外産業博覧会（大分・別府、会期後↓別府水族館？）
昭和五年（一九三〇）　観艦式記念海港博覧会（兵庫・神戸、会期後↓湊川水族館）
昭和六年（一九三一）　上越線全通記念博覧会（新潟・長岡、会期後↓寺泊水族館）
昭和七年（一九三二）　第四回発明品博覧会（東京・上野、会期後↓熱海町水族館↓復興記念横浜大博覧会場へ移設・再々利用）
同　産業と観光の大博覧会（石川・金沢、会期後水族館がどうなったか不明）
昭和十年（一九三五）　復興記念横浜大博覧会（神奈川・横浜、上野不忍池公園から移動した熱海町水族館を会場に移して再々利用、その会期後水族館がどうなったか不明）

まだあった。博覧会と同じく、明治期にはじまって各地でさかんに開かれていながら、博覧会ほどは大がかりではなく、今は忘れられかけている共進会というイベントがあった。博覧会が新知識や情報の普及をかかげる網羅的・広域的イベントであったのに対して、共進会は産業振興を明確な目的にすえた集約的・地域的イベントであった。

橋爪紳也・中谷作次『博覧会見物』（一九九〇）には、わが国最初の京都博覧会が明治四年（一八七一）に開かれてから、一九九〇年までに日本全国で開催された博覧会を網羅した年表がある。その合計ざっと三八〇。ただしここには共進会ほかの比較的小規模な地域的イベントは入っていない。その共進会は博覧会よりもはるかに数が多く、もと福岡市博物館の鳥巣京一の研究では、明治十八年（一八八五）から同二十一年（一八八八）までのたった三年間だけで、全国で六四七もの共進会が開かれたというからすごい。

わが国最初の共進会は明治十二年（一八七九）十月に横浜で開かれた製茶共進会であった。第二回は同じ年の十一月、同じ横浜での繭糸共進会だった。いずれも、田中芳男の熱心な尽力による開催だった。田中は明治の国策に沿った農林水産の民間三会、つまり、年代順にいえば、大日本水産会、大日本農会、大日本山林会の三つすべての創立にかかわり、あるいは設立推進の中心人物として、積極的にこれらの民間組織の運営発展に関与した。まさに「農は国の大本」をバックボーンにした大活躍であった。

共進会にも水族館があった。しかし、全国に過去いくつの、共進会水族館があったのかはまだわからない。もちろん、多くは会期中だけの一時的仮設的な施設であったろう。資料もほとんど残されていず、どれほどの規模内容のものだったのかも、ほとんど不明である。偶然の機会に入手した絵はがきでその存在を確認できた水族館もある。一方で、その後全国的に有名になり、なかには現在もまだ、その後身が活動

北海道水産共進会・水族館（小樽区、明治四十一年）

東京勧業博覧会・教育水族館（上野公園、明治四十一年）

第十三回九州沖縄八県連合共進会・箱崎（筥崎）水族館（福岡市、明治四十三年）

富山県共進会・魚津水族館（大正二年）

第十四回九州沖縄八県連合共進会・水族館
（大分県、大正十年）

別府市中外産業博覧会・水族館
（昭和三年）

大礼記念国産振興東京博覧会水族館（昭和三年）

共進会後昭和に入って最初の改装後の魚津町立水族館（昭和四年）

産業と観光の大博覧会・水族館（金沢市、昭和七年）

している魚津水族館のような例もある。

地域性の強いさまざまな共進会のうちで、水族館とかかわりが深かったのは、当然、水産共進会であった。もともと自然科学の造詣が深く、水族・水産分野の著書や出版紹介の業績もある田中は、とくに大日本水産会とその主宰する水産博覧会や水産共進会に力を入れていた。したがって、水族館にも関心があったと思われるが、そこはもう一つはっきりしない（本書一三〇ページ参照）。

わたしの手元に「（小樽区）水産共進会正門と水族館」とネームのある絵はがきがある。これだけでは、いったい、いつごろのものかも不明であるはずのところ、さいわいに「明治四十一年八月二十二日」という鮮明な記念スタンプが捺されていて、共進会と水族館の存在時期が特定できた。しかし、今のところ、明治期の北海道に水族館があったという発見以上の情報はまだ入手できていない。それでもたぶん、これが北海道で最初の水族館であろう。

また、福岡市箱崎には、かつて箱崎（筥崎）水族館という名の小ぶりな古い水族館があった。数年前までは、明治四十三年の開館とだけわかっていたが、その設立由来などは不明であった。やはり入手できた絵はがきを手がかりに、近年ようやく、これが第十三回九州沖縄八県連合共進会の付帯設備として同年三月に建てられ、会期後も残された水族館であることがわかった。おそらく、九州最初の水族館と思われる。

第十四回九州沖縄八県連合共進会とネームのある水族館の絵はがきもある。この共進会は大正十年に大分県（たぶん別府市）で開催されたと教わったが、まだ、それ以上のことは確かめていない。

共進会の水族館として代表的な、そして有名な水族館は、富山県の魚津水族館であろう。大正二年（一九一三）九月に富山県連合共進会の第二会場としてオープンした日本海側で最初の水族館である。魚津水族館は共進会の会期のあと、そのまま魚津町立の水族館となって、翌々年に東京大学の水産動物研究所に指定された。この水族館で渡瀬庄三郎博士がホタルイカの研究をし、僚友の石川千代松博士がホタルイカの学名に渡瀬博士の名をそのまま、ワタセニアと名付けたという逸話もある。

魚津の信濃浜から常願寺川河口までの海岸一五キロ、沖合七〇〇メートルはホタルイカ群遊海面として国の天然記念物指定を受けている。昔、海浜にあった魚津水族館はその後三、四度建て替えられ、現在は場所が変わって海岸から離れたが、同じ魚津水族館の名前で建物は立派になり、昔は困難だったホタルイカの飼育にも成功している。

話が多少前後したが、大日本水産会は、明治三十九年（一九〇六）に創立二五周年を記念して横浜市で水産共進会を開いた。この同じ年の七月、横浜市羽衣町に横浜教育水族館がオープンしている。横浜教育水族館は株式会社組織で、水産共進会と直接の関係はなかったようであるが、もしかして、水産共進会が水族館オープンのきっかけになったということもあったかもしれない。

博覧会や共進会の付属施設として、あるいは、それらの開催をきっかけとしてつくられた水族館は意外に多数派で、それらのイベントにかかわらなかった水族館は、昭和の初めまでは、むしろ少数であった。博覧会・共進会および農・山林・水産の三会の創始と発展につくし、博物館の創設にも深くかかわって「博物館の父」と呼ばれている田中芳男と水族館のかかわりについては、今まで取り上げられたことがほとんどなかったが、黎明期の水族館には、田中の大きな力も必要だったのではなかろうか。

棚橋源太郎の主張「水族館は博物館である」

博物館事業促進会と水族館

近現代のわが国では、何度か博覧会の流行期があった。第一回が明治の初め、第二回が大正期末から昭和初頭の御大礼記念まで、第三回が紀元二千六百年慶祝記念の前後、第四回が第二次世界大戦後の復興期……。

水族館史の休止中断期だったかのような大正時代を飛び越えて昭和に入るとすぐ、昭和三年（一九二八）の御大礼（昭和天皇即位式）を記念して、あるいはそれにあやかったイベント計画が全国的にどっと増えた。博覧会と共進会も相変わらず各地で開かれ、加えて、にわかに博物館の設置運動がさかんになった。水族館の新設ラッシュも始まった。

大正十二年（一九二三）の関東大震災、昭和二年（一九二七）の金融恐慌、同六年（一九三一）の満州事変勃発など、暗い大事件も少なくなかったが、水族館の建設熱にはあまり影響がなかったようである。大都会は経済恐慌におびえても、地方はかえって豊かだったからかもしれない。ともかく、昭和初期の全国にいったいいくつ水族館が建設されたのかは、じつはまだよくわからない。思っていた以上にたくさんの水族館があったようで、最近、次々に、忘れられていた水族館の記録が見つかっている。

昭和初期にはまた、博覧会とは無関係な水族館が、各地に続々とつくられはじめた。ある場合は昭和天皇の即位式の記念行事として市町村が設立し、他の場合は個人創立だったり、小会社組織を立ち上げての開業もあった。この時期にはまだ、ほとんどが小規模の水族館で、長くつづいた例は少なかった。比較的手軽に開業して、数年もたたずに夢やぶれて閉鎖する、そのような水族館が地方に輩出したのもこの時期の特徴だった。

それに、それらの水族館は、ほとんど相互のつながりをもたず、各地でそれぞれに、むしろ独創的に、あるいは恣意的に開業していた。わずかに残された各館の資料に、てんでに「日本最初」などと書かれている場合が珍しくないのも、横のつながりと情報がほとんどなかったためであろう。

今、われわれに、昭和初年の水族館事情の情報と資料をまとめて提供してくれる得がたいニュースソースとして、昭和三年（一九二八）に発足した博物館事業促進会（のちの日本博物館協会）の月刊機関誌『博物館研究』がある。

わが国最初の博物館関係団体の機関誌でもある『博物館研究』のことはすぐあとでくわしく紹介するとして、その「発刊の辞」に「博物館事業が極端に閑却さるる我邦の官民に対して、博物館の職能を説き其の必要を鼓吹し、……内外国に於ける博物館最新の施設を紹介して……」とある通り、創刊号から早速、「内外博物館ニュース」に数ページを割いて、その中に水族館を加え、しかも、かなりの頻度で水族館の関係ニュースが掲載されていた。この編集方針が昭和十年（一九三五）の第八巻半ばまでつづけられた。

昭和四年（一九二九）から同十七年（一九四二）までに、博物館事業促進会（および日本博物館協会）が「公開実物教育機関」、のちに「博物館（相当施設）」とした水族館、「博物館ニュース」に記載された水族館は、次の三三館である。（館名は原文のまま）

東京大学理学部附属臨海実験所水族館（神奈川）、江ノ島水族館（第二代・神奈川）、逗子水族館（神奈川）、横浜磯子水族館（神奈川）、松島教育水族館（宮城）、高浜水族館（福井）、魚津町立水族館（富山）、三蟠鉄道株式会社附属水族館（岡山）、大谷天然水族館（山口）、京都大学理学部附属瀬戸臨海実験所附属水族館（和歌山）、箱崎水族館（福岡）、田中水族館（福岡）、加茂町水族館（山形）、名古屋教育水族館（愛知）、東北帝国大学理学部附属臨海実験所水族館（青森）、堺市立水族館（大阪）、教育水族館（島根）、五智水族館（新潟）、中ノ島水族館（静岡）、山形県鼠ケ関水族館（山形）、二見浦水族館（三重）、熱海町水族館（静岡）、井の頭公園水族室（東京）、湊川水族館（兵庫）、柏崎水族館（新潟）、東京文理科大学理学部附属臨海実験所水族館（静岡）、北海道水産試験場小樽水族館（北海道）、栗林公園動物園水族館（香川）、天王寺公園地下道水族館（大阪）、鯨波水族館（新潟）、岩瀬町営水族館（富山）、町立長浜水族館（愛媛）、宝塚動物園水族館（兵庫）

次に、もと福井高等専門学校の山本和夫教授が調べられた昭和初期から第二次世界大戦前までの水族館で、右と重複しない一二館を書いておく。（同）

上野動物園水族室（東京）、桂浜水族館（高知）、北海道大学理学部附属厚岸臨海実験所水族館（北海道）、東京水産大学小湊実験所水族館（千葉）、浜島水族館（三重）、広島文理科大学理学部附属向島臨海実験所水族館（広島）、阪神パーク水族館（兵庫）、日和山天然水族館（兵庫）、東京大学農学部附属水産実験所新舞子水族館（愛知）、九州大学理学部天草臨海実験所水族館（熊本）、白浜水族館（千葉）、大津水族館（滋賀）

これで合計四五館、博覧会の八館を合わせると、五三館である。しかし、これでもまだ全部ではない。たとえば、わたしが直接調査した範囲でも、静岡県で昭和初期につくられた沼津・淡島水族館、沼津・千本水族館、清水・袖師水族館の三館の名がない。この時期、このほかにいったいいくつの水族館が、全国にあったのだろうか。

昭和三年（一九二八）に誕生した博物館事業促進会は、まもなく日本博物館協会に発展して、わが国の博物館を社会教育機関として組織化し、博物館の社会的認知と地位向上のために尽力し、ばらばらであった博物館同士の横のつながりを深め、行政の表舞台に出て発言する力をつけるのに大きな役割を果たすことになった。

博物館事業促進会は、最初から動物園、水族館、植物園が博物館の一種であるという基本方針をもっていた。「促進会の方針」というよりも、この会の事実上の代表者であった棚橋源太郎の信念であった。機関誌『博物館研究』は「博物館ニュース」ほかで積極的に水族館の動静を紹介し、その他の論文や無記名(匿名)の記事・雑録にも水族館についてしばしば言及していた。博物館を歴史、民俗、美術、科学、自然史……などと、専門分野で分類してみるまでもなく、水族館に関する記事がよく目立った。その匿名記事の多くは、同会専務理事の棚橋源太郎の執筆したものであった。

昭和のはじめに輩出した小規模水族館の多くは、ほとんど個人の思いつきのように突然つくられて、経営困難などの理由で、いつのまにか消えてしまった。民間施設の多くは行政記録にも残らず、水族館があったという記憶自体が、今はもう、ほとんど失われてしまったところが少なくない。明治時代の水族館の様子を知るのに、初期の『動物学雑誌』の「雑録」が大きな手がかりを残してくれたように、昭和初期の水族館については『博物館研究』の「博物館ニュース」、「雑録」、「博物館リスト」、あるいはそのほかの記載が確実な記憶を残してくれている。むしろ、この『博物館研究』を通してでしか、実在の手がかりさえない水族館は少なくない。

たとえば、岡山県に三蟠軽鉄(鉄道)附属水族館という、小さな水族館があった。現在、「三蟠軽鉄」という名の鉄道もない。当然、そのような水族館があったこともも、ほとんど忘れられていた。それを『博物館研究』の記載に力を得て、だんだんたぐって行って、ようやく、かつては、岡山駅から岡山港へ

松島教育水族館(のちの松島水族館)の絵はがき(宮城県，昭和5年ごろ）カリブ海産のクィーンエンゼル：この時代にこのような魚が飼育されていたとは信じがたい

棚橋源太郎

名古屋教育水族館
(明治43年)

山形県水族館
(のちの加茂水族館)
(加茂町，昭和6年)
右下は館内の売店
左下は館内ホール

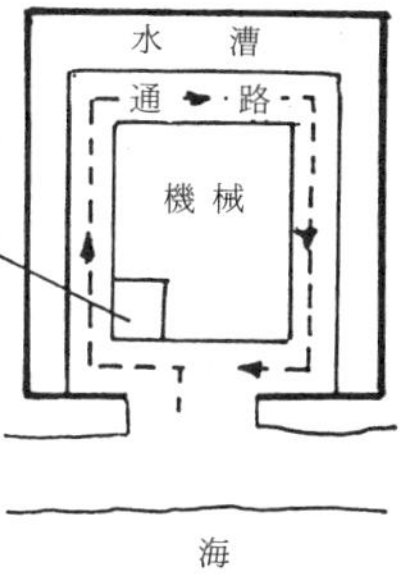

逗子水族館
（神奈川県，昭和 4 年）
上は館の平面図

中之島水族館（のちの三津天然水族館，静岡県，昭和 9 年）わが国ではじめてイルカを飼った水族館

直江津水族館
（新潟県，昭和 8 年）

ゆく会社経営の臨海軽便鉄道（現在の臨港鉄道の前身？）があり、昭和三年三月から五月まで、岡山市で開かれた大日本勧業博覧会のときに特設された水族館が、博覧会が終わった一年後に三蟠鉄道株式会社に譲られてこの名で再開館したことがわかった。

また、昭和五年に実在した水族館に、逗子水族館（神奈川）、教育水族館（島根）、田中水族館（福岡）、名古屋教育水族館（愛知）などがある。どれもが、それまでに聞いたことのなかった水族館名だった。その後、他の資料から、名古屋教育水族館が明治四十三年（一九一〇）にオープンして、それからちょうど二〇年後の昭和五年にまだ健在だったこと、逗子には昭和四年ごろにできた小さな水族館があったことが確認できた。でも、福岡の田中水族館と、島根の教育水族館のことは、まだこれ以外の手がかりが見つかっていない。『博物館研究』の記載がなければ、そういう水族館があったことさえ、知らずじまいだった。

『博物館研究』と水族館

先にも少し書いたが、『博物館研究』は、日本博物館協会が博物館事業促進会を名乗って昭和三年（一九二八）に結成された早々から、その機関誌として創刊された。創刊号は昭和三年六月一日の発行で、編集発行人は棚橋源太郎であった。会誌発刊の辞に「博物館の機能を説きその必要性を鼓吹し、建設と経営に適切な助言を与え、内外国における博物館最新の施設を紹介……」とある。ここでいう「内外博物館の施設紹介」のページに当たる「博物館ニュース」では、創刊号にさっそく、「東北大学浅虫臨海実験所附属水族館　同館最近一ヶ年の観覧者は五万人である。同館は水族館としての新設備を有し専門家の研究上は勿論学校生徒並一般民衆に科学知識の普及上大に役立ってゐる」との水族館関係記事を載せている。

同誌第二巻第一号（一九二九）では巻頭記事に五ページにわたる「世界の水族館」の特集と、すぐつづく二ページの「本邦の水族館」がある。どちらも執筆者名は「記者」とだけあるが、編集担当者の棚橋の執筆によるものと推察される。「世界の水族館」は、当時世界各国の有名で内容が整い規模も一流の水族館を二三館連記して紹介し、章を改めてアントワープ、ベルリン、ロンドン、ニューヨークの各館について、くわしく解説している。内容は行き届いた詳細な解説で、各館ごとに開館以来の経歴や規模内容、飼育設備、特色などを網羅して親切である。しかも、この号の「雑録」の冒頭記事は、「ネープルス水族館の由来」「水族の生態展示」という解説である。いずれも、文献上の知識だけで書ける文章ではない。

棚橋は大正十四年（一九二五）一月から翌年一月まで、「社会教育調査並に博物館事業研究のため文部省より欧米に派遣」されている。当時、五五歳であった。また、それから一六年さかのぼって明治四十二年（一九〇九）十月にも、「教育学並博物館事業研究のため独米へ留学（二か年）を文部省から命ぜられ、同四十五年一月に帰朝している。右の「世界の水族館」の記事は、それら外国留学での豊富な見聞をもとに書かれたものと思われる。

また、「世界の水族館」につづく「本邦の水族館」には、当時現存の一三館の館名が記載され、うち堺市立、魚津町立、箱崎、東北帝国大学浅虫臨海実験所附属、大谷天然と、合計五水族館の簡単な紹介がある。なお、堀家惣太郎『水族館生活二十四年』（一九三二年）には、この棚橋の記事をそのまま引き写したと思えるまったく同一の文章がある。

さらに、同じこの号の「会務報告」には、「水族館並水産博物館に関する本会特別委員会」が「江の《（ママ）》島水族館並水産博物館設計問題協議の為め去十二月十二日、日本赤十字社参考館で開かれた」という報告がある。博物館事業促進会がかかわった昭和初期の江ノ島水族館新設計画については、別の章で述べる。

また昭和四年（一九二九）五月に開かれた博物館事業促進会主催の第一回博物館並類似施設主任者協議

会（のちの全国博物館大会）には、堺市立、江ノ島、三崎臨海実験所附属、横浜、名古屋教育、松島教育、浅虫臨海実験所附属、高浜、魚津町立、（島根）教育、三蟠軽鉄附属、大谷天然、瀬戸臨海実験所附属、箱崎の合計一四水族館にも招待状が送られたとの記事もある。

『博物館研究』の第二巻第七号の巻頭には、「博物館並類似施設審議機関設置ニ関スル建議」と「私立博物館並類似施設陳列品関税免除ニ関スル建議」と、二つの建議文が掲載されて、前者は「本邦ノ博物館並動植物園、水族館等類似施設ハ他ノ教育、学芸ノ機関ニ比シテ……」、後者は「本邦ノ博物館並動植物園、水族館等類似施設ハ教育、学芸上極メテ重要ノ機関……」と、とにかく水族館を「博物館の類似施設」と、明確に位置づけている。

また、同巻十一号では「博物館の種類及び其の定義」に、アメリカの『ミュージアム・ニューズ』誌からの転載として水族館を「水族の生活を示す博物館の一種である」という定義を紹介している。この記事（無署名）も棚橋の執筆によるものと思われる。すぐつづいて、「博物館施設近時の動向」と題する棚橋源太郎の署名入り記事があって、欧米の博物館活動を紹介し、「動植物園水族館の発達」で、「（それらが）博物館の一種である。只、陳列品が生き物であるだけの相違である。……其の経営法、教育上の活動振りが博物館と毫も違はない」と、入念に持論を展開している。

その後も、『博物館研究』は新設水族館計画などが丹念に採録され、昭和五年十月に開かれた第二回全国公開実物教育機関主任者協議会では、出席者の提案を受けて「水族館設置に関する決議案、帝都適当の地に於いて水族館設置の必要ありと認む右希望決議の実行は促進会長に一任す」という決議案を作成提出するなど、棚橋が実質的に代表していた昭和初年以後の日本博物館協会、ひいては博物館界が、水族館に寄せる好意的な視線はなみなみではなかった。

この第二回協議会への出席が記録されている水族館関係者は、横浜水族館長代理小石川秀雄、江ノ島水族館主田中鑛一郎、松島教育水族館主高橋真作、瀬戸臨海実験所代表者駒井卓、箱崎水族館主任久保田知俊、(大連)星ヶ浦水族館主平田包定の五名であった。

もっとも、水族館や動物園を博物館とみなすことについては、当時から違和感をもつ向きが少なくはなかったらしい。

翌昭和六年に印刷された第二回全国公開実物教育機関主任者協議会の議事録には、栗林公園動物園(香川)の香川松太郎の「この会議は博物館のことばかりで動物園についての研究がないがなぜか。動物園の研究はしないのか」という質問とそれに棚橋が答えて「この会では博物館という意味を最も新しく解釈致しておるのであります。今日では動物園、水族館、植物園の設備と博物館のそれとの間の距離が段々少なくなって来ました。現に博物館の中にもハンブルヒ(グ)の町続きのアルトナの博物館などは、館内にこの室よりももっと広くはないかと思はれるくらゐの水族館があります。……(また)例えば紐育のアメリカン・ミュージャム・オブ・ナチュラル・ヒストリーと称する世界的に有名な大博物館では、インセクトホールのグループ式の生態陳列に、水棲昆虫の如きは水族器に藻を植ゑ、それへ昆虫の生きた実物を飼育してあります。その結果博物館の一部では、水族館の仕事をやってゐます」と、他国の例を引きながら懇切丁寧に説明している。

棚橋には、こんなふうに斯界に対する啓蒙指導の役割と、相手を説得する力があった。会議録にはこのあと、博物館というものがまだ一般大衆、社会一般に理解されていないのではないか、その啓蒙が重要だという議論も記録されている。これが今から七〇年以上も前の議事録と思えば感慨がある。

とにかく、昭和初期のわが国博物館界のリーダーであった棚橋には「水族館は博物館である」という強い信念があり、それを機会あるごとに主張していた様子が読み取れる。しかし、肝心の水族館の側にまだ、棚橋の主張を受け入れるだけの準備がととのっていなかった。あるいは、その自覚がなかった。

博物館事業促進会は昭和七年に日本博物館協会と名称を改め、昭和八年からは東京・丸の内の文部省内に事務所を置くことになった。飛んで昭和二十二年（一九四七）二月、第二次世界大戦が終わってまだ日も浅いうちに、日本博物館協会は早くも活動をはじめていた。『博物館研究』は復興第一巻第一号を刊行した。編集発行人はやはり棚橋源太郎であった。棚橋は七七歳になっていたが、日本の博物館活動にかける情熱は少しも衰えていなかった。

棚橋は復興第一巻第一号の巻頭言に「新幹部を迎ふ」と題して、「終戦後平和国家文化日本建設の立場から……博物館並類似施設に対する国民の期待が急に高まっている……（のに対して）博物館が極めて小規模のものまで合算して僅か百八十館、動植物園水族館が頗る不備なものまで入れて五十三」と嘆き、「大衆教育に博物館を活用する方針」を求め、各種の博物館の必要性を熱心に説いている。

中央水族館の構想と博物館法

棚橋はこうして水族館をふくむ博物館の充実を説きつづけたが、それだけでなく、「大規模な内容の充実した、所謂世界並みの博物館、動植物園、水族館を中央に建設する必要」を唱え、「今一つ重大な問題」として「博物館、動物園、植物園及び水族館に関する法律の制定」を主張していた。昭和二十二年には「先頃来法律案の調査研究を進めてゐたが、漸く成案を得て文部大臣へ申達しておいたから、何とかこれが実現するやう切望している」と、早くも博物館法の立法を求めている。

復興第一号の「協会消息」に、前（二十一）年九月九日に文部大臣に申達した「博物館並類似施設に関する法律案要綱」とあるのがそれで、「一、動植物園水族館を、博物館類似施設とする。……四、中央博物館、中央動植物園及び中央水族館は、すべて国営とし、中央機関として文部行政の一部を担任せしむ。……八、館長、園長、学芸員、技師は、大学専門学校以上の学歴と、その方面に関し三年以上の実際的経験を有するものの中より選任する。十一、本法の規定に依らないものは、これを博物館、動植物園、水族館と称することが出来ない。またその名称の如何に拘らず、博物館及び類似施設と認むべきものは、すべて本法に依って律せられる」。つづいて「方針案」がある。「……七、中央水族館は特設の一館とし、水産研究室、魚類孵化場、図書館、講堂等を附設し、東京に設置する。八、地方博物館、地方動物園、地方水族館は、中小都市に建設し……十二、大学専門学校に、博物館、動物園、植物園、水族館を附設公開することは特に望ましく……」と壮大な構想を展開している。

中央水族館はついに実現せず、水族館という呼称もついに何の規制もされず野放しのまま今日に至っている。しかし、棚橋が熱意を燃やした「博物館に関する法律」は、昭和二十六年に「博物館法」の制定となった。

「博物館法」の「第二条　博物館の定義」に、次の条文がある。

博物館とは、歴史、芸術、民俗、産業、自然科学等に関する資料を収集し、保管（育成を含む。以下同じ）し、展示して教育的配慮の下に一般公衆の利用に供し、その教養、調査研究、レクリエーション等に必要な事業を行い、あわせてこれらの資料に関する調査研究をすることを目的とする機関。

「定義」にいう「育成を含む」とは、もちろん、生きた資料を扱う動物園、植物園、水族館への配慮である。こうして「博物館」の範囲を定義づけ、しかも、「（水族館も含まれる）博物館」が「（施設ではなく）機関である」と、その機能をも定義に盛り込んで、博物館（水族館）が単なる「ハコモノ」ではないとしたところに、棚橋の年来の執念を見る思いがある。

もっとも、動物園、植物園、水族館は博物館ではないという見方は、博物館法制定に先立って、かなり根強い広がりを見せていた。今でいう抵抗勢力であろう。椎名仙卓『日本博物館発達史』（一九八八年）には、次のような話が紹介されている。

第二次世界大戦前の昭和十六年（一九四一）七月、新大阪ホテルで京阪地方博物館関係者懇談会が開かれ、「動植物園、水族館も博物館令で律することの可否如何」が、当日の中心的な話題になったが、これに対する意見は肯定否定両論に分かれて決着がつかなかった。

すなわち、肯定意見は棚橋も主張してきたように「動植物園、水族館は立派な社会教育機関であり、これを厚生省などの管理下において娯楽休養の施設として取り扱うのは不都合である」とするもので、一方の否定意見は「動植物園、水族館は厚生施設の一種であり、博物館、美術館のような学芸教育の機関と同一視して一律に取り扱うのは不適当である」というものであった。

この年、昭和十六年に日本博物館協会は財団法人になった。

博物館法の成立と動物園協会

日本博物館協会が財団法人となった前年の昭和十五年（一九四〇）六月に、日本動物園水族館協会が発足している。この協会は、そのさらに前年の十四年十一月に日本動物園協会としてスタートしたのが、水族館も加わって名称を変えて再出発することになった。

協会創立時の参加は一九園館で、そのうちの水族館は、中之島水族館（静岡）、市立堺水族館、阪神（パーク）水族館の三館であった。なお、当時の東京上野恩賜、大阪市、私立宝塚、京都紀念、栗林公園の各動物園には小規模な水族館があった。市立動物園が多数を占め、しかも、右の日本博物館協会での議論にもあったように、文部省につながる教育委員会の管理下にある園館は一つもなかった。

この傾向は第二次世界大戦後、博物館法の制定にあたっても、またその後もつづき、動物園水族館、とくに水族館の在り方に混乱と不透明さと議論を残しつづけてきた。

話は前後するが、ここで再び、椎名仙卓『日本博物館発達史』（一九八八年）に戻ろう。

椎名は博物館の本質が法令の上で明確にされていないために、「博物館が公開の学芸研究の機関であり、社会教育の施設の一つであることが社会に認められていない」と、博物館行政を批判し、「博物館施設は娯楽施設であるという根強い観念が社会の一部にあり」、「動植物園や水族館が教育施設であるかどうかも含めて、「施設の処遇がきまらないままに、法律制定に向けての運動が進められてきた」のが、混乱のもとであったと総括している。

椎名は、博物館法制定前後の混乱の一つに、動物園水族館協会と博物館協会の見解が相違していたことにふれて、「（日本動物園水族館協会が）この頃臨時総会を開いてまで法の改正、特に動物園や水族館を法の適用から除外することについて活発な討議をしている、そして……公立の動物園や水族館の所管は、運営の面から考えて、教育委員会に所属させることは適切でないとして、法の改正を陳情という形で示すに至っている」とも書いている。

すでに、法制定の立役者であった棚橋源太郎が「動植物園は博物館と同じように実物教育機関であって娯楽施設ではないので、市の公園課や道路課で管理していることは真の文化施設の使命を解していない」と（行政サイドの不見識について）「力説している」のに「日本動物園水族館協会の考えはまったく相反して…」と、文意はやや混乱しているが、日本動物園協会の考え方、方針を強く批判している。

椎名の引用している『日本博物館協会会報』第十四号（昭和二十七年七月発行。この頃、『博物館研究』は一時休刊となり、代わりに謄写印刷の『会報』が発行されていた）の当該一六ページには、たしかに「日本動物園協会臨時総会」が開かれて「中部、近畿の提案による博物館法除外についての審議がなされた」ことと、総会で採決された文部大臣宛の陳情書の写しが掲載されている。

しかし、陳情書の内容は、「今回公布された第十九条所管に関する件については各都市の実情よりして目下のところ、教育委員会に属することは、動物園の運営上適切でないものがありますので、更に改正されるよう要望致します。なお前記理由により目下登録されない動物園が多いと思われますが、これら公私立動物園に対しても、本法の精神の趣旨によりこれに準ずる取り扱いをされるよう希望します」というもので、椎名のいう「博物館法からの適用除外」を求めたり、「法の改正を陳情」したわけではなさそうである。なお、この陳情書に水族館の名はなく、文中の記載と陳情書の提出者名が「日本動物園水族館協会」ではなく「日本動物園協会」となっているのはなぜなのか、はっきりしない。戦後の混乱期には、名称も再び、発足時の「日本動物園協会」に戻っていたのであろうか。

もっとも、第二次世界大戦の戦禍を越えて残った水族館は、多く見ても全国で二八館程度であった。阪神（パーク）水族館は敗戦前に軍に接収されてすでになく、油壺、新舞子、浅虫、小湊、下田などの大学臨海実験所の水族館に発言力はなく、堺水族館も積極的な経営に乗り出さなかった。戦後最初の水族館新設は昭和二十四年（一九四九）で、この年に四館、博物館法制定の昭和二十六年までにわずかに一一館、いずれも従業員数名以下の弱小な施設であった。戦後まもない頃の水族館は、動物園協会にも博物館協会にも積極的に参加できる態勢がまだ整わず、水族館は博物館法制定に間に合わなかったともいえる。

日本動物園協会からのこの陳情は、結局取り上げられなかったが、動物園といわず、水族館といわず、国立の博物館（類似施設）といわず、教育委員会に所属せずとも日本博物館協会から除名されるわけでもなく、商工経済、観光、交通、公園など、教育と無関係な部署に所属する自治体の博物館、会社組織の博物館相当施設などが混在するという、一般にはわかりにくい事情を作り出すもとになった。

椎名も強調しているように、博物館を娯楽行楽施設ともみる社会認識を是正したかった博物館界には、娯楽行楽要素の大きい動物園や水族館を博物館から切り放したい空気もあった。一方、動物園水族館の側にも、社会教育施設としての自覚や使命感に欠けるところがあったのも事実と思われる。

吉田啓正は、『博物館研究』一九八〇年四月号に、「動物園水族館は博物館といえるだろうか」と題する次のように始まる一文を寄せている。

二十年ほど前、須磨水族館で開かれた近畿地区学芸員協議会の席上で、ある学生が「動物園や水族館が博物館の範囲に入れられることはどうしても理解できない」と疑問を投げかけた。これに対し、当時大阪市立自然博物館の館長だった筒井嘉隆氏が「確かに、今の動物園や水族館を博物館の範疇に入れるのは問題がある。けれども、生きた展示物を通して利用者に社会教育的効果を期待することは十分できる施設であり、一応博物館の枠内に入れて、将来本当の意味の博物館になるよう育てていくと考えたらいいのではないか」という意味のことを答えられた。……当時水族館の若い学芸員だった私が「それほど日本の博物館は立派か」と理由なき反抗をしたことと共に忘れることができない。

それからまた二〇年がたった。近年は、文系の大学でも卒業論文、または修士論文のテーマに水族館研究をえらぶ学生が増えて、わたしのところにも、たびたび、それにかかわる問い合わせがあるようになった。それらの学生たちは、一般に水族館を社会教育、生涯学習の場と見て、何の疑問も持っていないようである。なかには「水族館は社会教育機関なのに、行楽シーズンの入場者数が圧倒的に多いのはなぜか」

という質問さえあった。今は昔の感がある。

日本動物園水族館協会は、昭和四十年(一九六五)十一月に文部省社会教育局の監督を受ける社団法人となった。水族館は博物館なのかどうか。わたしは思う。水族館はある意味では、博物館を超えたものではないのかと。

第Ⅳ章

水族館の変遷

大学臨海実験所水族館はどこへ

ふたたび三崎臨海実験所へ

日本の水族館の歴史が、明治十五年(一八八二)に東京上野につくられた動物園内の小施設だった「観魚室」からはじまったこと、それに四年おくれて明治十九年(一八八六)に神奈川県三崎に東京大学附属臨海実験所ができ、この臨海実験所内に明治二十三年(一八九〇)にわが国最初の「大学付属水族館」がつくられたことは先に述べた。その「水族館」が、ガラス窓つきの大型置水槽であって、西欧のアクアリウムの意味ではおかしくなくても、その後のわが国で一般にいう「水族館」とは、やや違ったものだったこともすでに説明した。

三崎臨海実験所では、その後、明治四十二年(一九〇九)にそれまでの三崎仲崎から油壺へ移転と同時に、新設完成させた水族飼養室を「水族室」ととなえて、「研究に差し支えない限り」という条件つきで、一般に無料公開した。風光明媚な油壺への移転をきっかけに、臨海実験所を訪れる参観希望者が急増したからであった。

油壺に新築された三崎臨海実験所の「水族室」には、大小七個のコンクリート置水槽が設置され、うち三個は側面がガラス張りになっていた。別棟の一階は標本室で、海洋生物の標本や漁具、漁船模型などが置かれて、これも一般に公開されていた。昭和三年(一九二八)、この「水族室」に水族飼養槽が増設されて、「水族館」と呼称されて有料になった。

当時の海洋生物学の研究者には一般に、大学臨海実験所には水族館があるべきものだという共通の認識があり、実験所水族館の目的や意義についてもはっきりした意見をもっていたようである。それはたとえば、すでに紹介したように、初期の『動物学雑誌』雑録に、会員の投稿や編集者の意見として水族館の在り方や運営に関する助言と批判が、たびたび掲載されていたことからも推察される。

三崎臨海実験所には、油壺移転後まもない明治三十一年（一八九八）四月には、やがて第二代実験所長となる飯島魁教授から大学総長に提出された「三崎臨海実験所水族館新築の理由」や、大正十二年（一九二三）五月、関東大震災の直前に第三代実験所長谷津直秀が執筆した実験所の拡張案のうちに「村民及ビ参観者ニ対シ、海ノ生物学ノ知識ヲ分ケ与フル為メニ博物室、水族室ヲ完備シ、時ニ講演会ヲ開キタシ（入場料及聴講料ヲ徴収セズ）」と書かれた文書が残されている。

その後、昭和七年（一九三二）四月に油壺の三崎臨海実験所には、別棟の本格的な水族館が新設完成した。新しい水族館は新井浜の海岸に面して建設され、鉄筋コンクリート二階建、建坪は八〇坪（二六七平方メートル）、煉瓦色のタイルを全体に張った、モダンな水族館であった。

水族館一階にはガラス張りの壁水槽が一二、小型の卓上置水槽八、コンクリート製のプールが室内に一、屋外に一。二階は標本陳列室になっていた。海水は深さ約四メートルの海中から、タービンポンプで水族館裏手の崖上に設置された貯水槽まで汲み上げられ、水族館と実験所に配水されていた。つまり、いわゆる開放式の水族館であった。

これがその後、長く人々に親しまれた「東大の油壺水族館」である。この水族館は、昭和初年から油壺が関東地方で有名な海浜の行楽地になったこともあって、年間の入館者数が一〇万人を超えるまでになった。第二次世界大戦前の三浦半島には、これとは別にもう一つ、昭和四年（一九二九）ごろ、逗子の海岸にオープンした逗子水族館があったが、この方は知る人も少ない小さな個人経営の水族館であった。

東大油壺水族館は、その後、第二次世界大戦が終局を迎えて日本の敗色が濃厚になるまで開館をつづけ、昭和二十年（一九四五）一月についに閉館のやむなきに至ったが、神奈川県の水族館のうちでただ一つだけ、第二次世界大戦を越えて生き残り、敗戦後の昭和二十二年（一九四七）八月に再開された。県内にまだ、他に水族館のなかった昭和二十三年（一九四八）には六万三〇〇〇人近い入場者があった。

第二次大戦後の神奈川県に最初に新設された水族館は、翌昭和二十四年（一九四九）開館の横須賀市の三笠水族館であったが、これは東大油壺とは比較にならない小規模な水族館であった。

東大油壺水族館の人気はますます高まり、藤沢市片瀬に（三代目の）江ノ島水族館が出現した前年の昭和二十八年（一九五三）には、東大油壺水族館の入場者数は、その史上最高の年間三七万人に達した。全国的に見ても、大戦後、三笠水族館が開館した昭和二十四年に、戦後のわが国ではじめての新水族館が三館オープンしたのを皮切りに、昭和二十九年までに合計三九館が各地に店開きする、戦後最初の水族館ブームの到来を導く一つの力となったのであった。

昭和四十三年（一九六八）に、近くに電鉄会社経営の京急油壺マリンパークがオープンするまで、「油壺水族館」といえば、この東大油壺水族館を指すほど有名になり、関東一円の人々に親しまれたが、時代の波には逆らえず、昭和四十七年（一九七二）に閉館して、八二年間にわたるわが国で最も長かった水族館の歴史を閉じた。

瀬戸（白浜）と浅虫

東京大学の三崎臨海実験所につづくわが国第二番目の大学臨海実験所は、大正十一年（一九二二）に和歌山県白浜につくられた京都大学理学部附属瀬戸臨海実験所である。そして、第三番目が大正十三年（一九二四）の東北大学理学部附属浅虫臨海実験所、第四番目が昭和三年（一九二八）の九州大学理学部附属天草臨海実験所であった。

京都大学の瀬戸臨海実験所には、最初から水族室があった。実験所の正門より最も遠い位置で、その後、実験所の建物は何度か建て替えられたが、水族室の位置は、近年になってそれよりやや南に現在の水族館が新設されるまで、終始一貫、ほぼ同じ場所にあった。

実験所が開かれた当時の水族室（英語ではアクアリウム・ビルディングといっていた）は、フロアに予備槽を兼ねたコンクリート海水水槽が二個、一方の壁ぎわに海底洞窟を模した装飾の壁水槽が四個並び、窓際には付近沿岸で採集される小生物を入れる小型の置水槽数個が並べられて、絵入りの解説がつけられていた。海水は海岸に掘った海水井から、沖合に一九〇フィート（約五七〇メートル）のパイプを突き出して採水し、水族館の近くの小高い丘の上の貯水槽（一千ガロン、約三・八トン）までポンプアップしてから研究室と水族館に配水されていた。

「この施設は、だんだん拡げてゆく計画をしている」と、臨海実験所の初代所長であった駒井卓が同じく実験所担当者と連名で、『日本海洋学業績集（英文）』第一号（一九二九年）に瀬戸臨海実験所ならびに水族室の紹介記を書いている。

瀬戸臨海実験所の水族室が、大正十一年にわが国で二番目につくられた大学臨海実験所の附属水族室であったことに相違ない。駒井の文を読むと、当時すでに水族館として公開されていたようにもとれるが、別の資料では、実験所開設当時の水族室は非公開であった。水族館として公開されたのは、昭和五年（一九三〇）であったというのが正しいらしい。駒井が実験所オープンの翌大正十二年（一九二三）の『動物学雑誌』第三十五巻に、この施設を「水槽室とは名の通りコンクリートの水槽大小六個の外水族館式観覧

京都大学附属瀬戸臨海実験所初代所長・駒井卓

京都大学附属瀬戸臨海実験所・水族室（和歌山県，大正11年）
下は水族室平面図．1 壁水槽　2,3 飼養槽　4,5 置水槽　6,7,8 保管室　9 機械室

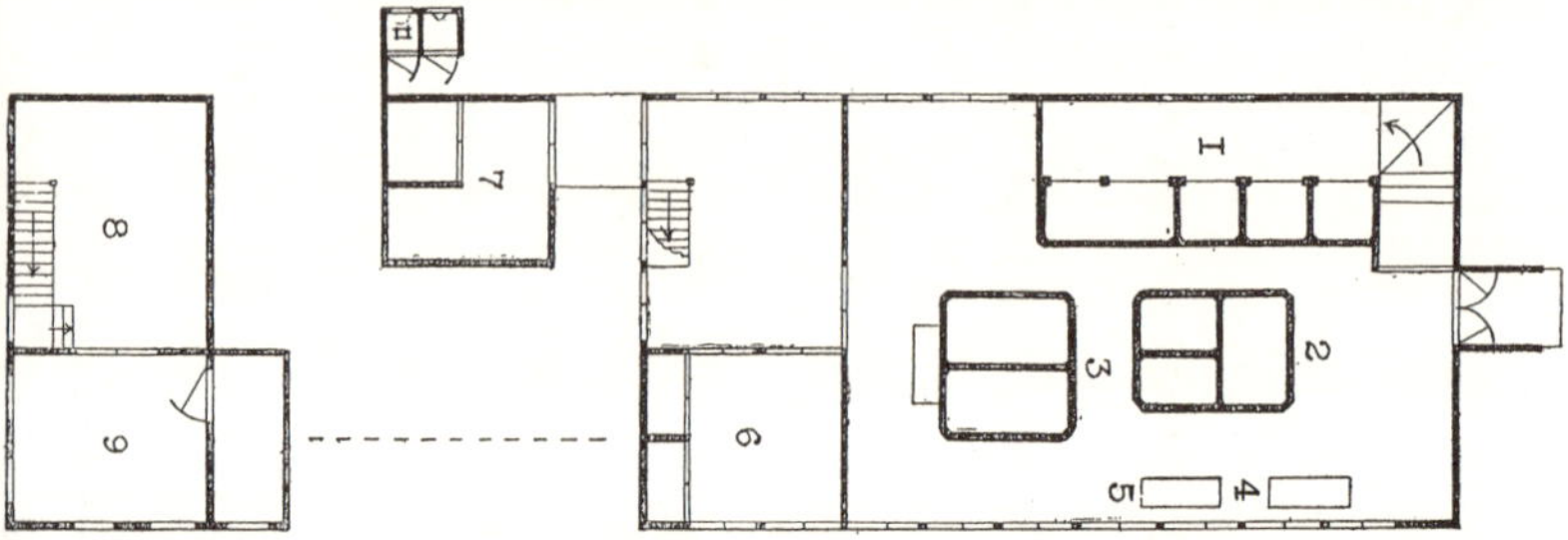

東北大学附属浅虫臨海実験所・浅虫水族館
（青森県，昭和２年）

浅虫水族館平面図
（アクアリウム・ハウス）

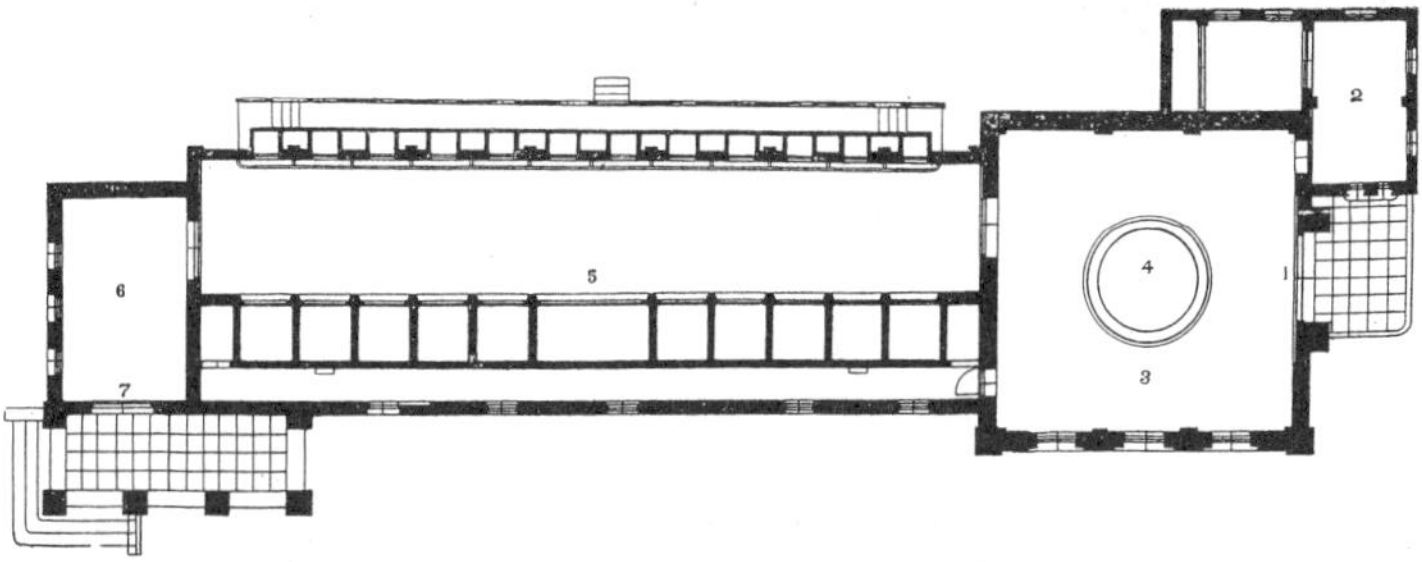

水族館で常陸宮（当時義宮）をご案内する東北大学附属浅虫臨海実験所長平井越郎（昭和31年）

第3代東京大学附属三崎臨海実験所長で，日本の水族館の建設にも貢献した谷津直秀

東京大学附属三崎臨海実験所・油壺水族館
(神奈川県，昭和7年)

水族館当時の水槽，今も一部は実験に使われている

昔も今も人気者・油壺水族館のアカウミガメ

用の水槽が五個連なって……」と紹介して、「水族館式」という言い方をしているのを見ると、やはりまだ「水族館」ではないと認識されていたのではないか。

瀬戸臨海実験所の水族室は、当初、非公開であって、これが水族館として公開されたのは昭和五年（一九三〇）であった。水族館は公開が原則であるので、したがって、京都大学附属瀬戸臨海実験所水族館（白浜水族館）のオープンは昭和五年とするのが正しい。瀬戸臨海実験所の初代所長駒井卓は、著書『生物学叢話』（昭和五年）で「右研究所本来の事業の外に教育的方面の仕事として行ってをる事の一は、水槽室を公衆に見せる事であって、特に春夏期は常に種々の海産動物を水槽に放って、参観者の興味を引くやうにしてをる」と述べている。水族館にも配慮していたかと思われる半面、当時の水族館への関心理解はこのようなものであったともみなせる。

京都大学の瀬戸臨海実験所の水族室は、その後、何度もつくりかえられ、経営体も大学直営、白浜町委嘱、観光協会委嘱、大学直営と何度も変転して苦心を重ねながら今日まで存続し、立派な近代的水族館に生まれ変わり、長らく「白浜水族館」と呼ばれて親しまれてきた。京大白浜水族館についてはくわしく語るページがないが、水族館史の初期に建設された大学附属水族館のうちで、現役の水族館として最長の八〇年を越えつつある。

京都大学の瀬戸臨海実験所開設の二年後、大正十三年（一九二四）に青森県浅虫に東北大学理学部附属浅虫臨海実験所がつくられた。もっとも、浅虫の臨海実験所には、最初からりっぱな水族館（浅虫水族館）が併設されていた。それで、水族館の歴史では、浅虫が瀬戸よりも先に置かれることになる。

浅虫水族館は、わが国ではじめての本格的な大学臨海実験所水族館であった。大学の水族館といえば首都圏に近い東京大学の油壺水族館のほうが有名である。しかし、東京大学の油壺水族館は昭和七年のオープンである。水族館の開設が浅虫よりもおそかっただけではなく、水槽の配置や館内の様子が、浅虫をモデルにしたのではないかと疑う人もあるくらい、浅虫のそれとよく似ていた。浅虫水族館こそ、「瀬戸よりも先」であるのはもちろん、そして「油壺よりも先」の、わが国で最初の本格的な大学臨海実験所水族館だった。

浅虫水族館については、初代所長の畑井新喜司と当時実験所勤務であった助教授小久保清治が連名で、京大白浜水族館の記載と同じ『日本海洋学業績集（英文）』第一号の別のページに、英文の紹介記事を書いている。こちらが、水族館を「アクアリウム・ハウス」としていることは先に書いた。臨海実験所の建設予算は二〇万円で、政府が一五万円、青森県が五万円を負担したと、報告は予算内容にまで及んでくわしい。

水族館の建坪は二三八平方メートル、事務室と水族室と博物館に三分され、水族室にはさまざまな大きさの水槽が二四個あり、淡水魚と海水魚が収容されて、一般観覧者のために見やすくデザインされていた。冷暖房設備はとくに設置されていないので、熱帯性の魚類と極周辺の海水魚は飼育していない。展示は十一月まで。直径二・四五メートル深さ一・三六メートルの大型脊椎動物用の池が一個、水槽室の一方の壁に沿って大型水槽一一個が置かれ、その最大が五・六六トン、他は二・六トン。もう一方の壁には三〇〇リットル程度の小水槽一二個が置かれ、無脊椎動物や小型魚類を飼育、屋外海浜には石積みの池が作られて潮の干満によって海水が入れ替わり、実験材料のストックと水族館の予備槽の両方の役割をしていた……と、京都大学のそれよりも、やや詳細な説明がある。

のちにわが国のプランクトン学を築いた小久保清治が大正十五年（一九二六）五月号と昭和二年（一九二七）九月号の『動物学雑誌』「雑録」に、創設当時の浅虫臨海実験所兼水族館の担当者として、「東北大

東京水産大学附属小湊実験場・小湊水族館
（千葉県，昭和７年）

学浅虫臨海実験所小記」を寄せ、それぞれに「水族館記事」と名づけた一項に水族館の管理、魚類ほかの採集飼育状況を熱心に報告しているのは興味深い。

新舞子水族館の出現

東北大学が浅虫に臨海実験所を設けて以来、昭和初年には毎年のように国立大学の附属臨海実験所が各地につくられた。水族館を併設した臨海実験所だけでも、天草（九州大学理学部、熊本県・昭和三年）、厚岸《あつけし》（北海道大学理学部、北海道・昭和六年）、小湊（農林省水産講習所、千葉県・昭和七年）、向島（広島文理科大学、広島県・昭和八年）、下田（東京文理科大学、静岡県・昭和八年）、新舞子（東京大学農学部、愛知県・昭和十一年）と、次々につづいた。ただし、天草臨海実験所の水族館だけは、実験所開設におくれて昭和十三年（一九三八）にオープンしている。このうちで今なお現役の水族館は、北海道大学の厚岸水族館ただ一館だけになった。

煉瓦タイルを張った円筒型二階建の小湊水族館と、あとに紹介する新舞子《しんまいこ》水族館を除いて、これら国立大学附属臨海実験所の水族館は、みな一様に京都大学の白浜水族館に似て、木造一階建で瓦葺き、方形の建物で、水族館の構造と規模はほとんど大同小異だった。いずれも当時は人里を離れた海浜に建てられ、新舞子水族館を除いて、海から直接汲み上げた透明清澄な海水を、研究室、実験室、および水族館に配水して放下する飼育水開放型の水族館であった。

その点、いや、それだけではなく、昭和十一年（一九三六）に愛知県新舞子にオープンした東京大学農学部の水産実験所の水族館は、それまでの国立大学臨海実験所のそれとはいろんな点で違っていた。

昭和十年の『博物館研究』第八巻第十二号は、三宅驥一「これからの水族館」という巻頭言ではじまっている。内容は、これから新設される新舞子水族館のパブリシティ、早くいえば広報ないしは宣伝である。いわく、

水族館の大小は水槽の多寡で計られるが、現在世界一の水族館は市俄古（シカゴ）にあるもので、百卅二個の水槽（他に熱帯魚の水槽六十五個）を有し、……その他どの点からも優れてゐる。これに次いでは紐育、桑港、布哇、倫敦、伯林のものなどが大きく、是等に比較すると、日本のはまだまだお話にならない。焼けぬ前の堺の水族館が廿五槽、浅虫のが十六個、三崎十二個に過ぎず、今春甲子園に出来た阪神水族館が卅七槽を有して、漸く世界一大水族館に近いと云ふ有様である。しかし、今度愛知県知多半島に出来る東京帝国大学附属の水族館は建設費十万円で十二月着工、明年四月完成の予定であるが、ここには水槽五十八個、淡水魚槽十二個を備へ、その他の設備でもこれは世界有数のものになると思ふ。

水族館の設備で最も重要なのは水の入れ換へ装置であるが、現在世界の大水族館が用ひてゐるのは循環式で……日本ではこの式さへ阪神が採用してゐるに過ぎぬ。

知多半島の新水族館には平田式換水装置を採用するが、……なほ此の水族館が世界一を誇るものは暗室の設置で、発光する動物（まつかさ魚、ほたる烏賊など）を見せるのであるが、平田式の換水法と

東京大学附属水産実験所・
新舞子水族館
(愛知県，昭和11年)

新舞子水族館の
案内パンフレット（の一部）

新舞子水族館平面図

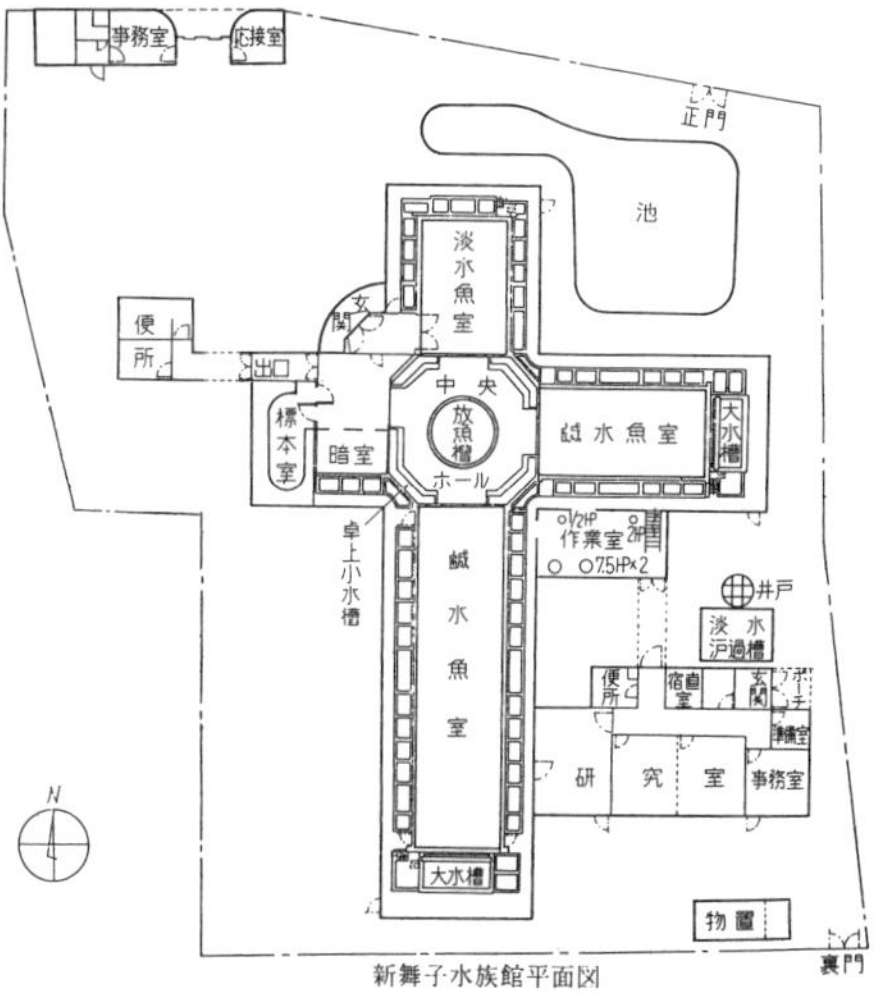

新舞子水族館の観覧ホール

昔から水族館の人気者だったマダコ

ともに劃期的な試みであり今後の水族館の帰趨を示す施設と思ふ。

三宅のこの文章からは、当時のわが国で、水族館といえば大学臨海実験所の附属水族館が中心的な存在であって、その他はほとんど問題にもされていない弱小の小規模館ばかりであったような印象を受ける。この頃の日本全国には、たとえば昭和十四年（一九三九）、四五館またはそれ以上の水族館があったと思われる。

しかし、東京大学の新舞子水族館には、それまでの大学附属の水族館とは違う新しさがあった。水族館の建設資金にしても、それまでの大学臨海実験所では、たとえば、先に書いた東北大学の浅虫のように、国が四分の三、県が四分の一を拠出し、とくに地元有志による実験所敷地の共同寄付という好意と幸運に支えられていたとはいっても、資金は基本的に官金であった。しかし、新舞子の臨海実験所は、名古屋鉄道株式会社の巨額の資金援助を受けてつくられたものであって、だからこそ、当時としては画期的に大規模な水族館の併設が可能になったのであった。

一方、新舞子の一年前、昭和十一年に阪神電気鉄道株式会社が兵庫県西宮市の浜甲子園につくった阪神（パーク）水族館は、新舞子水族館とならんで昭和初期の水族館の双璧であった。そして、水族館経営に電鉄資本が進出した最初と二番目の水族館であった。

新舞子水族館では、開館の当初、その収入で水産実験所の経費をまかなう計画があった。地元の人々も、東京大学の関係者も「水産実験所」とは呼ばず、新舞子水族館と呼んでいた。新舞子水族館は、第二次世界大戦中も軍に接収されず、当時の雨宮育作所長の機転によって、「ウミホタルの軍事利用」などという戦争協力研究をつづけ受託したりして生き延びたが、戦後はすっかり元気をなくして、昭和四十五年（一九七〇）についに閉館に至った。三四年間の歴史であった。新舞子水族館閉館の直接の理由は、新舞子海水浴場がさびれて来館者がほとんど来なくなったためであった。

第二次世界大戦前までの日本の水族館史を概括すれば、明治二十三年に東京大学三崎臨海実験所ではじまった国立大学附属臨海実験所の水族館が、いわば、縦一列に順序を追ってつくられてきて、ひとまず新舞子水族館に行き着いた……、これに対して、明治十八年の浅草水族館からはじまった民間の水族館は、いわば、恣意的に自由につくられ、無秩序無原則に数を増して、阪神(パーク)水族館に行き着いた……と見ることができるかもしれない。

浅虫シンポジウムと平井越郎

第二次世界大戦前、先の三宅が書いた「これからの水族館」にも窺えるように、戦前の水族館界は大学臨海実験所の水族館にリードされてきた。さらにさかのぼって明治時代の黎明期から、民間の水族館は「営利目的」というだけの理由で、しばしば、大学関係の有識者から白い眼を向けられてきた。明治三十六年(一九〇三)発行の『堺水族館図解』に、「(いくつかの民間水族館が)興行的のものにして学問的のものにあらず」と一蹴されているのが、その代表的な意見だった。

しかし、それでは、どのような水族館が大学臨海実験所の水族館として理想的であったのか。じつは、この質問に対する答えは明確ではない。戦前の大学附属臨海実験所の水族館が、指導的な立場で積極的に「水族館活動」を行なった実績も、ほとんどない。大学の水族館は、研究機関でもなければ、社会教育機関でもなかった。大学人のいう「学問的な水族館」とは、どのような水族館だったのであろうか。

戦前の東京大学の油壺と新舞子、二つの臨海実験所が大学の研究と教育に大きな役割を果たし、すぐれた研究者、学者を輩出して歴史的成果を残してきたことは、今さらいうまでもない。しかし、それぞれの附属施設であった油壺と新舞子の水族館は、残念ながら水族館としては何の活動実績も残していない。

大学臨海実験所の附属水族館が、それぞれの建設当時、りっぱな施設を擁して大勢の来館者を迎え、海の生きものへの親近感を育て、知識の啓蒙に役立ったことは確かであり、後進の水族館のモデルとも目標ともなったことは否めない。しかし、この二つの水族館は、日本博物館協会にも、日本動物園水族館協会にも加入せず、水族館の飼育技術論や水族館としてのあるべき姿についての指導はもとより、そうした議論にも加わらなかった。機関として水族館を構成する活動組織も持たなかった。

結局、大学臨海実験所の水族館は、ただそこにあるだけで「海ノ生物学ノ知識ヲ分ケ与フル」意義があると長く信じられてきたのだろう。その意識は水族館黎明期の飯島魁以来の個人的奮闘による「水族館建設指導」に止まって、そこから、進歩もせずに長く月日を重ねてきたようであった。

それが、昭和三十年代になってようやく、大学臨海実験所水族館を管理運営するスタッフが、みずから、水族館活動に加わり、その発展に寄与した水族館が現われた。東北大学の浅虫水族館や、京都大学の白浜水族館が、その少数例であった。ここでは、浅虫水族館の活動について紹介する。

昭和三十一年（一九五六）一月から東北大学浅虫臨海実験所長（兼水族館長）に平井越郎が就任した。平井はホヤ類など無脊椎動物の発生学が専門であったが、この頃までの大学人には珍しく、臨海実験所附属水族館の社会教育的活動に積極的であった。たとえば、自身をふくむ臨海実験所研究スタッフの専門知識を生かし、顕微鏡とテレビカメラを組み合わせた装置を工夫して、陸奥湾の微小な無脊椎動物を水族館で拡大して見せて説明するマイクロアクアリウムを企画し、実現させた。平井はわが国におけるマイクロアクアリウムの創始者であった。昭和五年（一九三〇）に小泉丹が欧米の水族館を紹介して「やがては顕微鏡的の生物をも見せるやうな施設に進んでくるであらう」（『岩波講座生物学・動物園』）と予想したそれが、わが国でもついに実現したのだった。

平井は、ただ水族館の展示手法の開発、改良に熱心だっただけではなく、社会教育機関としての水族館の価値を認め、「水族館学」の向上普及を熱心に唱えた。平井の著書『青森県海の生物誌』(昭和四十年・一九六五)に、次のような主張がある。

なんのために水族館があるのか、これは博物館である。その目的は水棲生物に関する自然科学を公衆に普及するにある。一般公衆には自然科学者も含まれるが大部分は学者でない、いわばしろうとである。しかも文字通り老若男女……水族館はきわめて広い範囲の人を相手として自然科学を説くきわめて重要な、かつむつかしい学問を背負っていると考える。しかもこれを実行するのは学者の一つの使命ではないかと考える。……だから私は水族館を単なるショーではなく水族館学として重視している。

平井はわが国で最初に「水族館学」を提唱した、少なくともその一人だったと思われる。

現在世界の注目を引いているのは「浅虫シンポジウム」である。……このシンポジウムは実験所に泊まり込んでお互いに研究に関して語り明かすのである。……この企画もついに国際的なシンポジウムとなった。筆者はこれの分野の中の生物学のほかに水族館学をも取り入れた。発展途上にあるわが国水族館の発展のための基礎を作るためである。

浅虫水族館はどのように運営されていたのか。

当館は昭和二十五年から昭和三十八年まで財団法人によって運営されていたが昭和三十九年から直営すなわち国営となった。現在は十七人の定員と数人の臨時職員によって臨海実験所と水族館の両方が運営されているのだが……問題は博物館としての水族館のあり方である。

平井はまた、昭和三十八年五月に昭和天皇が浅虫を訪問された当時の東北大学長黒川利雄の奏上文を引用し、「現在の注目すべき業績の一つとして」昭和三十三年に第一回を開催して今年（昭和三十八年）に第六回を迎えた浅虫シンポジウムについての紹介のあとで、「当初研究職員の……研究課題は……所長教授平井越郎『海産無脊椎動物の生活史の研究並びに水族館学の研究』……に加えて附属水族館におきまして学芸員伊藤健雄が『水族館に於ける中間生物及び小生物の展示の研究』を行っております」というご説明もあったと書いている。

臨海実験所の所長が附属水族館の館長を兼ねる例は珍しくないが、みずからの専攻を「水族館学」と明確に位置づけたのは、おそらく、わが国では平井が最初であろう。そして、臨海実験所に水族館学（の講座?）があり、大学附属水族館に配置された学芸員の水族館学の研究が公認されたのも、わが国ではこれが最初ではなかったであろうか。

昭和三十七年（一九六二）の「浅虫シンポジウム」では、平井の尽力によって水族館学の研究発表が集中的に行なわれた。平井・伊藤のマイクロアクアリウムに関する研究のほか、京都大学白浜臨海実験所の時岡隆が「水族館維持の諸問題」、同じく荒賀忠一が「オシャナリウムでの魚類飼育」を発表したりして、大いに盛り上がった。大学水族館の指導力復権を期待させる一時期であった。平井の功績については、またあとで再び書く。

動物園水族館はどうなったか

日本の動物園水族館

日本の水族館が明治十五年の上野の観魚室（うをのぞき）からはじまったこと、それはフランスのジャルダン・デ・プランツにならった、自然史博物館には動物園が、そして水族館がついているべきものだという輸入思想の具体化であったことは、この本の前の方で説明した。

十九世紀後半の欧米諸国では、はじまったばかりの水族館が、自然史（ナチュラル・ヒストリー、自然の成り立ち）の理解に新しい手がかりを与える施設として、社会に「自然」に受け入れられたのであろう。そのために、自然史博物館や海洋研究所とならんで、動物園内にも水族館がつくられ、とくに著明な動物園にはしっかりした水族館がつくられていった。

昭和の初めごろ、欧米の動物園と水族館を見て歩いた小泉丹は、当時の欧米の動物園・水族館事情を昭和五年の『岩波講座生物学』（前出）に、たとえば次のように書いている。

「動物園ではその施設の一部として本式の水族館をも経営することが近年の傾向であって……」「大きい動物園では動物学的に蒐集の豊富であることを一つの目標とし……水棲動物は「うをのぞき」式の簡単な様式で、美しい魚や「さんせうぅお」などが飼はれてゐたものが本式のアクアリウムになり、其がますます完備されて……やがては顕微鏡的な生物も見せるやうな施設に進んでくることであらう」と、その感想をまとめている。

また、こうも書いている。「動物園でアクアリウム、テラリウムを建設することに先登《(ママ)》したのは伯林の動物園であった。この園では一九一三年に堂々たるものを造営した。其の名はアクアリウムであるが、その三層造りの建物にはテラリウムもインセクタリウムもあり、熱帯植物の茂った頗る壮大な鰐魚池もあった」「ロンドンの動物園は……大戦後数年の間に施設の方面でも大発展して、世界一と自称するアクアリウムを建て上げ……」と。

伯林はもちろんベルリン、大戦とは第一次世界大戦のことである。小泉はこの調子で、欧米各国の著名な動物園にほとんど水族館が付随されるのが当時の風潮であること、それら動物園・水族館の在り方や規模内容に大いに感心している。海の生きものも「動物」なのだから、「動物園」に水族館があるのは当然…であったと改めて気づかされる。

もっとも、小泉の予言した「顕微鏡的な生物も見せる施設」は、わが国でも、そのざっと三十年後、最初は浅虫水族館の「マイクロアクアリウム」となって出現し、その後全国的に普及して今日ではむしろ珍しくなくなってきた。また、「動物園の付属の本格的水族館」は、さらに遅れて、ようやく昭和三十九年（一九六四）に上野動物園にできた。すぐあとで説明する。

大学の臨海実験所の附属水族館については、前章に説明したように、国の研究体制の相違もあって、ナポリ、プリマス、ウッズホール、あるいはスクリップスのような、独立の水産・海洋研究所に水族館が付設された例は一つもない。自然史博物館の付属水族館も、残念ながらわが国には一つもなかった。そもそも本格的な「自然史」博物館といえる博物館が、わが国にできたのは第二次世界大戦後であった。もっとも、ここで自然史博物館の歴史には踏み込まない。

話をもとに戻して、日本の水族館の歴史が、動物園の付属水族館からスタートしたことはこの本の最初に書いたが、その後の日本では、動物園と水族館と、それぞれのあり方が欧米のそれとはだいぶ違ったも

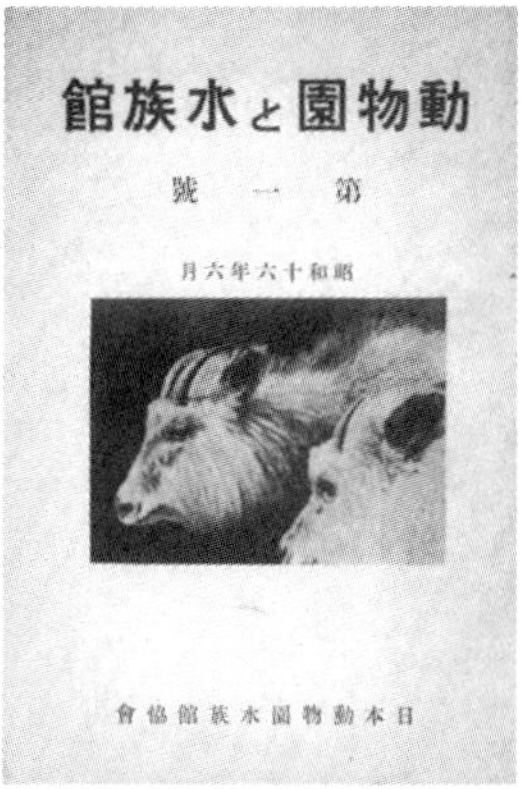

日本動物園水族館協会の
機関誌『動物園と水族館』
創刊号（昭和16年）

石川千代松．黎明期
の水産学者であり，
かつ上野動物園水族
館の（実質的な）
初代館長であった

観魚室に代わってつ
くられた（第二代）
上野動物園水族館
（昭和４年）

不忍池畔の（第三代）上野動物園
海水水族館（昭和27年）

のになってしまった。それはつまり、社会の動物園というものの受け入れ方が欧米のそれとは違っていたからで、欧米にならおうとしてもならえなかった、あるいは、そのような発想が起きなかったからであろう。社会の文化的投資力が貧しかったからでもあろう。

ここでは、上野の「観魚室」ではじまったわが国の動物園水族館が、その後、昭和に入ってどうなったのか振り返ってみよう。

前にも書いたように、昭和十五年（一九四〇）六月、当時の動物園と水族館が日本動物園水族館協会を結成した。正確にはその前年の十四年五月に結成された日本動物園協会が名称を改めたもので、参加園館は総数一九園館、うち独立組織として参加した水族館は、堺市立（大阪）、中之島（静岡）、阪神（パーク）（兵庫）の三館であった。

一方、この当時、水族館を併設していた動物園は、上野、名古屋（愛知）、大阪（大阪）、宝塚（兵庫）、栗林（香川）、到津（福岡）の六館で、阪神（パーク）水族館を動物園の付属水族館とすれば七園である。リストにはないが、井の頭公園にも昭和十一年（一九三六）にできた水族館があった。いずれも小規模な水族館であった。京都紀念動物園にも明治四十一、二年ごろ、上野の観魚室をモデルにしたと思われる小水族館がつくられていたが、昭和初年には閉鎖されていたのであろうか、その記載がない。ともかく、結成されたばかりの日本動物園水族館協会加盟の半数弱の動物園に水族館が併設されていたことになる。

戦後も昭和二、三十年代には、動物園に水族館を併設するのが流行のようになった時期があった。札幌円山（北海道）、桐生ケ岡（群馬）、多摩（東京）、浜松（静岡）、みさき公園（大阪）、鴨池（鹿児島）など、みなその頃につくられ、多くは小規模で短命な水族館であった。動物園の付属水族館が長くつづいた例はごく珍しい。明治期に他の動物園に先んじて上野にならって淡水の水族室を設けた京都市（紀念）動物園

京都市紀念動物園・初期の水族室につづく海水水族館（昭和28年）

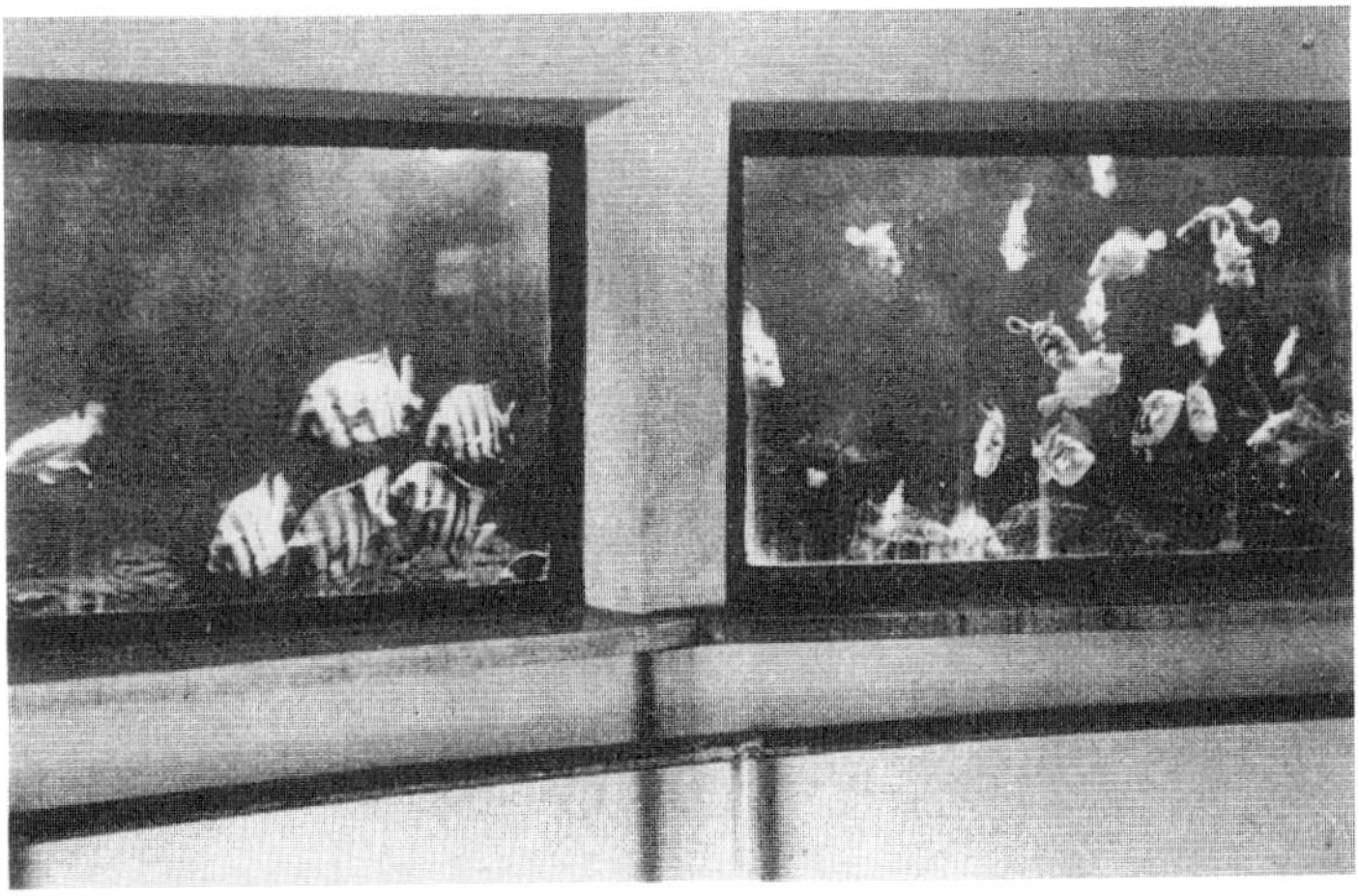

京都市紀念動物園・海水水族館の魚たち

も水族室を閉鎖したあと、昭和二十八年（一九五三）に海水水族館をつくった。しかし、これも小規模館で一五年後の昭和四十三年に廃止されている。現在淡水水族館（「世界のメダカ館」）のある名古屋の東山動物園も、海水水族館もふくめて比較的短期間のインターバルで、何度か小水族館の建設と閉館を繰り返している。みさき公園自然動物園のような大きな水族館は珍しかった（二三一ページ参照）。

この中で、上野動物園は、やや、途切れがちながらも開園以来水族館を併設しつづけ、しかも次第に面目を改めてきた。上野動物園水族館は、平成元年（一九八九）十月に別の独立施設として葛西臨海公園水族園を開園したところで、動物園水族館としての歴史を終わるが、ここではわが国の動物園水族館の代表として、上野動物園水族館の歴史の概略を紹介しておきたい。

まず、水族館史の黎明期の水族館が「〇〇水族館」と固有名詞を名乗らず、ただ「水族館」と称していたように、上野の動物園の正式名称も、最初はただ「動物園」であって、「上野動物園」は通称だった。

上野の「動物園」が「上野動物園」と名乗るようになったのは、明治三十五年から四十年ごろ、宮内庁管轄の帝室博物館時代だったという。それは、明治三十六年にわが国二番目の京都市紀念動物園が開園した影響もあって、通称をそのまま正式名称にしたのではないかといわれている。ともかく、農商務省博物局博物館天産部の所属として、博物館の一部として発足した「動物園」は、その後宮内庁の所管となり、さらに、昭和天皇のご成婚紀念行事の一環として、大正十三年（一九二四）二月に、東京市に払い下げられた。同時に、正式の名称も上野恩賜公園動物園と変わった。明治十五年（一八八二）の開園から四十二年後である。

これはただ、施設の管理主体が国から市に移っただけではなく、まもなく、昭和に入って上野動物園に起こった、大きな変革の最初のきっかけになったのは確かである。もっとも、初代天産部長の石川千代松が上層部と対立して明治四十一年（一九〇八）に辞任（後述）したのち、後任の天産部長は長らく発令されず、石川に代わる学識経験者を動物園の幹部に迎えることもなかった。のちに正式な初代園長になる古賀忠道が上野動物園に入ったのは、ようやく昭和三年（一九二八）であった。この間、当然、動物園の社会的ステータスは低下し、博物館的な雰囲気も薄らいでいたことであろう。上野動物園、ひいては日本の動物園の遊園地化傾向は、宮内庁時代の上野動物園にはじまったともいわれている。

大正十三年（一九二四）に東京市に払い下げられた上野動物園の直接の管理は、東京市公園課となった。自然（史）博物館の一部として発足したはずの動物園が、「動物のいる遊園地」と一般市民に見られるようになった原因の一半は、このあたりにもあったはずである。今思えば、せめて、国から東京市に動物園が払い下げられたとき、公園管理の部署にではなく、教育関係部署の管轄下に入れてほしかった。

動物園の管理責任者となったのは公園課長井下清であった。井下は、動物園の管理行政についての海外研修のために、大正十四年七月に欧米出張を命ぜられ、アメリカに三か月、ヨーロッパには六か月以上滞留して、先進関連施設を熱心に視察して回り、翌年六月に帰国すると上野動物園の改造計画に着手した。

井下はまず、動物園の入園料金を大幅に値上げして、これを財源として動物園を大改造して近代化し、さらに観客増をはかろうとした。井下の指揮する動物園改造計画は、昭和二年（一九二七）ごろから着手された。動物園の施設改造のために財源を入場料の値上げに求める発想はともかく、改良（改造）といえば、拡張であった。拡張すれば施設の運営にさらに費用がかかるのに、ランニングコストにかける予算は少なくなりがちで、当然、施設はりっぱでもそれを運用してゆく能力が追いついてゆかなくなりやすい。

動物園が動物をただ飼って見せるだけの施設になり、それを管理してゆくだけでせいいっぱいになってゆく、その傾向にも改まるきっかけが得られなかった。

管理部局と学者園長の確執

しかし、明治時代にはまだ、上野動物園は博物館的な立場を継承していたと思われる。だからこそ、開園後まもない明治二十二年（一八八九）に、当時東京大学助教授であった石川千代松を博物館学芸委員天産部勤務として迎え、事実上の動物園長としての活動を期待したのであった。

石川千代松は、明治十六年（一八八三）東京大学理科大学の出身で、箕作佳吉の薫陶を受け、かつ、エドワード・S・モースの弟子でもあった。東京大学では、飯島魁の一年後輩にあたり、三崎臨海実験所出身であった。黎明期水産動物学の研究者として、また指導者として、多数の研究業績があり、その活動ぶりはとうに有名であった。その出自、経歴からは、むしろ動物園よりは水族館に近い立場にあったはずで、事実のちに（第二代の）江ノ島水族館の新設計画を熱心に支援している。石川の就任当時、上野動物園には観魚室とは別にオオサンショウウオの飼育池が特別に設けられていたが、「オオサンショウウオ」こそ、石川の研究対象の一つだった。

石川は日本に次々と初渡来する外来動物の輸入にあたって、その交渉をほとんど一手に引き受けて活躍したが、明治四十一年（一九〇八）五月に輸入動物（キリン）の手続き上のことで事務当局と対立し、それが直接の原因となって上野動物園を去った。

大正十四年（一九二五）、すでに上野動物園を去って十七年後、石川はこう書いている。

ここに一つ遺憾なことは、本邦に博物館と動物園のないことで、その名の付いたものはあっても、それはほんの名ばかりで、欧米にあるものと比べると、実に子供騙しのやうなものである。

また、その二年後にも、「動物学の上から甚だ遺憾に思ふことは、本邦にまだ一つの動物園がなく、また一つの博物館がないことである」と。

手塩にかけた上野動物園と、その母体であるべき博物館を、石川は動物園とも博物館とも認めてはいなかったのであろうか。伝えられるところから想像をたくましくすれば、あるいは、予算措置や事務報告など、石川から見れば些細な事務手続きの齟齬ばかりを重大視する官僚組織にいや気がさしていたからこその発言だったのかもしれない。

上野につづいて明治三十六年（一九〇三）につくられた、京都市紀念動物園でも、似たような事情があった。昭和九年（一九三四）、京都市長に請われて、川村多実二がこの動物園の園長になった。川村は明治四十二年（一九〇九）の東京大学理科大学の卒業生で、谷津直秀の薫陶を受けた。河川昆虫の生態を専門とする水生生物学者の川村が現役の京都大学教授でありながら動物園長を兼務することになったのは、京都動物園の抜本的改革を期待されたからだったが、惜しいことに川村の園長在任は、たった一年二か月の短期間で終わってしまった。彼を迎えた市長が議会と衝突して辞任し、川村もまた、事務当局との意見の相違をきっかけに園長を辞したからである。

川村は早くから動物園のあり方と機能に興味をもち、「動物園は正しくは動物学園と呼ばれるべきであった」というのが持論だった。とうに動物園長を退任したのちの戦後の昭和二十五年（一九五〇）になっても、日本の動物園が一向に進歩しないのは、邦人の動物園の職能や教育効果に対する昔からの無理解にもとづくものであり、その誤解の一端は動物園という訳語にあるのではないかといいつづけた。

川村はのちに、京都大学理学部附属大津臨湖実験所長にもなった。日本の淡水生物学を築いた学識でも有名である。そのような大先輩に言葉を返すようだが、わたしは「動物園」が「動物学園」と和訳されなかったことよりも、上野動物園が国から東京市に「恩賜」されたときに、教育関係の部署の管理下におかれなかったことが残念でならない。当時すでに、京都、大阪、名古屋などの市立動物園が公園として扱われていたからであろうか、当時はだれにも、動物園教育という認識がなかったにしても、日本の動物園がのちのちまで行楽施設としか認められずにきた、その認識を改める機会をまた失ったのであった。

そしてもし、石川千代松、川村多実二と二人の海洋・淡水の水生生物学者が、上野と京都それぞれの動物園で手腕をふるいつづけていたならば、あるいは、動物園水族館も次第に充実して、その後の日本の水族館の発展をリードし、現実の経過とはちがった形の水族館の歴史が編めたかもしれない。

日本動物園水族館協会の発足

昭和三年(一九二八)、東京大学農学部農獣医学科を卒業した古賀忠道が上野動物園に就職した。古賀はいうまでもなく、やがて上野動物園長となって、昭和三十七年(一九六二)に例外的に定年を延長されて退職するまで、三四年余を上野動物園で過ごした。実質的な園長在任期間は三〇年に及んで、上野動物園の発展に尽力しただけでなく、温厚な人柄と指導力が人望を集めて、上野動物園を頂点とする日本の動物園界を代表し、日本動物園水族館協会の組織化を推進する大きな存在となった。

昭和二十六年の博物館法制定にあたって、現実の公立動物園が教育委員会に所属していないこと、維持経費の多額なことなどから、博物館法の適用除外などをいう異論が出たとき、古賀はこれを抑えて動物園にも博物館としての教育・調査・研究機能の充実が必要なことを説いた。

さて、東京市公園課長の井下清は、昭和二年(一九二七)から、いよいよ、かねて計画中の動物園の大改造にとりかかった。上野動物園開園五〇周年を迎える昭和六年(一九三一)に先立って昭和四年(一九二九)、カバ舎の大改造が行なわれた。このとき、観魚室(うをのぞき)がとりこわされ、代わってカバ舎の西側、爬虫類室とのあいだに小さな水族室が新設された。水族室の屋上は高台への道路と階段になっていた。それはちょうど改造前のロンドン動物園の水族館がマッピン・テラスの下に設けられていたこと、逆にいえば水族館の屋上がマッピン・テラスになっていたことを連想させる。

この水族室は淡水専用の簡単な小施設で、淡水魚とオオサンショウウオが飼育されていた。昭和十年（一九三五）の飼育水族はオオサンショウウオ六ぴきのほか、ヒゴイ、ドイツゴイ、キンギョ（デメキン）、ナマズ、ムーンフィッシュ、ソードテール、グッピー、カムルチー、クローキング・グーラミ、トウギョ、マウスブリーダー、エンゼルフィッシュなど淡水熱帯魚をふくむ合計一三三びきと、カワリゴイ五〇貫（約二〇〇キロ）などであった。日本動物園水族館協会の機関誌として創刊された『動物園と水族館』第一号に折り込まれた飼育動物リストの上野動物園の項には、ワキン、リュウキン、ランチュウ、シュブンキンなど、金魚の品種も記入されている一方、熱帯淡水魚の名がない。

この第二代の水族室は小さな水族館であった。上野動物園に水族館と呼ばれる施設が継承されたことだけでも喜ぶべきことだったかもしれないが、観魚室（うをのぞき）のところでも述べたように、こういう小さな水族館を見る人は、ただ水族館という施設を覗いてみるだけで、そこに人の感動を誘うキャラクターもいず、呼び掛けもしないのでは、当然、話題にもなりにくい。この時期の上野動物園に「水族館」があることを知らなかった人もきっと多かったのではないだろうか。

しかし、この水族室は、その後、別の意味で水族館の発展の役に立つことになった。戦後まもなくの昭和二十七年（一九五二）新設予定の海水水族館の準備の一環として、循環濾過式による海水魚飼育実験のために使われることになったからである。そのため、水族室は、昭和二十四年（一九四九）に、新水族館の開館に先立って廃止された。昭和四年から二一年間と存続期間だけは長かったが、第二次世界大戦をはさんで、「上野の水族館」は開店休業の状態がむしろ多かった。

不忍池畔に海水水族館

新しく計画された海水水族館は、昭和二十四年（一九四九）に動物園の園域に編入された不忍池周辺の北半分に建てられることになった。この地域は水上動物園と愛称され、水圏生物を中心にという理由で水族館の新設が考えられたときも、ここが第一候補となった。具体的には上野動物園開園七十周年記念事業の一環として立案されたのであった。

しかし、海岸から離れた市街地の真ん中で海水水族館を管理維持することには不安があった。もちろん、浅草の二つの水族館や大阪難波の日本水族館など、市街地の真ん中に海水水族館が開かれた前例は、明治時代からあったが、それらはほとんど経験的な運営による、小規模な水族館だったり、あるいは比較的短期間の運営を前提とした、いわば投資事業の側面があった。そして、それら以外の従来の多くの水族館は海浜に建てられて、たとえ循環濾過方式で管理されてはいても、いよいよあやうくなったときは、新鮮な海水を導入できる立地にあった。

上野には、そのような逃げ道がない。しかも、公立の施設である。近くに海がない都会の真ん中で海水水族館を運営することが「冒険」や投機ではない、長く安心してつづけてゆかれる水族館をつくろうとした。同じ循環濾過式海水水族館といっても、明治の和田岬と昭和の上野とは、そこが違っていた。

上野動物園では、海水水族館を合理的に安定して運営するために、予め、循環濾過システムに明確な根拠がほしい、実際的な設計基準を設定しておくことが必要だという意見があった。そこで、水族館専任職員の養成を兼ねて、カバ舎のとなりの水族室を新しい水族館の飼育海水循環濾過装置の試験施設にあてることになった。

水族室内に設けられた飼育試験施設は非公開で、水槽二個と、コンクリートのヒューム管を立てて並べた濾過槽と貯水槽をつないだ、小規模で簡単なものであったが、目指すところは完全密閉式の循環装置であった。実験は昭和二十四年の秋から始まり、昭和二十五年（一九五〇）には東京大学を卒業した久田迪夫が着任して、専任スタッフとして実験にあたった。当時はまだ電力事情が不安定で、循環装置の適否以前に、加温装置などの付帯設備の故障や停電などによる事故も多かった。実験期間は昭和二十七年四月の海水水族館開館までつづけられた。

ところで新設予定の海水水族館は、最初の公募による設計が中止となり、次に丹下健三東京大学助教授に依頼した設計も都合で取り止めになるなどの迂余曲折があって、結局、不忍池の園域に隣接した産業会館を買収して、これを水族館に利用することになった。動物園に隣接する都有地を借地して産業会館が建てられていたのが、失火によって建物の南西部分が焼失し、焼け残ったその建物を水族館に使用することになったのであった。

この産業会館（産業館）は、もともとは明治四十年（一九〇七）の東京勧業博覧会で建てられた参考館の跡地にあった建物で、大正三年（一九一四）の東京大正博覧会、大正十一年（一九二二）の平和記念東京博覧会、また、昭和三年（一九二八）の大礼記念国産振興博覧会と、この周辺が、博覧会の第二会場に当てられてきた。それらの博覧会では、会場に仮設の水族館が設けられた場合もあった。

さて、一部を焼失した産業会館を利用してつくられた新しい海水水族館は、全体に細長い形のワンホールで、その一辺中央を出入口として、他の三方の壁面にコの字形に水槽が並べてあった。

入口から見て正面奥は淡水熱帯魚の小置水槽が二段に（上段に一二個、下段に八個）並び、出入口から見て左右の壁面には、海水魚を入れた作りつけの大小のコンクリート壁水槽が（左側に八個、右側に七個）並んでいた。左右が別々の海水循環になっていて、それぞれ三馬力の循環ポンプで、貯水槽→高架槽→展示飼育槽→濾過槽→貯水槽と海水を循環させていた。水温の下がる冬期には高架槽と展示槽のあいだに都市ガスを使う加温装置を経由させていた。冷却装置はなかった。飼育海水は、東海汽船（株）と契約して伊豆大島航路の定期船の運搬した海水を買って当てた。水族館の総水量は最大約一七〇トン、水族館の建坪は八三六平方メートルであった。

この海水水族館が閉鎖循環系であったために生じたさまざまなアクシデントは、枚挙にいとまがなかったが、それらを苦労しながらしのいできた実績は、後進の水族館にとって大きな教訓となった。飼育海水の水質管理については東京大学農学部の佐伯有恒助教授の指導を受け、佐伯はこの海水水族館での水質研究をさらに発展させて、研究を進めた。佐伯の研究は昭和三十三年（一九五八）に、まず「Balanced aquarium における窒素循かん《ママ》と魚の適正飼育密度について」、「魚介類の循環濾過式飼育法の研究基礎理論と装置設計基準」などを発表して、この方面の研究と議論に先鞭をつけ、水族館の循環濾過飼育だけでなく、当時さかんになりつつあった栽培漁業の分野にも大きな貢献をなした。

上野の海水水族館が、開館にあたってハードとソフトの両面にわたって試行錯誤を繰り返しつつ苦心した経過の一端は『上野動物園百年史』にも窺われる。しかも、海水水族館は開館後も、毎年のように設備改善と増設につとめてきた。すなわち、昭和三十年（一九五五）にウミガメプールを新設、昭和三十一年（一九五六）に展示水槽五個を増設、昭和三十二年（一九五七）に淡水熱帯魚水槽を改良。昭和三十三年（一九五八）には、それまで海水系統だけであった循環濾過方式が全水槽に用いられることになった。昭和三十五年（一九六〇）には、それまでコンクリートにモルタル塗りの壁が剝き出しで殺風景だった水槽内壁に工夫をこらした装飾が施された。

この海水水族館の飼育水族はほとんど魚類ばかりで、無脊椎動物は数種しか飼育していなかった。いや、飼育できなかった。水族館全体の規模が小さく水槽の数が少なく、冷房設備がなかったから、魚類でさえも飼える種類が限られていた。年間の展示水族の種数は百種を超えない水族館であった。しかし、海から離れた大都会の動物園で、実験実証にもとづいて合理的な循環濾過装置を取り入れた恒常的な海水水族館を開いたという点で、今は忘れられがちであるが、日本の水族館史上大きな意義のある、先駆的な水族館であった。

日本初の両生・爬虫類水族館が誕生

昭和三十九年（一九六四）十月、上野動物園には、さらに新しい、しかも、それまでにない大規模な水族館が産業館あとの海水水族館に替わってオープンした。この水族館は、もともと、昭和三十七年（一九六二）の上野動物園八〇周年記念行事の目玉として計画されたもので、同年の記念催物として、まず「水族爬虫類展」を開催して新施設の紹介を行ない、一方で、二年後の完成を予定して建設工事をスタートさせた。

新しい水族館の基本的な構想は、規模内容の飛躍的拡張と、魚類ほかの水生生物から水生陸生の爬虫類まで、いわゆる脊椎動物下位群を網羅した飼育展示をめざそうとしたところにあった。その計画は、昭和三十五年（一九六〇）にはじまっていた。

この本の最初のところでも書いたように、十九世紀半ばの欧米ではじまったアクアリウムは、初期にはヴィヴァリウムととなえたり、アクア・ヴィヴァリウムとも呼んで、むしろ水陸両方の生物を分けずに飼育するものだった。わたしが一九七〇年に見て歩いたヨーロッパの水族館には、まだ、ハーゲンベック動物園のトロパリウム、フランクフルト動物園のエクゾタリウム、ジャルダン・デ・プランツの爬虫類館、ローマの水族爬虫類館……と、主だった動物園は、水族と爬虫類をまとめて展示していた。ベルリン、ライプツィヒ、ほかの動物園もそうであった。

動物園が、できるだけ多くの動物種を収集・飼育・展示して、豊富な種コレクションを公開して、動物界の多様さを理解してもらおうとするのならば、水族館を動物園に付属させることはもちろんたいせつなことだが、それなら、水族以外にも、両生類や爬虫類などの下位脊椎動物群とか陸生無脊椎動物のコレクションが欠けているのはおかしい。それまでの日本の動物園が哺乳類や鳥類ばかりだったのはなおおかしい。その点、上野に新しくできた水族館が水族・爬虫類館だったのは、画期的なことだった。

昭和三十九年（一九六四）、上野に新設された水族爬虫類館は、四階建の立派なビルディングであった。当初計画は三階建であったが、一階分の建設予算が不足したために、とりあえず一部仮設のままで開館することになった。未完成の部分は、ほぼ年々整備工事を追加して、全部が完成したのは、その一〇年後であった。

完成状態の概要でいえば、新しい水族爬虫類館の建坪は一〇三〇平方メートル、一階は入口ホールと大水槽が約三分の一を占め、残り三分の二は濾過槽室、機械室、ボイラー室、冷凍機室などであった。なお、入口ホールと大水槽の地下は、貯水槽になっていた。玄関正面には高さ二メートル、幅一八メートル、奥行五メートル、前面総アクリルガラスの大型水槽を置き、大型魚類やウミガメ類を収容した。二階からはこの水槽を水面から俯瞰して見られるようになっていた。大型アクリルガラスを水族館水槽に使ったはじめての例だった。のちに水族館水槽の超大型化がアクリルガラスの採用によって可能になった、そのきっかけがここにあった。もっとも、開館当初はこの大水槽にはガラスを支える太い支柱が三本立ち、やや目障りであったが、やがて、この支柱が腐食して大量の鉄イオンが溶出した事故が起こったのがきっかけに

上野動物園水族爬虫類館ホール

日本初の爬虫類の展示にも力を入れた上野動物園水族爬虫類館（第４代上野動物園水族館）（東京上野，昭和39年）

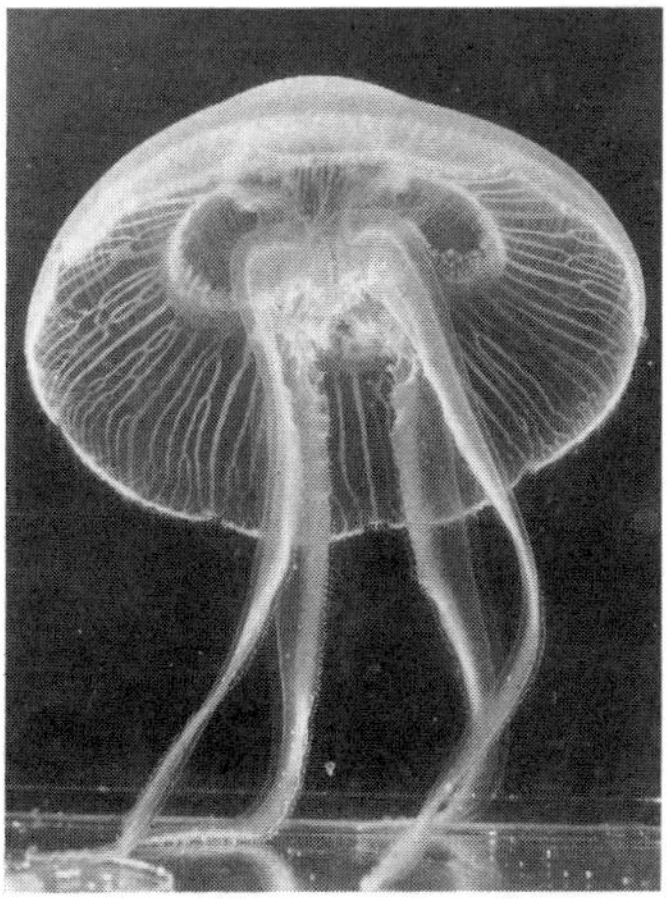

上野動物園水族爬虫類館ではじめて成功した全生活史飼育によるミズクラゲ展示（安部義孝氏提供）

なって、昭和四十二年（一九六七）と同五十一年（一九七六）に大改装が行なわれ、わが国ではじめてのアクリル総ガラス大型水槽が実現したのだった。

二階は金魚の展示室で、豪華な陶製の置水槽一〇個に日本産、中国産の金魚、とくに銘魚といわれるような品種に力を入れた。休憩室と催し物の展示ホールほかの来館者サービスエリアもあった。

三階はこの水族館のメイン・ホールで、①熱帯・温帯・冷水性淡水水族（コンクリート水槽一〇個、アクリル置水槽二〇個）、②のちに水族館で繁殖させたミズクラゲ展示に発展する動植物プランクトンを見せるマイクロアクアリウム（水槽四個）、③発光魚（水槽一個）、④生きている海産動物を使った「動物の系統」展示（水槽二二個）、⑤熱帯・近海・冷水性海水水族（水槽三三個）、⑥発電魚（水槽一個）、⑦海亀プール（二個）と、一〇一八平方メートルのフロアいっぱいに、当時考えられる可能な限りのさまざまなコーナーを展開させていた。

四階が爬虫類館で、面積的には外光を取り入れるようにした屋内温室が三分の二、屋外庭園が三分の一で、小型爬虫類ケージが二〇個、毒蛇と中型爬虫類ケージが併せて一〇個、大型爬虫類ケージが三個、淡水生の亀類プールが一個というのがその内訳であった。

わが国の動物園の展示動物は、なぜか、明治十五年のスタート以来ずっと、ほとんどが哺乳類（獣類）と鳥類が中心であった。魚類や水生無脊椎動物などの水族の飼育については動物園は冷淡だったし、爬虫類や両生類および昆虫類など陸生の無脊椎動物も顧みられなかった。

「動物園」が輸入され、「動物」という用語が一般に定着したのも明治時代であったが、この「どうぶつ」という新しい日本語は、植物に対する動物という、（本来の）意味のほかにもう一つ、哺乳類（獣類）の意味に限定されて使われている場合が少なくない。幼児向きの絵本で「どうぶつ」といえば、多くが

「とり（鳥類）」や「さかな」に対する「動物園にいるような哺乳類（けもの）」だけを意味している。魚類・両生類・爬虫類、それから水陸の無脊椎動物は「動物」にはちがいなくても、「どうぶつ」ではなかったのかもしれない。上野動物園に出現した水族爬虫類館は、その点において、わが国の水族館史上、そして動物園史上においても、動物園の内容を飛躍的、網羅的に進める可能性を秘めた新施設であった。「動物」と「どうぶつ」については、この本の最後に、もう一度書こう。

動物園に水族館を併設すれば、当然、動物の種数、分類群数がふえることは当然である。しかし、それがそのまま、動物園の展示内容を自然界のバランスに近づけるとは思えない。動物園が「人気動物コレクション主義」を水族館に適用するなら、むしろ、かえって自然界のバランスからは遠いものになるだろう。水族館の動物収集機能は、動物園のそれとは基本的にちがうものである。哺乳類・鳥類中心の「どうぶつを見せる」意識の強い動物園と、「施設を見せる」意識の強い水族館と、一つの組織の中で、基本的な意識の相違をどう相互理解し調整してゆくかの工夫も必要だろう。

動物園水族館に限ったことではないが、水族館は開館と同時に完成して来館者を迎える。オープンのときに施設としては最高の状態である。それから経年的に劣化し、老朽化し、陳腐化してゆく。やむを得ないことであろうが、それを救う手段は二つ。すなわち、年々の更新増設によって、水族館施設（の少なくとも一部）を常にフレッシュな状態におくか、水族館の教育・研究・調査などの活動を活発につづけて機関としての成果を蓄積してゆくかであろう。動物園の水族館にも、ぜひそれを期待したい。

水族館飛躍への予感

話はやや戻るが、第二次世界大戦後のわが国の水族館は、昭和二十四年（一九四九）に、敦賀市営松原水族館（福井）、日和山天然水族館（兵庫）、三笠水族館（神奈川）、糸魚川水族館（新潟）と四つの水族館が戦後最初にオープンして以来、翌二十五年（一九五〇）にも三館、二十六年（一九五一）に五館、二十七年（一九五二）には六館、二十八年（一九五三）に一二館と、五年間に合計三〇の水族館がつくられて、なお新設水族館数は年々増加していった。

上野動物園に海水水族館がつくられた昭和二十七年（一九五二）は、このような時期であった。つまり、水族館の数は増えても、多くは小規模館で、内容も昭和初期から戦前までのそれとさして違わず、大きな変革のきざしはまだ見られなかった。このようなときに、海から遠く離れた大都市の真ん中で海水水族館の建設を計画し、しかも、それに先立って、飼育海水の閉鎖濾過循環装置について、科学的で明確な根拠を見いだそうとした上野動物園の姿勢は先駆的であった。

さらに上野動物園に水族爬虫類館の誕生した昭和三十九年（一九六四）には、よみうりランド海水水族館（神奈川）、大分生態水族館（マリーンパレス）、八瀬遊園海水水族館（京都）など、合計九つもの水族館がオープンしている。また、その前年（一九六三）に設計段階からわたしも参加してつくった金沢市卯辰《うたつ》山の金沢水族館（石川）を皮切りに、内陸部に海水水族館をつくる積極的な挑戦が始まっていた。また、水族館が遊園地の一部施設、あるいは目玉施設として建設される傾向もこのころから現われてきた。

この昭和三十九年（一九六四）にできた水族館のうちには、水族館の歴史に大きな変革をもたらした水族館があった。ドーナツ型大水槽を水族館の中心に置き、かつ、魚類（イシダイほか）を訓練して、玉ころがしや玉手箱を開けさせるショーを開発した、大分生態水族館（マリーンパレス）である。

終戦後、最初の水族館がつくられた昭和二十四年（一九四九）からこの昭和三十九年までの一六年間に日本各地に出現した水族館の数は合計一〇一館を超えた。一年平均六館強である。そのうち、昭和二十九

金沢水族館(石川県，昭和38年)．下は濾過槽(筆者設計)，簡素な小屋掛けの施設だったが35年間の使用に耐えた

山上に手づくりの水族館．金沢水族館の工事現場で（人物は筆者，昭和38年)

年（一九五四）の江ノ島水族館が出現するまでの六年間に新設された水族館は合計四二館で、年平均の新設館数は七館に達した。それでこの時期を戦後最初の水族館ブーム期という人もいる。

　ただ、昭和二十八年までの水族館の多くは小規模館であっただけでなく、水槽の配置や展示手法などの新工夫には、まだ見るべきものが少なかった。展示水族の種類も戦前のそれと大きく変わったところがなかった。

　それが、昭和二十九年（一九五四）に（第二代の）江ノ島水族館が出現してから風向きが変わった。従来派の小規模水族館に混じって、さまざまな新工夫を盛り込んだ新しい水族館が次々に現われた。水族館本体の建築設計にも新工夫があり、循環飼育設備、展示手法、展示水槽の大きさと形、展示のコンセプト……たとえば、昭和三十一年（一九五六）開館の市立下関水族館、同三十二年（一九五七）開館のみさき公園自然動物園水族館、神戸市立須磨水族館、鳥羽水族館、同三十四年（一九五九）の長崎水族館、広島県立宮島水族館など、それぞれに時の話題となった水族館が次々にオープンした。いわば、水族館の工夫競争、大型化競争、言葉は悪いが差別化競争が始まった時期だった。

この頃からすでに、水族館の大型化と水族館建設の流行に対する毀誉褒貶はさまざまであった。外見は立派でも中身が伴わないとか、施設は立派でも水族館としての活動には見るべきものがないとか……。しかし、そういう評価や反省が水族館内部で、あるいは担当技術者の全国・地域集会でオープンに議論されるようになったのは大きな進歩であった。飼育・設備担当の技術職員の意見や希望が新しい水族館の設計に反映され寄与するようになったのも、この時代からであった。

この時期、水族館の展示・設備の工夫には、ある方向性が見られた。まず、このころようやく海外の水族館情報や資料がもたらされるようになって、海外の先進水族館の展示手法や設備にならうことが流行した。戦後の日本の水族館史は、海外の先進水族館の「いいとこどり」からスタートしたといえる一面があった。第二に、それまでの水族館ができるだけたくさんの水槽を並べ、できるだけ多種類の水族を数多く収容して、その数量を比較してきた。その価値判断の基準が崩れはじめた。水槽の数と魚の種類が多いばかりがいいわけではないとする、昭和三十二年のみさき公園自然動物園水族館につくられた大型水槽や、昭和三十九年の大分生態水族館の回遊大型水槽などが現われた。

三番目に「多種多数」を誇る代わりに、見せ方の工夫がはじまった。特殊な生態をもつことで著名な水族を苦心して入手して、特殊な形態や生態を見せようとするところから、平凡な魚に隠された生態を引き出して見せようという、「種類より生態へ」の方向が模索され、これに対する従来の展示を「汽車窓式」と呼んで時代遅れのようにみなす向きもあった。

このような時期に、上野動物園がその流れに逆らうように敢然と汽車窓式大型水族館を建設したのを、動物園水族館の職能に沿った識見と、わたしは見たい。なおつけ加えていえば、今日、どこの水族館でも見られるようになったクラゲの展示は、技術的には東北大学浅虫水族館のマイクロアクアリウムまでさかのぼることになるが、肉眼で見られるサイズのクラゲを水族館に飼って生活史を完結させて、資料の安定供給を成功させ常設展示に成功したのは、上野動物園水族爬虫類館で開発したミズクラゲが最初だった。

この時期は、動物園に水族館の新設が相次いだ時期でもあった。上記のみさき公園自然動物園のほか、昭和三十三年（一九五八）に多摩（東京）、鴨池（鹿児島）、同三十五年（一九六〇）に浜松（静岡）、同三十八年（一九六三）に名古屋東山（愛知）などの動物園に水族館がつくられた。しかし上野や、みさき公園のそれを例外とすれば、一般に比較的小規模、ないし比較的簡略な施設であった。

このようにして動物園水族館として一時代を画した上野動物園の水族爬虫類館であったが、平成元年（一九八九）十月、上野動物園百周年を記念して、東京湾奥の臨海部、葛西臨海公園内に「東京都葛西臨海水族園」を新設開園させると同時に水族館としての機能を停止した。昭和三十九年（一九六四）十月にオープンしてから、正味二五年間の活動であった。

葛西臨海水族園が、規模、内容、設備の点で現在の世界一流の施設をもった大水族館の一つであることに疑いの余地はない。明治十五年（一八八二）の観魚室（うをのぞき）以来、途切れかけてはつづいてきた上野動物園の水族館が、ついにこのような飛躍的発展をとげたことは喜ばしい。しかし、上野から離れて独立した葛西臨海水族園は、動物園水族館ではなくなってしまった。

上野動物園には、曲がりなりにも、動物園に自然（史）博物館としての機能があり、その一部に水族館を置こうという姿勢があった。その水族館も、水族爬虫類館閉鎖で終わって、そのあと、現在のわが国には名古屋東山動物園の「世界のメダカ館」を超える正統派の動物園水族館が、ほとんど途絶えてしまった。

現在の東京都内には、昭和五十三年（一九七八）に開館したサンシャイン国際水族館をはじめとする大小三つの、動物園と無関係な水族館だけがある。

江ノ島水族館三代記

モースの研究所と外国人学者たち

江ノ島水族館といえば、今、江ノ島を至近に見る、古くから人口に膾炙された湘南屈指の海水浴場の片瀬西浜海岸にあって、国道をはさんで水族館とマリンランド、それから海獣動物園の三館を思い浮かべる人は少なくないであろう。しかし、じつは明治以来「江ノ島水族館」を名乗る水族館が前後三つあった。現存のそれはその第三代目にあたる。

そしてこのほかに、もう一つ、計画段階で終わった、いわば「まぼろしの江ノ島水族館」があった。それはりっぱな構想の水族館で、もし、これが実現していたならば、日本の水族館の歴史は、たぶん、違うものになっていたであろう。

過去二つ（構想段階で終わったのを入れて三つ）の江ノ島水族館は、すべて江ノ島の島内の海岸にあって、その位置は、今はもう正確ではないが、江ノ島への入口に建つ大鳥居の手前を左に入ってゆく旧道に沿った場所と、ほぼ、推定できた。その道は、昭和三十九年（一九六四）の東京オリンピックの前まで、江ノ島東浦、それからさらに南側の岡磯へ通じる海岸沿いの小路だった。

現在はその小路の外側に、東浦の磯を埋め立てて造成されたヨットハーバーへ向かう幅広い舗装道路ができて、海岸はさらに遠くなってしまった。舗装道路の傍らの、橋のたもとの北緑地と名づけられた公園の一隅には、明治時代、江ノ島に臨海実験所を建ててシャミセンガイの研究をした、エドワード・S・モースの碑がある。

江ノ島は、相模湾の奥にあり、江戸時代にはもう、景色のよい行楽の名所だった。島の中央は標高約五〇メートル、周囲はほとんど切り立った岩壁で、海ぎわには海食台地が発達し、南に向かって左に遠く三浦半島の先端、近くに逗子葉山、至近に稲村ケ崎と腰越の小動崎、右は眼下から湘南の白砂青松の海浜が弓形に伸び、丹沢、箱根、富士山、南アルプスもちょっとだけ見える。南に遠く伊豆半島、その南端近くには伊豆大島が見える。

東京・横浜からも遠くはなく、鎌倉はすぐ近く、島には名刹岩本院と江ノ島神社もあって、気候も温暖、明治時代にはもう、首都近郊随一の観光地になっていた。

江ノ島のすぐれた風光、島をめぐる海、自然は明治の文明開化期に日本を訪れた外国人たち、とくにナチュラリストたちにたいへん評判がよかった。江ノ島を訪れた大勢の外国人学者のうちでも、とくに黎明期の日本の海洋生物学に大きな貢献を残した、フランツ・M・ヒルゲンドルフ、エドワード・S・モース、ルードウィッヒ・H・P・デーデルライン、この三人の東京大学教授、いわゆるお雇い外国人教師の名を忘れることができない。

ヒルゲンドルフは明治六年から九年まで、モースは明治十年から十二年に、そしてデーデルラインは明治十二年から十四年と、それぞれ三、四年の日本滞在にすぎなかったが、彼らが日本動物学史に残した足跡はおどろくほど大きかった。ヒルゲンドルフとデーデルラインは滞日中、毎日のように魚市場に出て標本を集め、各地の海岸に旅行しては標本を持ち帰った。二人に仕え、ドイツ語の通訳をしながら勉強した一人に日本最初の魚類学者とされる松原新之助がいた。ヒルゲンドルフとデーデルラインは江ノ島をも訪れて、貝殻や貝殻細工、ガラスカイメン、ヒトデなどの乾燥した海産物を売る土産物屋も訪ねていた。

江ノ島神社の参道には、江戸時代からずっと、そうした海産物の土産物屋が並び、北海道から九州、琉球、小笠原からも商品が集まってきていた。ヒルゲンドルフがその一軒で「生きている化石」のオキナエビスガイの貝殻を手にいれた話は有名である。また、デーデルラインは帰国後、「日本の動物相の研究江ノ島と相模湾」という紀行報告を一八八三年に発表した。原文はドイツ語であるが、今では一九八八年に磯野直秀が全訳した文章を日本語で読むことができる。

ヒルゲンドルフは魚類と甲殻類の研究にとくに熱心で、彼が日本で採集した標本で帰国後新種として発表した魚は少なくない。彼が新種として記載した赤いきれいなサクラダイは、雌から雄に性を変えるので有名な日本固有種で、その後一九一四年にジョルダンとトムソンがさらに研究して、サクラダイの和名をそのままに、サクラ・マルガリタケアと改名した。最近まで世界に一属一種だったマルガリタケアは「真珠をちりばめたように美しい」の意味だ。マーガレット、マルガリーテ…と、欧米に普遍的な女性の名でもある。

デーデルラインはウニ、ヒトデ、クモヒトデなど、棘皮動物の専門家で、帰国後はたくさんの研究業績を出したが、魚類の新種も次々に発表した。さきのサクラダイに近いハナスズキ、雄が雌の産んだ卵を口にいれて育てるクロイシモチなどが、デーデルラインの命名である。デーデルラインは日本滞在の最後の

モース記念碑（3代目の江ノ島水族館跡地付近にあった．現在は江ノ島北緑地公園にある）

フランツ・M・ヒルゲンドルフ

エドワード・S・モース

若き日の石川千代松

ルードウィッヒ・H・P・デーデルライン

年となった明治十四年（一八八一）に前後八回も江ノ島を訪れてホッスガイなどのガラスカイメン類を入手しようと努力している。

モースの江ノ島とのかかわりは、この二人とはちょっと違っていた。モースはシャミセンガイ（腕足類）が専門で、この仲間が豊富な日本での標本採集を思い立って、三か月間滞在の予定で日本へやってきた。明治十年（一八七七）六月のことであった。ところが、日本到着早々、彼はその年四月にできたばかりの東京大学理学部の教授就任の交渉を受け、江ノ島に臨海実験所をつくろうという条件もふくめて、東京大学にやとわれたのだった。東京大学と契約を交わしたのが同年七月九日、翌十日には、モースは早くも江ノ島を訪れて、海岸の小屋を借りた。広さはせいぜい六坪ほどであったという。

こうして明治十年七月二十六日、江ノ島の小屋は簡単ながら改装を終わって、日本最初の臨海実験所が誕生した。モースはこの日さっそく、実験所近くの入江で網を引き、たくさんのミドリシャミセンガイを入手した。それからモースは、毎日のように網を引き、磯採集をして、もっぱら沿岸浅海の標本を採集し、ミドリシャミセンガイだけでも五百個体も採集して、一か月ちょっとの滞在ののち、八月十八日に実験所を閉じて東京へ帰った。

この頃にはまだ、アメリカ西海岸にも臨海実験所はなかったので、わが国最初の江ノ島の臨海実験所は、モースにいわせると、「太平洋岸で唯一の動物学研究所」だった。この実験所は正味一八日間だけ使用されて終わり、そのあとは再び研究に使われることはなかった。

明治時代の江ノ島にも水族館があった

モースの弟子には、のちに和田岬や堺で水族館をつくり三崎臨海実験所長になった飯島魁や草創期の上野動物園で事実上の園長をつとめた石川千代松がいた。石川が昭和初年の江ノ島水族館新設構想にも深くかかわった陰には、もちろん、モースとともに過ごした江ノ島の動物学研究所での思い出が影響していた……と思いたい。石川が子息欣一の翻訳になるモースの『日本その日その日』に寄せた「先生には江の島の今日水族館のある辺の…」という序文にその一端を窺うことができる。

モースの動物学研究所ができた二五年あと、明治三十五年（一九〇二）に、江ノ島に最初の水族館ができた。明治三十六年（一九〇三）発行の『堺水族館図解』に「相州の江の島（の水族館）」と出てくるそれである。『堺水族館図解』には、この初代江ノ島水族館が明治三十年（一八九七）の第二回水産博覧会の和田岬水族館にならってつくられたように書かれているが、もしかすると、そうではなく、和田岬にならってオープンした浅草公園水族館が好評だったところから、むしろ地理的にも近かったこちらの評判にあやかろうとしたのではなかっただろうか。

明治三十五年八月三日の『横浜貿易新報』の商業登記広告欄に「江之島水族館株式会社」の登記事項変更公告があり、（同年）八月一日付で役員と事業目的を変更したとある。その事業目的は「水族ヲ蒐集シ衆人ノ観覧ニ供シ並ニ水産物ヲ収集販売スルヲ以テ営業ノ目的トス」と。変更前の株式会社の定款がどうだったのかがわからないが、一方で、江ノ島水族館開館お知らせの新聞広告が、『東京朝日新聞』と『横浜貿易新報』の同年八月二十四日開館、脇に「附　水産物教育及水産業者標本品陳列」と出されているのが見つかった。

たぶんそれは、小規模な、平凡な水族館だったのであろう。水族館の形、規模、内容、所在位置、水族館がいつまであったのかなど、今はこの初代江ノ島水族館が、具体的にどんな水族館だったのかは、全然わからない。建物の様子も、規模内容も、水族館がいつまであったのかさえもはっきりしない。でも、長

初代江ノ島水族館オープンの広告
(『横浜貿易新報』明治35年７月24日)

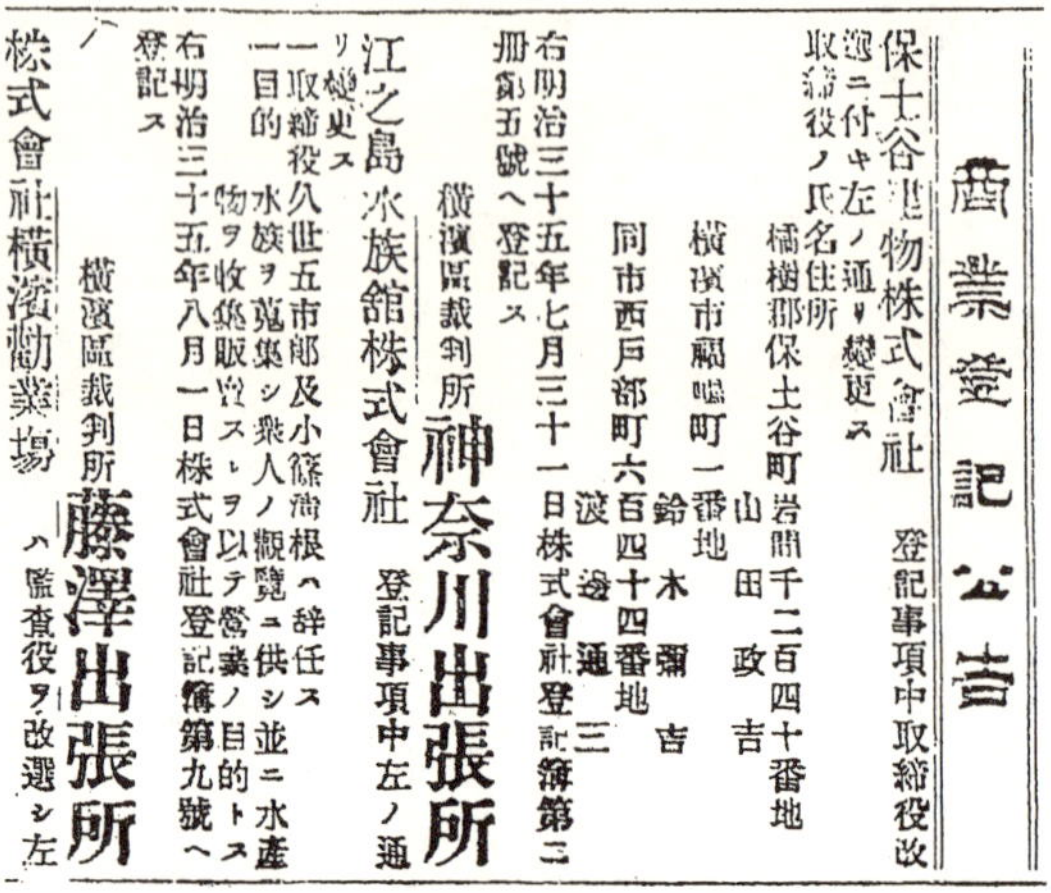

商業登記公告

保土谷産物株式會社　登記事項中取締役改選ニ付キ左ノ通リ變更ス
取締役ノ氏名住所
橘樹郡保土谷町岩間千二百四十番地　山田政吉
横濱市福嶋町一番地　鈴木彌吉
同市西戸部町六百四十四番地　渡邊通三
右明治三十五年七月三十一日株式會社登記簿第二冊第五號ヘ登記ス
横濱區裁判所神奈川出張所

江之島水族館株式會社　登記事項中左ノ通リ變更ス
一取締役八世五市郎及小篠晋根ハ辭任ス
一目的　水族ヲ蒐集シ衆人ノ觀覽ニ供シ並ニ水產物ヲ收集販賣スルヲ以テ營業ノ目的トス
右明治三十五年八月一日株式會社登記簿第九號ヘ登記ス
横濱區裁判所藤澤出張所

株式會社横濱勸業場ハ監査役ヲ改選シ左

初代江ノ島水族館の「株式会社」公告（明治35年）

くはつづかなかったのではないだろうか。モースの使った研究所との位置関係もよくわからないが、それはこの次、第二代の江ノ島水族館のところで話そう。

明治三十九年（一九〇六）七月、神奈川県で第三番目の横浜教育水族館が開館した二か月後に、江ノ島海岸で「鯨」が捕獲された。この鯨は、「江ノ島の江戸屋が買取って横浜の水族館に売り渡す予定」とか、（横浜教育水族館所在地の）「横浜市羽衣町の土屋虎太郎」または「土屋徳太郎が買取って、弁天社の境内（水族館？）で」公開したと、当時の新聞にある。神奈川県知事がこの鯨を見物に、わざわざ江ノ島まで来たほどの騒ぎだったというのに、新聞報道には、開館して四年後にあたる（初代の）江ノ島水族館が、この事件に関与した様子が全然書かれていないのは奇妙である。もしかすると、このときすでに、四年ももたず、初代江ノ島水族館は、廃業していたのかもしれない。

右の株式会社江之島水族館登記公告の目的変更に「水産物収集販売」とあるところと、新聞広告に「附……標本品陳列」とあるところと、そして、明治期の江ノ島に海産物の土産物店が四〇軒以上もあったことなどを考え合わせると、あるいは、ふつうの土産物屋の奥が小さな水族館になっていた程度のものだったのかもしれない。

この時期、なぜ江ノ島に水族館ができたのかもはっきりしないが、水族館開館と同じ明治三十五年の九月一日に、江ノ島電鉄（江ノ電）が藤沢から片瀬（現江ノ島駅）まで開通している。もしかすると、それも開館の動機の一つだったのではないだろうか。

そして、この初代江ノ島水族館を追うように、明治三十九年（一九〇六）七月には、すぐ前に書いた横浜教育水族館が横浜羽衣町の弁天社境内にオープンしている。この水族館も、株式会社であった。株式会社横浜教育水族館の登記公告に示された事業目的には「水産動植物ヲ蒐集放養シ観覧料ヲ徴シ教育及実業研究ノ資料トナスヲ以テ営業ノ目的トス」とある。

営利を目的としようとしなかろうと、ただ水族館であるだけで「教育・実業・研究ノ資料トナス」ことができるのだと、それは和田岬、浅草公園、日本（大阪・難波）、堺などの明治時代の複数の水族館が（経営様態はどうあれ）口をそろえて言ってきたことだった。

横浜教育水族館も、たぶん、それにならってなんの疑いもなく、あるいはそれを信じて、むしろ気軽に「事業の目的」を、こう掲げたのであろう。ただそれが、羽衣町厳島神社（弁天社）境内という当時さまざまな興行施設の集まる場所に店開きした小さな横浜教育水族館の本音だったのか、建前だったのか、どちらであったかはわからない。

ただ、水族館が「面白くてためになる」施設であると、後年むしろ信仰的に思いつづけられるようになった、その萌芽の一つがここにも見られる。水族館に「教育」の二字を冠することがオーナーにとって魅力的だったのかどうか、やや意地悪くいえば、自尊心が満足させられたのか、それとも真に「教育」を目指そうとしたのか、このあと昭和初年までのわが国には、東京勧業博覧会教育水族館（明治四十年、一九〇七）名古屋教育水族館（明治四十三年、一九一〇）、松島教育水族館（昭和二年、一九二七）、島根教育水族館（昭和三年?・一九二八?）と、少なくとも四つの「教育水族館」が誕生している。いずれもなぜか、私立の水族館であった。

明治二十三年（一八九〇）に始まった東京大学三崎臨海実験所の「水族館」と、この初代江ノ島水族館と、そして横浜教育水族館と、明治期の三つの水族館が、首都近郊の神奈川県に、やがて、踵を接するようにできてゆく水族館群の、いわば、ハシリであった。

大正から昭和へ二代目江ノ島水族館の大構想

神奈川県の水族館の第四番目は、大正十四年（一九二五）に開館した第二代の江ノ島水族館である。これも第一の江ノ島水族館と同様、はっきりした写真とか図とかがまだ発見されていないし、水族館の外観内容を紹介する文章も見つかっていないので、想像するしかないのだが、わずかな手がかりを寄せ集めて考えると、それは海岸に沿って横に長い、長方形の建物だったようである。そしてその所在は、現地で年配の方に聞いて歩いてみると、江ノ島へ渡ってすぐ鳥居の手前を左に行く小路に入ってすぐ、道が右に向かってカーブしているあたり、恵比寿屋旅館の反対側の現在はブロック塀の内側になっているところだったと現地で教えてもらった。

じつは、明治十年のモースの（江ノ島）動物学研究所の位置には数説ある。磯野直秀の『モースの臨海実験所跡』（一九八五年）と『モースその日その日』（一九八七年）では、モースの臨海実験所跡地は、わたしが調べて、ほぼ突き止めた第二代の江ノ島水族館跡地のもう少し先ということになる。しかし、廣崎芳次・木下明は、『モースの江ノ島臨海実験所』（二〇〇一年）で、これを否定して、実際はもっと手前の「恵比寿屋旅館の前の道路上」であったとした。この説によると、モースの実験所はわたしの推定した第二の江ノ島水族館の位置と、ほとんど隣り合わせ、あるいは少なくとも一部が重なり合うことになりそうだ。もしかすると、第一の江ノ島水族館の所在も、このほぼ同じ場所だったのかもしれない。

しかし、第一、第二の江ノ島水族館が相互にどういう関係があったのかはわかっていない。おそらく、無関係だったのではないか。モースの臨海実験所とは、もちろん、なおさらのことである。

第二の江ノ島水族館も、株式会社だった。初代の江ノ島水族館と同じく、こちらも水族館に水槽がいくつあって、何を飼っていたのか、肝心のところは全然わからなくなっている。ただ、水族館には水槽室のほかに舞台付きの演芸場があって、飲食もできた。水族館には、江ノ島娯楽館というもう一つの名があって、地元の人たちには江ノ島娯楽館のほうが通りがよくて親しまれていたと、わたしに教えてくれる人がまだいた。

水族館と娯楽演芸のドッキングをねらった（第二代）江ノ島水族館の興行的発想は、あるいは、関東大震災前から、水族館二階に娘手踊りの演芸場を設け、のちにカジノ・フォーリーを旗揚げさせて営業成績を盛り返した浅草公園水族館と同一の発想だったのであろうか。オーナーは、田中鑛一郎。出自ははっきりしないが、島の住人ではなかったという。ところが、田中は昭和に入ると、突然のように、それまでの水族館経営の経過からは理解しがたい行動をとるようになった。

つまり、昭和三年（一九二八）に博物館事業促進会（のちの日本博物館協会）が発足すると、田中はさっそく会員となり、同時に平山威信会長をはじめとする促進会幹部に江ノ島水族館を改築して「海洋博物館」に発展させたいという構想と、同会の援助指導を、繰り返し熱心に訴えた。田中が促進会に訴えた構想は「江ノ島仮桟橋左詰海岸に沿った二千数百坪の埋立地に水族館と海洋博物館又は水産博物館を併せ建設せんとするもの」であった。

当時、首都圏はもちろん、わが国にはまだ、こうした壮大な構想の前例がなかった。二千数百坪という敷地の広さもだが、そこに水族館と海洋博物館を併設しようという、わが国に前例のない先駆的でシリアスな（あるいは、突飛な）計画を、水族館兼娯楽演芸館の経営者である田中が、いったいどうして発想したのだろうか。博物館事業促進協議会の機関誌『博物館研究』誌上で、「水族館は博物館の一種である」と、水族館の教育的な立場が期待されるようになるのも、まだ少し先のことであった。

ともかく、田中の熱心な要請を受け止めた博物館促進協議会は、昭和三年十月の理事会で「江の島海洋博物館並に水族館建設者の依頼に応じて臨時委員会」の設置を決め、検討をはじめた。

委員は石川千代松、塚本靖、宮島幹之助、棚橋源太郎、谷津直秀、三宅驥一。いずれも同会理事または評議員で、かつ、学識経験豊富なそうそうたるメンバーであった。石川が帝室時代の上野動物園で天産部長として活躍し、モースの弟子としても江ノ島との縁があったこと、棚橋がこのあと、水族館に博物館としてのステータスを与えようと努力をつづけたこと、谷津が東京大学三崎臨海実験所長として水族館の必要性を説き、油壺水族館の誕生に尽力したこと、三宅がのちに東京大学新舞子水族館建設にあたって、中心的な役割を果たしたことは、本書の別のところに書いた。

委員会で討議の結果、決定した計画案は、おおよそ次のような内容のものだった。わかりやすく書き直してみる。

一　水族館水産陳列室および研究室などは同一の建物におさめて、階下を水族館、階上を陳列室、研究室とする。
二　無脊椎動物、魚類、両生類、爬虫類、鳥類および哺乳類を飼育展示する。
三　哺乳類、鳥類、大型魚類のために屋外にプールをつくる。
四　爬虫類、両棲類および爬虫類の展示・飼育室は屋上に設けて、暖地性の植物を植え込む。
五　飼育水および水族は淡水と海水の両方として、それぞれに予備槽を設ける。
六　夜間も開館できるようにする。
七　陳列室に展示する標本や模型を充実させる。
八　研究室に実験用機器の設備を用意し、実験のための淡水と海水を配管しておく。
九　建築設計図の製作は棚橋（源太郎）委員の担当とする。

この計画をすごいと思うわけは、これがただ、水族館と海洋博物館のドッキング構想だったという、それだけでない。たとえば、研究所を設けて水族館で研究をと考えたところ、水族館で飼う生きものを無脊椎動物から哺乳類までと決めて、とくに両生類を加えようとしたこと、この二つがとくに注目される。そのどちらもが、日本の水族館ではいまだに完全に実現できないでいるのである。

日本の水族館百二十年の歴史の前半、大学臨海実験所に水族館が併設された例はあっても、水族館に研究所が併設された例はまだなかった。水族館に研究所を置こうという発想さえも、一般にはなかったと思われる。

水族館が研究のために役立つ施設であるという主張は、明治時代の和田岬、浅草公園、堺などが残した水族館の出版物にも、しっかり書かれている。明治三十九年（一九〇六）の横浜教育水族館の株式会社定款にも明快に書かれている。それなのに、肝心の教育・研究への設備投資が行なわれるようになったのは、もっとずっとあとのことだった。「研究室」が水族館に置かれるようになったのは、第二次世界大戦後の昭和二十九年（一九五四）に、第三代の江ノ島水族館まで待たなければならなかった。そして、水族館の研究所が研究機能を発揮するようになるのは、もう少しあとのことになる。

このことは最後にまた書くが、したがって、「水族館に研究室を」という発想は、昭和初期としては、

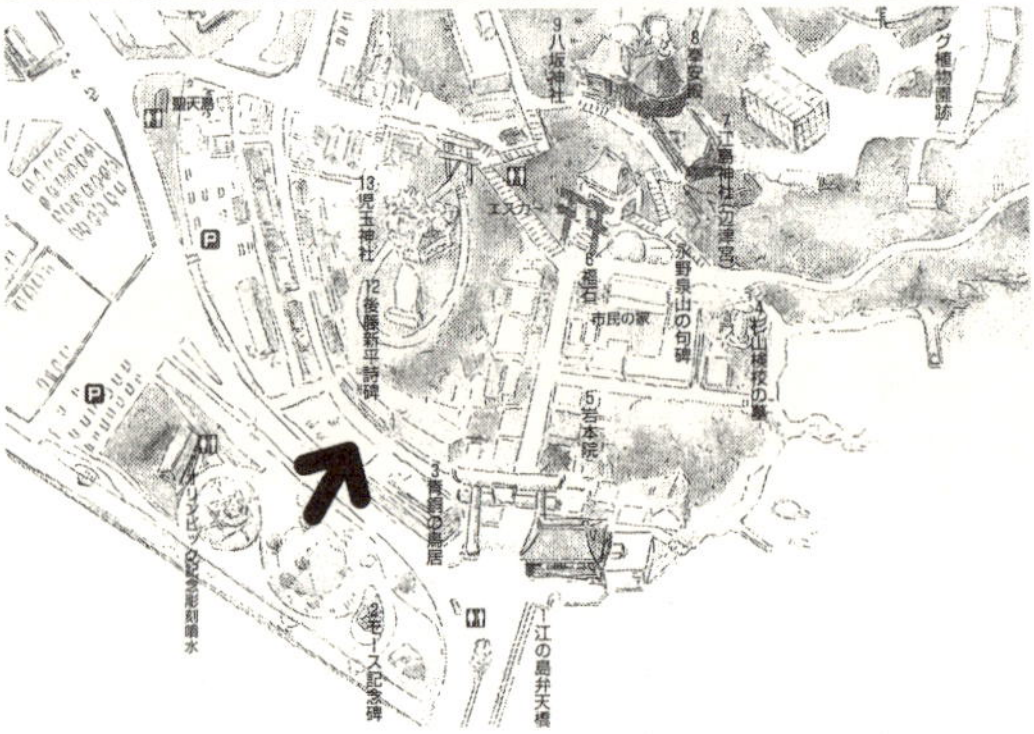

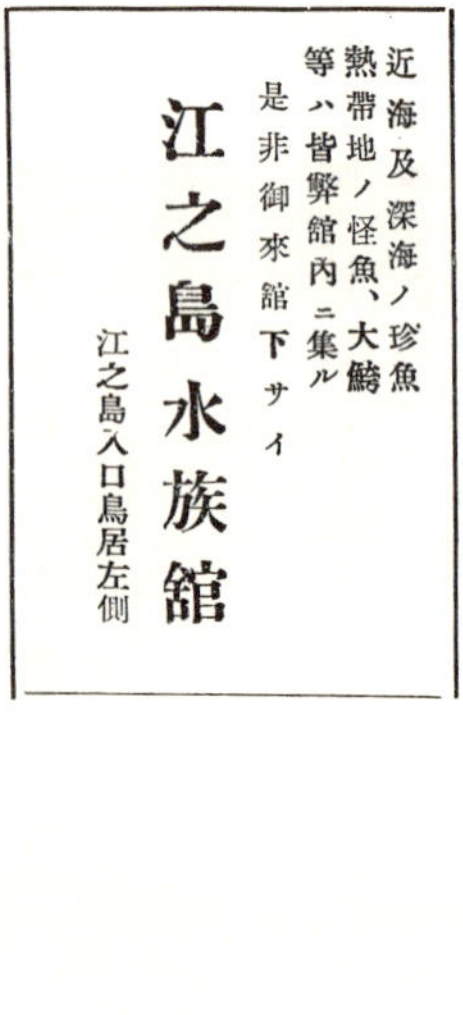

第２代江ノ島水族館（推定）の遠望．橋の左側の大きな屋根の左右に長い建物と思われる（昭和初年）（上）その推定位置（中）
地元の小出版物に出された広告（昭和４年）（左）

博物館事業促進会の発表した新江ノ島水族館の計画案.（昭和４年）
構想段階で終わり実現に至らなかったのが惜しまれる

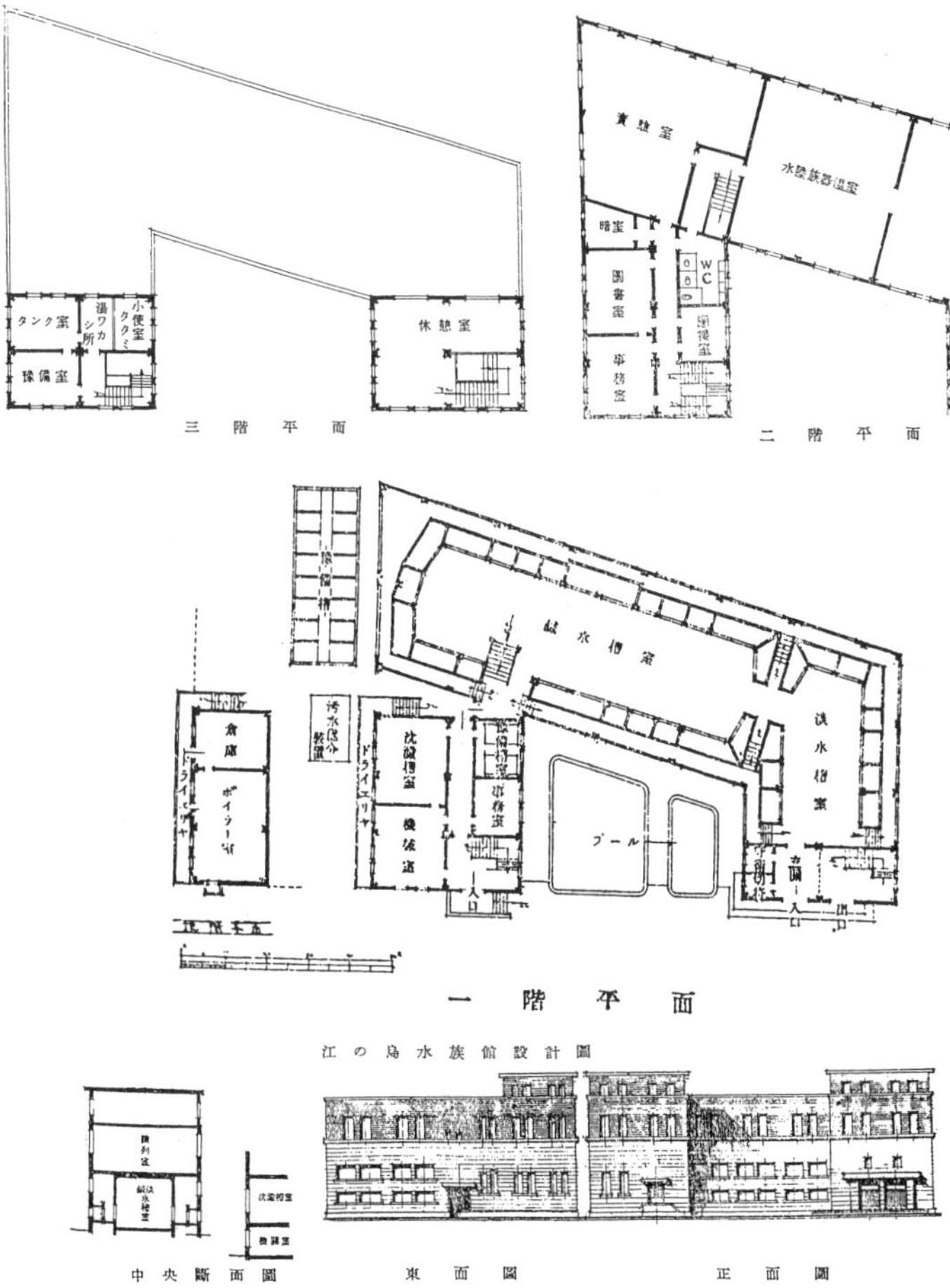

すこぶる画期的で斬新な考えだったと思われる。

次に、水族館に無脊椎動物から哺乳類までの動物群を網羅しようという考えが具体的に示されたのも、日本の水族館ではこれが最初だったのではなかったか。こまかく分けた脊椎動物に対比して、全無脊椎動物を一括したのは、動物全体の構成からは偏りすぎているが、わが国の水族館での展示計画という前提では仕方がなかった、あるいは妥当であったのかもしれない。ここにも、イソギンチャクなどの見慣れぬ、目立たぬ、水生無脊椎動物への興味から始まった西欧のアクアリウムと、水産利用を通した身近な魚類への関心から入ったわが国の水族館との基本的な感覚の相違を見ることができる。

ただ、この飼育計画に「両生類」とはっきり書かれたことには、もし実現していれば大きな意義があっただろう。わが国の水族館では、両生類の展示に力を入れてこなかった。上野の観魚室以来、イモリやオオサンショウウオなどの有尾両生類の一部は飼育してきたが、それだけであった。これもまた、テラリウムやヴィヴァリウムからアクアリウムが発達した西欧と、「水族」だけを対象として出発したわが国の水族館との相違であろう。「研究者に設備利用の便をはかる」という一項も、実現していれば画期的なことであり、後世への影響も大きかったと思われる。

博物館事業促進会の「江ノ島水族館計画臨時委員会」はその後検討を重ねて、翌昭和四年二月に設計図を完成した。飼育予定動物のリスト作りは谷津委員の担当で、これも設計図の発表と同時に公表された。建物設計も、生物リストも、運営構想も、今見ても立派なもので、ナポリ水族館を連想させるところが多い。おそらく、ナポリ水族館をモデルにしたのであろう。

しかし、この計画はその後進展せず、立ち消えのようになってしまった。その理由は必ずしもはっきりしないが、発起人でオーナーの田中鑛一郎の厳父が亡くなったために頓挫したと、棚橋が書いているのが、わずかな手がかりになっている。田中が何を考えて江ノ島に大水族館の構想を展開したのかは、結局わからずじまいであったが、この時期、江ノ島にこれだけの規模のしっかりした水族館がまぼろしに終わったのは残念であった。

もっとも、この計画には後日談がある。せっかくの大水族館構想の挫折を惜しんで、その後間もなく、さらに新しい水族館（海洋博物館）を江ノ島に建設しようという運動が起こった。昭和七年（一九三二）、石川千代松が事業計画筆頭発起人になった、江ノ島に水族館・海洋博物館・海洋研究所設立の署名運動がそれである。石川はこの計画にことのほか熱心で、江ノ島のおもだった人々を集めて計画を話して協力を求めたりした。この水族館の構想も、やはりナポリ水族館にならったもので、その計画趣意書を書いたのが、石川の愛弟子で後年東京大学農学部の新舞子水産実験所（新舞子水族館）所長ならびに第三代の江ノ島水族館長になった雨宮育作であった。昭和十一年（一九三六）に開館した新舞子水族館の実現には、この未完成に終わった江ノ島水族館設立計画に加わった、三宅、石川、雨宮三教授の格別の尽力があった。

この計画の挫折の理由もはっきりしないが、計画の中心だった石川千代松の逝去に影響されたところが大きかったのではないか。

神奈川県には、その後いくつもの水族館が相次いでできた。首都東京に近く、全国的にも古くから有名な観光地で、周辺には保養地を抱え、都会からも地方からも大勢の人が集まりやすい、安定した観客動員が見込まれる土地柄である。しかし、安定した観客収入が見込める土地柄だからこそ、その収入をしっかりした水族館活動に振り向ける発想があってほしかった。民間水族館とはいえ、その可能性のあった昭和初期の江ノ島水族館構想の二度にわたる挫折が惜しまれる。

首都近郊の初期水族館群像

神奈川県には、結局、明治二十三年（一八九〇）の東京大学三崎臨海実験所から始まって現在まで、一一二年間に大小合計二〇もの水族館ができた。江ノ島・藤沢に（江ノ島マリンランドを別に一と数えて）四つ、横浜に五つというのをはじめ、箱根に二つ、油壺、逗子、横須賀、鎌倉、真鶴、川崎、相模原と、つまり、同県内のこれはと思う場所には、たいていは水族館があったということになる。

そして、神奈川県の水族館群の特徴の一つは、会社経営の水族館が圧倒的多数を占めていることであろう。今は閉館してしまった東京大学の附属水族館と、横浜と相模原に自治体立の小規模な水族館が現存するほかのすべてが会社組織の私立水族館である。会社組織の水族館が水族館としてふさわしくないというわけではない。水族館は海への覗き窓である。それならば、それは観客の眼を意識して十分に工夫された、ただし、いかがわしさのない、たのしい夢の見られる場所であってもいい。水族館は自然そのものではない。水族館のガラス窓の向こうは海ではない。疑似自然である。水族館は疑似体験である。民間資本によって良質で素敵な疑似体験ができるのなら、それはそれでいいと、わたしは考える。

神奈川県の水族館は、戦前、そして戦後もしばらくは、ほとんどが小規模館であった。明治期の江ノ島と横浜の二館、大正期の江ノ島、昭和に入って（東京大学油壺を除き）第二代の江ノ島、逗子、横浜磯子、戦後の横須賀三笠、鎌倉、真鶴。大正も昭和も、戦前も戦後もこの頃の水族館には、あまり相違がなかった。いや、個性がなかった。

それはたぶん、水族館でありさえすればよかったからだろう。水族館とは、魚を飼って見せている単なるハコであって、見せているのはハコの中身である……。実際にそんな議論があったというわけではないが、水族館の外観、建物の構造、水槽の配置、館内の雰囲気……どの水族館もみなよく似ていた。かと言って、水族館の中身、つまり、飼っている魚の種類にもさして特徴がなかった。どこもが同じようなものだった。早くいえば工夫がなかった。そんな工夫が必要だとも思っていなかったのではないか。あるいは、工夫する余裕もなかったのかもしれない。

たとえば、昭和四年（一九二九）ごろにつくられた逗子水族館と、昭和二十八年（一九五三）にオープンした鎌倉水族館とは、神奈川県の隣り町同士で、前後二四年もの間隔を置いて、しかも、あいだに第二次世界大戦をはさんでいながら、水族館の様子は建物の印象からして兄弟のようによく似ていた。どちらも背後に切り開いた崖を背負い、道路をはさんで海に面していた。水族館の平面図は方形で、ワンホールの周辺に水槽が並んでいた。どちらも飼育海水は海から直接ポンプアップして海に捨てる開放式であった。

逗子水族館は高橋清一（または高橋与助）を社長とする株式会社の経営で、鎌倉水族館も日本水産観光株式会社の設立運営にかかるものであった。日本水産観光会社は第二次世界大戦後、横須賀に駐留していたアメリカ軍相手の商売をして、その利益を資本に水族館を開いたのであった。逗子水族館はただ、オーナーの高橋が自分の水族館をつくりたかったというのが動機だったらしい。鎌倉水族館は「古都鎌倉に欠けている科学と水産と観光を結びつける施設」をつくろうとしたのだといっている。

しかし、早くいえば、いずれも観光客、海水浴客の入場料収入を当て込んだ海浜・観光水族館であった。戦前、それから戦後も一九五〇年代の前半あたりまでは、全国的に思いつきのような動機でつくられたこのような小規模な水族館が少なくなかった。株式会社組織ではあっても、ほとんど同族的経営で、実際の水族館の日常の技術的維持作業も、多くは一人二人の飼育担当者にまかせられているのがふつうだった。いや、小規模だからこそ経費もかからず、水族館としての経営が成り立ったのであろう。

鎌倉水族館は、横浜国立大学教授で甲殻類分類学の大家だった酒井恒博士を顧問に仰いでいたが、実際はもと漁師だった飼育主任を中心に試行錯誤的に運営されていた。鎌倉水族館だけではなく、全国どこでも、似たり寄ったりの事情だった。鎌倉水族館では、一般見学者よりも小中学校の遠足や定期観光バスの運ぶ、いわば半団体入館者が入場者の多くを占めていた。

鎌倉水族館への小中学校の遠足は、県内一円からはもとより、山梨・長野両県からの来館もあった。古都鎌倉の観光見学との組み合わせの意外性とか、水族館の所在地が歴史にも名高くて（当時は）景色もいい由比ケ浜の海浜であったとか、入館料金が安かったとか、理由はいろいろあった。死んだ魚の標本を来館した小中学校へ寄贈したことも好感を得ていたともいう。定期観光バスが一日二〇台近い日もあった。鎌倉駅構内の広告や路上の屋外広告以外に宣伝活動もせず、しかし、団体見学者の多かったことが大きな支えになって営業成績は順調だった。もっとも、一九五五年十一月発足の神奈川県博物館協会に最初から加盟していた以外には、これといって社会教育活動への貢献も残さなかった。

第三代の江ノ島水族館は、昭和二十九年（一九五四）のオープンだが、その第二号館とでもいうべき江ノ島マリンランドが、昭和三十二年（一九五七）にオープンした。江ノ島マリンランドは、わが国ではじめてイルカやゴンドウクジラを陸上施設で飼い、ショーをさせて見せようとしてつくられた当時としては斬新な、ユニークな巨大施設で、その開館はたいへんな人気を呼んだものだった。

翌三十三年になると、それまでの定期観光バスコースから鎌倉水族館がはずされ、江ノ島水族館が定期観光コースに組み込まれることになった。団体入館者に頼ってきた鎌倉水族館は、当然の結果として、入館者数が目に見えて減り、経営上の大きな打撃を受けたが、鎌倉水族館はなんの対抗策もとらず、その翌三十四年十一月に閉館し、そのとびらは二度と開かれることはなかった。鎌倉水族館の寿命はわずか六年でしかなかった。戦前の逗子水族館も、五、六年はつづいたようである。一方、鎌倉水族館のあとにできた真鶴水族館は、細々と、昭和五十年頃まで開館をつづけていたという。

変革のきざし――片瀬海岸の江ノ島水族館

第二次世界大戦後まもない時期のわが国に、昭和初期の水族館ブームの再来を思わせる多数の水族館が次々に出現した理由ははっきりしない。また、それらの大勢は、鎌倉水族館や真鶴水族館のような、昭和初期の水族館一般とほとんど変わらない小水族館であった。それに変革のきざしが現われたひとつのきっかけが昭和二十九年（一九五四）六月の（第三代の）江ノ島水族館の開館だった。

（第三代の）江ノ島水族館は、前二代の同名の江ノ島水族館が江ノ島にあったのに対して、これはその対岸、片瀬西浜の海水浴場の後背に国道をへだててつくられた。この水族館は、それまでにない瀟洒な外観をした近代的な建物を建設しただけでなく、規模、設備、展示内容、運営方針、水族館活動への積極性、研究室設置など、さまざまな意味で新時代の到来を思わせる存在として出現した……と位置づけることができそうである。

最初に（第三代の）江ノ島水族館を計画したのは、藤沢市の実業家小倉久武だった。昭和二十六年（一九五一）に水族館設立のための大和観光株式会社を登記したが、紆余曲折の結果、この会社を解散して株式会社日活の資本参加を受け、株式会社江ノ島水族館として発足した。社長は日活社長の堀久作が兼務し、小倉は専務取締役となったが、実際の経営は日活の手に移った。水族館経営に映画会社が乗り出した、現在までのところ、唯一の例である。昭和三十一年（一九五六）、わたしはこの江ノ島水族館に飼育・採集係として採用された。

平成十三年の夏は暑かった。わたしはこの年にかねてから考えていた「神奈川県の水族館史」という小論を書くために、暑さの盛りを神奈川県の図書館に出掛けて、資料を探し歩いていた。横浜、藤沢、逗子、横須賀……、神奈川県は首都近郊ということもあって、過去から現在までの水族館の栄枯盛衰、水族館の在り方や規模内容の変遷は、さながら、日本水族館史の縮図のようである。

それなのに、これらの水族館の歴史はほとんど、闇の中にあって、丹念な資料調査もなされずに語られてきた嫌いがあって、それが残念だった。神奈川県に限らず、元来、水族館の歴史そのものが、そのようないいかげんな扱いを受けてきたのは、真面目に地道に調べる人もいなかったからであろう。その区切りをここでつけたいと考えた。

あちこちの図書館で、明治・大正期の地方新聞をマイクロリーダーで読んだり、芋蔓式に地方出版の小冊子を探したりした。きわめ付けは、江ノ島水族館の創始に奮闘し、同館専務、つまり以前のわたしの上司にあたる故小倉久武氏のお宅へ伺ってご遺族のご好意でたくさんの自筆遺稿を見せていただき、特別にお借りできたことだった。『小倉久武古事来歴』(「古」はママ)と表紙に書かれたそれは、和綴じに達者な毛筆書きの文書で、十一冊もあった。

ともかく、(第三代の)江ノ島水族館は、発足当時の水槽数が展示水槽と予備水槽を併せて海水二五、淡水一五、他に木製水槽一一、小型置水槽五九であった。水族館に大型水槽が普及する一九七〇年代以前は、水族館の規模内容を表わし、あるいは相互に比較するのに、水槽数とその水容量の合計、飼育水族の種数と個体数などの数字を比較する習慣があった。博物館法でも、水族館が博物館(または相当施設)に該当する条件の一つに、水槽数や飼育水族の種数(一五〇種二五〇〇点以上などと)を審査基準の一つにしていた。江ノ島水族館の水槽数を、たとえば戦前の新舞子水族館で海水五八、淡水一二であったのとくら

江ノ島水族館初代館長・雨宮育作

江ノ島水族館自家採集船「日活丸」

第三代の江ノ島水族館(昭和二十九年・神奈川県)

江ノ島水族館初期の飼育スタッフ(昭和32年撮影，カッコ内はのちの肩書) 前列左端＝内田至(姫路市立水族館長・名古屋港水族館長)，前列右端＝中島将行(伊豆三津シーパラダイス館長)，後列左より4人目＝広崎芳次(江ノ島水族館第二代館長)，その右＝筆者，一人おいて＝吉田啓正(神戸市立須磨水族館長・須磨海浜水族園長・かごしま水族館長)

べると、水槽数の比較だけでは、とくに進歩したようには思えない。しかし、その内容には大きな相違があった。

(第三代の)江ノ島水族館の建築資料は、設計・建築を担当した竹中工務店から提供された設計原図が、技術専門誌の『建築文化』に掲載された。この水族館の設計を担当した竹中工務店の添野耕一は、「本格的な水族館を」という施主の希望に対するに、「本格的な水族館」の概念を持ち合わせていなかったと告白しながら、建物の外形、ホールの広さ、観客動線、採光などに工夫をこらした一方、水槽ガラスの厚さと材質、水漏れの防止策、コンクリート・アクの防除手法などの開発に対する苦心などをくわしく書き出している。

この水族館の建設用地は借地であったから、敷地は広くはなかった。敷地面積二〇三二平方メートル、建坪一〇三七平方メートル、延べ一五〇二・五平方メートル、しかし国道に接して建つ鉄筋コンクリートの水族館の横長の建物には、道を行く人々に水族館への期待を抱かせる効果があった。建物正面の館名表示の下にサイエンティフィック・アクアリウムと英文の表示もつけられていた。

(第三代の)江ノ島水族館は、片瀬海岸に位置していながら、海から飼育用水を直接採水せず、完全な密閉濾過循環式を採用した。中庭地下に貯水槽を置き、循環ポンプで屋上高架水槽に揚水し、自然流下によって飼育水槽・濾過槽を経て貯水槽に戻された。飼育海水は約五キロ離れた鎌倉市坂の下海岸、つまり鎌倉水族館の近くからトラックで運んだ。

もっとも、当時は濾過循環機能についての知識もまだ不十分で、先行の上野動物園の海水水族館のような予備試験も行なわなかったので、やむをえなかったこととはいえ、貯水槽と濾過槽が狭くて小さすぎた。海水濾過槽は絶えず濾砂の目づまりに悩まされ、屋内プール用の濾過槽は開館後まもなく使用不能になっ

江ノ島水族館の置水槽（右）と帰路ランプ(左)．『建築文化』93号(1954)の表紙，水族館がはじめて建築関係雑誌に特集された

江ノ島水族館ご訪問の昭和天皇・皇后両陛下（昭和32年）
説明役の雨宮育作館長（左）
堀久作社長（手前）

江ノ島水族館で小学生を対象に海洋教室を開く．話をするのは筆者（昭和36年夏）

た。貯水水量の少なさがpH低下の主因になり、これが管理上の大きな問題になった。そのため、閉鎖循環式とはいっても、定期的に海水を運搬して新海水を入れなければならなかった。

それまでの水族館は、おおむね飼育海水の加温冷却に冷淡だったが、江ノ島水族館は加熱冷却両様の熱交換槽を常設し、季節に応じて飼育水をあたため、あるいは冷やして少なくとも近海で採集される水族を周年にわたって本格的に飼育しようと考えた。

その熱交換水槽は木製だった。容量は一トン足らず（〇・八六立方メートル）で、冬はボイラーから熱水を送り、夏は井戸水を冷却水として使用する考えであった。加温するのは簡単だったが、この装置では飼育水の冷却がまったく困難で、夏期の水温上昇の対策に苦慮した結果、毎日砕氷を入れるなどしてしのがなければならなかった。

わが国ではじめて飼育海水の配管を塩化ビニール管とし、それまでの水族館の大問題だったサビと腐食の問題を解決した。ただし、バルブと循環ポンプは、まだ塩化ビニール製品が開発されていなかったので、海水を使用する部分では、サビや腐食摩耗による事故をふせげなかった。配管のヘッドロスの計算も十分検討されていなかったと見え、高架水槽からの流下水量と配水計画がアンバランスで、末端水槽への注水量が足りなかった。

しかし、それらの欠陥はすべて後発の水族館への反面教師になった。昭和三十二年にタイプ印刷で出した『江ノ島水族館資料』で、反省をふくめ、改良の必要性のあるところはすべて公表して検討の必要性を示唆している。そういう点にも、それまでの水族館にはなかった先進性をうかがうことができた。この水族館が積極的に取り組んだことが、その後の日本の水族館史に果たした功績は大きかった。

（第三代の）江ノ島水族館は、自前の採集船をもっていた。日活丸と名づけられていた。四トン強、一七馬力の小機船で、別に伝馬船が一隻あった。水族館の採集専用船としては、戦前の浅草公園水族館の游鱗丸や活魚丸《いくを》、阪神（パーク）水族館の阪神丸以来のことだった。また、この水族館はスクーバ潜水具二基を自家採集備品として備えていた。わが国の水族館で最初の採集設備であった。飼育採集担当スタッフは多いときで十数名。学芸職員という意識はまだなかったが、それを超える気概があった。それまでは多くても数名、ふつうは一、二名の飼育係が常識的だったところ、これだけまとまった数の専任職員を抱えた水族館の出現自体、わが国では革命的といってもよかった。江ノ島水族館は昭和三十年十二月に博物館相当施設の文部省指定を受けた。

（第三代の）江ノ島水族館には、飼育員室を兼ねた研究室があった。これもわが国でははじめてのことであった。近代的水族館には研究が必要であるという、館長雨宮育作の強い希望によって実現したという。開館にあたって、当時一応の実験機器も備えつけられた。研究室（という名の一室）がある水族館は、今でも少ないかもしれない。しかし、水族館に研究が必要という、今は珍しくなくなった、あるいは常識になってきた発想自体が、当時はまだなかった。江ノ島水族館の「飼育研究室」は、たしかに「水族館に置かれたわが国最初の研究室」であった。

もっとも、研究室はあっても、専任の研究員がいたわけではなく、職員に研究義務があるわけでもなかった。研究費もつかなかった。水族館としての研究方針も、研究組織も定まっていなかった。ただ、学術書や学会誌を水族館の備本として購入し、定例の文献講読会や勉強会を開いていた。それさえ、日本の水族館史上で特筆すべきことであった。一方で、年齢も学歴も学力も多様な飼育担当職員に、研究と採集飼育作業を兼務させる体制には無理があった。「研究」に対する水族館幹部の考え方も、二律背反的であった。研究のためのランニングコストは、ほとんどゼロであった。その後の水族館で学芸担当職員が、研究支援のほとんどない不備な環境で自己実現のための研究を進めるきびしい体制も、江ノ島水族館ですでにはじまっていた。

この水族館の初代館長となった雨宮育作は、昭和初期のあの第二代の江ノ島水族館の博物館事業促進会による計画が挫折したあと、恩師の石川千代松を助けて水族館新設の運動を推進し、東京大学教授として農学部附属水産実験所（新舞子水族館）の所長をつとめ、定年退職後は日本大学教授を経て、当時名古屋大学教授で、水族館長就任と前後して名誉教授になった。江ノ島水族館での雨宮は実際の水族館の運営や技術指導に携わる実務型の館長ではなかったが、その人格識見が職員に慕われ、深い学識と水族館人に研究が必要だとする主張が職員の向上・探究心を強く刺激しつづけた。雨宮の存在が、映画会社の経営で、かつ研究室と研究スタッフを抱えるサイエンティフィック・アクアリウム（科学的水族館）を唱えるこの水族館の二律背反性を救っていた。

マリンランドが水族館のイメージを変えた

（第三代の）江ノ島水族館は、昭和三十二年（一九五七）五月、水族館の道路を隔てた筋向かいの海寄りの場所に、第二号館として江ノ島マリンランドをオープンさせた。わが国最初のイルカ専用の水族館であった。地上三階地下一階の楕円形の建物の中心に、表面積約一〇〇〇平方メートル、水深三～五メートルのやはり楕円形の大水槽一個がある。上空より見ればドーナツ型の建物の中心に半屋内プールがあり、イルカやゴンドウクジラなど小型鯨類を飼って、ジャンプなどのショーを見せようというものである。水族館ブームの当時としても、世間の意表をついた、むしろ冒険的な水族館だった。

もっとも、わが国の水族館でクジラ類を飼育したのは、江ノ島マリンランドがはじめてではない。昭和

江ノ島マリンランド正面

湘南の海辺に建った江ノ島
マリンランド（昭和32年）

バンドウイルカのハイジャンプ（昭和33年）．
江ノ島マリンランドはイルカを日本人一般の
身近な生きものに変えた

九年（一九三四）には静岡県の中之島水族館（後の三津天然水族館、現在の伊豆三津シーパラダイス）でバンドウイルカを飼っていたし、昭和十一年（一九三六）オープンの阪神（パーク）水族館でも、開館後まもなくゴンドウクジラを飼って、素朴なショーを見せていた。イルカなどの輸送方法も、阪神（パーク）水族館で開発されていた。

しかし、それらの飼育技法を応用して陸上施設に鯨類を飼育し、ショーを演出して、それだけで水族館を維持しようという決断は、興行的に大成功だった。先進のアメリカでは、一九三八年にフロリダ・セントオーガスティンに江ノ島と同一様式の大型水族館のマリン・スタディオ（のちのマリンランド・オブ・フロリダ）が、一九五四年にはカリフォルニアでマリンランド・オブ・ザ・パシフィックが開館していた。江ノ島マリンランドがそれらの直輸入のような施設であったには違いないが、これを環境の違う日本に導入するのは、当時、会社経営者として勇気のいることだったはずである。江ノ島マリンランドの出現が、わが国の水族館史にまた一つの転機と新しい展望をもたらしたことは否定できない。江ノ島マリンランドはもちろん担当者の努力工夫の甲斐あって社会に好感をもって受け入れられ、日本の水族館史に新しいステップを刻むことになった。

江ノ島マリンランドが出現するまでは、わが国では、アカデミックな雰囲気の水族館を理想ないしは建前とする傾向があって、アメリカのショー的水族館の導入には消極的であった。江ノ島マリンランドのイルカショーの技術的興行的成功は、わが国の水族館に動物ショーへのタブーを消し、その後の水族館がショー的要素の導入に熱心になったきっかけを導入した。

江ノ島マリンランドの出現はまた、それまで「〇〇水族館」と一律に呼びならわされてきたわが国の水族館の名づけ方からも解放した。大げさにいえば革命であった。「マリンランド」という名自体がアメリカからの直輸入であっても、この当時はそれが新時代の象徴であり、のちの水族館が館名にカタカナの表示を組み込む発想への先駆けとなった。

（第三代の）江ノ島水族館の出現を境目にして、新規建設の水族館が先進館を強く意識して、これを超えようとする創造と改革の気風が強まった。競争意識が強まったといってもいい。水族館の機能や構造の専門知識のない建築担当者に水族館建設をまかせてしまうのではなく、計画の段階から水族館飼育技術者が加わって意見を述べて計画をリードし、私立の水族館の場合はオーナーを、公立の場合は行政を動かすようになったのも、このあとあたりからと見ていい。

江ノ島水族館は昭和三十年（一九五五）に、江ノ島マリンランドは昭和四十二年（一九六七）に、それぞれ、博物館相当施設の文部省指定を受けた。

「汽車窓水族館」と「生態展示」

客車の窓は水族館の窓？

今も昔も、水族館の一般的なイメージは、薄暗い水族館ホールにずらりと並ぶ水槽の明るいガラス窓の列であろう。

窓の数は多ければ多いほうがいい。水槽が多ければ多いほど、たくさんの種類の水族を分けて入れて見せられる。水族館は、できるだけたくさんの「水の生きもの」を集めて飼って見せるところなのだ。博物館法にもいうように、水族館も博物館の一種なのだからと、展示水槽の数と、見せられる水族（資料）の種類数が多いほど、内容の充実した水族館であるという考え方がその根っこにある。

一方で、昭和三十年代の半ば過ぎから、水族館人のあいだで、そうしたクラシックな展示スタイルに疑問が出されるようになった。魚類の種数だけでも世界に二万五〇〇〇種、無脊椎動物を入れれば、その種類数は水族館の立場から見て無限大に近い。その全部を網羅するのは不可能だ。それに水槽の数を増やし、水族の種数を増やせば、それだけ種類ごとの展示効果が薄らぐ。個々の水族館の独自性、創造性を打ち出しにくく、マンネリになりやすい。

そうした迷いから、水槽のずらり並ぶイメージを、深くも考えずに「汽車窓水族館」と、否定的に半ば自虐的軽蔑的に言う言い方が流行った時期があった。

薄暗い水族館に明るい水槽の並ぶ様子は、たしかに、夜汽車の窓の列に似ている。「汽車窓水族館」とはうまい表現だ。でも、いったいだれがそう言い出したのだろう。それはわからないが、たとえば、宮沢賢治の詩『青森挽歌』は、次の句ではじまっている。

こんなやみよののはらのなかをゆくときは
客車のまどはみんな水族館の窓になる

『青森挽歌』がつくられたのは大正十二年(一九二三)である。年表によれば、賢治はこの年の七月から八月にかけて、青森・北海道を旅行しているが、まだ東北大学浅虫水族館はできていなかった。しかし、それより前、大正五年(一九一六)の八月には上京して一か月にわたってドイツ語夏期講習を受講し、この間、帝室博物館や小石川植物園、浅草オペラなどを見てまわったという。浅草オペラを見たのなら、東京名物の浅草公園水族館も見てきたのではないか。

とはいっても、それだけの根拠で、宮沢賢治を「汽車窓水族館」の命名者にこじつけるつもりはない。

「汽車窓……」の命名者は、結局、はっきりしないのだが、とにかく、水族館が「汽車窓」で悪ければ、他のどんな見せ方がいいのだろうか。その答えの一つとして脚光を浴びるように登場した一つが「生態(的)展示」であった。

「生態的展示」とはなにかというと、まず、できるだけ大きな単一の水槽をつくり、できるだけ自然の海底に似せたデザインを施して、できるだけ多種多数の水族を入れ、できるだけ自然の海底にあるような、自然な生活ぶりを見せようという、いわば疑似自然を水槽の中に演出しようという行き方、もう一つは、水槽の大きさはさておき、水族の生理生態的特性を引き出して見せようとする行き方である。

「汽車窓水族館」が生きた標本の博物館ならば、こちらは生き方を見せる博物館であろうとする。こちらは、極言すれば水槽に入っている魚がなんという種類であるかの追及は二の次にして、それらがどのように生きているかを見せ、説明して納得してもらおうというのであった。

現在の眼で見れば、大きな水槽に多種類の魚を入れただけで、「自然の生態」を見せることになるのかどうかは疑問である。しかし、当時はスクーバで海にもぐれる研究者も水族館技術者もまだ少なく、海中環境も魚群の行動生態の知識も不十分だった。あれで「生態展示」と称して疑問を感じる水族館人も少なかったのだろう。ともあれ、汽車窓展示から生態展示へ、従来の水族館の展示手法にあきたらなく思う空気が水族館人に広がって「生態展示」に傾斜していったのは、昭和三十年代に入ってすぐのことだった。

汽車窓水族館からの脱出――須磨水族館

昭和三十二年(一九五七)五月、神戸市の海浜に面して神戸市立須磨水族館がオープンした。この新しい水族館は、江ノ島を超えてなお、さらに新しい工夫をこらして出発し、のちの水族館の発展にさらに資

下関市立水族館（山口県，昭和31年）の外観とホール．江ノ島水族館の影響を受けている

鳥羽水族館（三重県，昭和30年）．昭和32年には「立体水族館」が完成．中央のアーチ状の連屋根は「魚の病院」

神戸市立須磨水族館（兵庫県，昭和32年）

するところの多かった近代的水族館であった。地方自治体が創立し直営する、わが国最初の本格的な独立の水族館でもあった。

須磨水族館は、敷地面積約二万平方メートル、鉄筋コンクリート三階建で、建坪は一八三五平方メートル、延建築面積は三六二九平方メートルであった。水族館は大まかに水族観覧室、ホール、展示室の三部分で構成され、ホールには三階に三〇〇名収容の講堂（六二九平方メートル）、二階には小ぶりの集会室（二室、各四〇平方メートル）を設けた。水族館が入館者に対するレクチャーまたは対話のためのこのような設備をつくったのは、わが国では須磨水族館が最初である。

開館してまもない頃の須磨水族館の観覧水槽は、海水三七、淡水二二、外国産二〇、それからオセアナリウムと称した半屋外大型水槽（二三トン）が一個あった。オセアナリウム側面にはガラス窓が一〇個設けられて、サメ、エイ、ブリなどが飼育されていた。

飼育水は濾過循環で、必要に応じて明石海峡（冬期は水族館沖）で採水した海水を水族館裏の海岸まで船で運び、取水口を経由して貯水槽へ入れた。循環形式は江ノ島のそれと同じであったが、濾過循環、加温冷却、配管やポンプの防腐防錆など、江ノ島を参考にし、あるいは反面教師として改良をほどこしてスタートし、さらに運用状況をみながら改善していった。たとえば加温冷却は館内の冷暖房設備を完備してこれを水温調節にも使用し、水族飼育用の熱交換槽も最初は木製だったのが、四年後に断熱材を使用したコンクリート製に替えている。濾過槽も開館当初は小さくて能力不足だったのを、翌年増設改良して不備を正している。

施設を整えただけではなく、須磨水族館は開館の翌三十三年（一九五八）に、博物館相当施設の文部省指定を受け、これをきっかけに積極的な社会教育活動を開始した。すなわち、そのまた翌三十四年（一九五九）から市内小中学校の児童生徒に対する「水族館科学教室」をはじめた。一九六〇年には、水族館ではわが国最初の年四回発行の啓蒙機関誌『うみとすいぞく』を創刊した。展示室では、さまざまなテーマを決めて特集展示を行ない、しかも、展示計画を定期的に更新するなど、水族館がレクリエーションの場であると同時に、社会教育施設でもあるという、いわば水族館の王道である「楽しくてためになる」両面路線を明確にした上での水族館活動であった。

須磨水族館は、飼育水族の自家採集にとくに力を入れていた。スクーバ三基を所有し、スクーバ潜水による自家採集を一部専任担当者の特殊業務とせず、周到な計画のもとに普遍的な水族館業務に繰り込んだ。一方で、オーストラリア肺魚やチョウザメ、ヘコアユなどの文献上有名な、あるいは珍奇な水族を広く世界各地から集めようとした。水族の輸出入はまだ自力に頼らなくてはならない時代であった。もう一つ、それまでの水族館の弱点であった両生類の有尾類（サンショウウオ）と無尾類（カエル）の飼育にも力を注ごうとした。

従来の種別展示に加えて、タイドプール、デンキウナギの放電実験、マダイやメジナが青と赤の色を識別できる実験などを見せる、いわゆる「実験水槽」をわが国ではじめて積極的に取り入れたことも特筆されなければならない。

研究スタッフを充実させて学会で研究成果を発表し、わが国の水族館ではじめて、来館者のレクチャーに使用する講堂を設けた。須磨水族館は、現在の神戸市立須磨海浜水族園建設のために、昭和六十年（一九八五）に閉館して取り壊されたが、この水族館がわが国の水族館発展につくした功績は大きかった。

須磨水族館が、「生態展示」への道を開いたあと、水族館が汽車窓水槽列のほかに、生態を見せる「実験水槽」と「大型水槽（オセアナリウム）」を設けるのが、いわば常識のようになった。オセアナリウムを主体とする水族館も現われた。須磨水族館ではオセアナリウムへの傾斜はまだ控えめであったが、江ノ島マリンランドや須磨水族館の開館と同じ昭和三十二年（一九五七）には、全国に合計九館（またはそれ以上の水族館）に大型水槽（オセアナリウム）がつくられている。そのなかには、その後リニューアルを繰り返して超大型水族館に成長した鳥羽水族館や、マダイが水槽内で産卵したことで、当時スタートしたばかりのわが国の栽培漁業分野に大きく貢献した鳴門水族館などがふくまれる。ここでは、そのうちの本格的なオセアナリウムを呼び物にして開館したみさき公園の水族館を紹介する。

みさき公園のオセアナリウム

みさき公園の水族館は、正式名称をみさき公園自然動物園水族館といった。大阪府泉南郡岬町淡輪、堺市よりもさらに南、和歌山県との県境に近く、大阪湾口の紀淡海峡にも近い。南海電気鉄道株式会社の経営するみさき公園内にある。南海電鉄約一万平方メートルの敷地に鉄骨鉄筋コンクリート二階建一部三階建の海水水族館に、魚類を入れたオセアナリウム二（表面積一三五平方メートル、三三八トンと表面積一〇一平方メートル、二二〇トン）、マリンスタジオ（イルカプール）一（表面積三九六平方メートル、九七〇トン）、アシカプール一（二九〇トン）、ほか中小水槽を三七個という構成で、わが国ではじめてオセアナリウムを主役にした水族館だった。もちろん、これだけの大きさの水槽を屋内に納めた水族館もはじめてであった。

飼育海水は、水族館の沖合から直接採水して濾過循環する、半閉鎖式循環形式の水族館であった。循環海水の加温装置はあったが冷却装置はなかった。第一みさき丸（一九トン）、第二みさき丸（一・四トン）二隻の自家採集運搬船とスクーバ三基を持っていた。

みさき公園自然動物園水族館のオセアナリウムには、大きいほう（No.1プール）に一八個、小さいほう（No.2プール）に一四個のガラス窓がしつらえられて、窓から中を覗

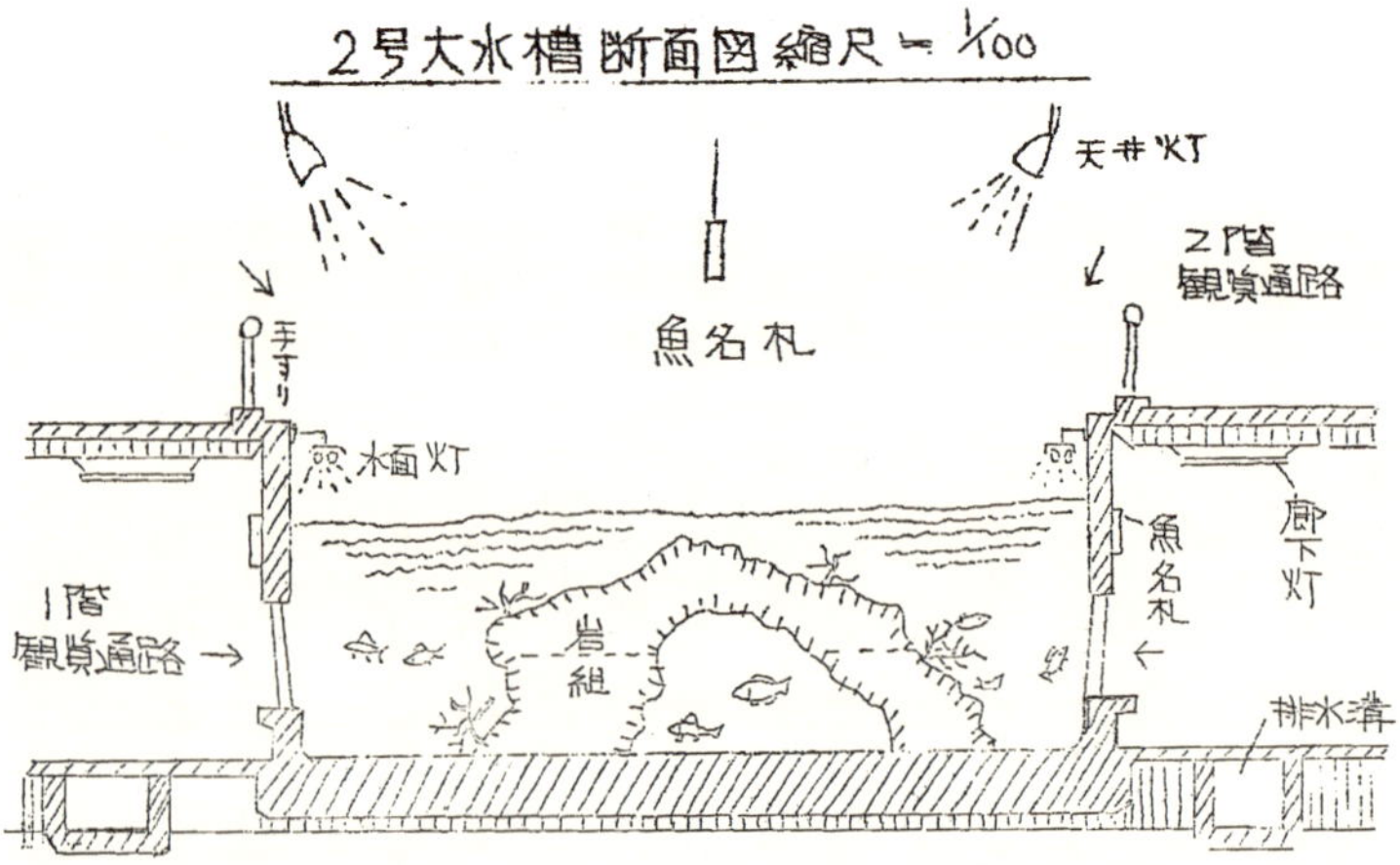

みさき公園自然動物園水族館のオセアナリウム（大阪府，昭和32年）

きながら水槽の周囲をぐるり一周できるようになっていた。オセアナリウムは水深二・二メートルだった。観覧窓には、耐圧試験を行ない三・三倍の安全度を見込んで、イギリス・ビルキントン社製の生磨きガラス厚さ一二ミリが使用された。それでもガラス窓は水圧を受けて外側に心持ちふくらんでいた。オセアナリウムの設計限界であった。その限界にあえて挑戦した水族館史上の試行錯誤の一コマでもあった。アクリルガラスがまだ開発される前の話である。

このオセアナリウムの水槽中央には、自然の岩礁を模した人工の岩組がつくられ、中央の岩組の頂端は水面上に出て、水槽内に環流をつくっていた。大きいほうの水槽には、サメ、エイ、ブリなどの遊泳性の大型魚類一三種約一八〇〇ぴきとウミガメが、小さいほうの水槽には主として熱帯・温帯の大中小型魚類が多いときで三九種約一二〇〇ぴき、それぞれに入り乱れて泳ぐ様子が壮観だった。

みさき公園自然動物園水族館のオセアナリウムもまた、日本の水族館史の上で特筆すべき存在だったと思う。たくさんの健康な魚がみごとな群れをつくって整然と目の前を泳ぐ光景に親近感があった。それは、自然理解への接近とも、魚を可愛いと見る愛玩的な視点とも違う視点だった。ブリやマダイの群泳を見て「うまそうな魚」と思ってしまう、魚食民族の日本人にあって欧米人にはない視点も、こうした大型水槽で多数の大型の魚群を見て、なお、気付かされたのではなかっただろうか。オセアナリウムの出現には、そうした転機が感じられる。

なお、みさき公園の水族館は施設提供の形で、構内に京都大学みさき臨海研究所（所長は京都大学教授松原喜代松・魚類学）を開設していた。この水族館に開館以来四年間飼育主任として勤務した荒賀忠一は、東北大学浅虫水族館で開かれた「浅虫シンポジウム」で、みさき公園のオセアナリウムについて、大小の魚の組み合わせ、給餌、水槽の掃除、魚病対策などの管理上の技術的な問題点を指摘した上で、大意、次のように述懐している（原文は英文）。

オセアナリウムで見られる光景は、一般の水族館で見られるそれよりも、はるかにダイナミックで魅力的である。わが国の現状はまだ、オセアナリウムに海中の自然景観を導入しようという最終目的からは遠い所にあるが、……（いずれは）オセアナリウムが、魚類生態学や生理学に役立つときがくるだろう。

みさき公園自然動物園水族館の館長はすぐ次に述べる堀家邦男であった。みさき公園の水族館は、設立の翌三十三年（一九五八）に博物館相当施設の文部省指定を受けた。この頃には、ある水準の規模内容を有する、あるいは自信のある水族館は、設立とほとんど同時に博物館相当施設指定を申請し、日本動物園水族館協会に加盟するのが常識のようになってきていた。

回遊水槽から海洋水槽へ

上田保の奇策・大分生態水族館と堀家邦男

（第三代の）江ノ島水族館、江ノ島マリンランド、神戸市立須磨水族館、みさき公園自然水族館……と、水族館に新工夫の導入が目立ちはじめた昭和三十年代のはじめごろには、生態展示が、新しい水族館の展示手法にとり入れられるのがふつうになった。そこにも新しさが見いだされたからか、発展の余地があると見られたからか、社会教育施設としての文化的価値が認められたからか、ますますの興行的成功が期待できたからか、新しくつくられる水族館の数が加速度的に増えた。昭和三十二年（一九五七）に九館、昭和三十三年（一九五八）に一一館、昭和三十四年（一九五九）に九館、昭和三十五年（一九六〇）に五館……と一旦減ったが、昭和三十九年（一九六四）にはまた一〇館と増加している。

この締めくくりが昭和三十九年（一九六四）開館の大分生態水族館だった。大分生態水族館にはマリーンパレスという別名があり、つまり、日本ではじめて二つ名前をもった水族館として、高崎山下の海岸埋立地に誕生したのだった。大分生態水族館もまた、一段と独創に満ちた異色の水族館であった。初代館長は、みさき公園自然水族館でも館長だった堀家邦男であった。

堀家は市立堺水族館の飼育主任で、事実上の館長だった堀家惣太郎の三男に生まれ、市立堺水族館で父親にまとわりつきながら育った。南海日々新聞社に入社したのち、昭和十年（一九三五）三月に阪神パークが阪神水族館を開設すると飼育主任として入社した。阪神（パーク）水族館は、かつて京都市立動物園長をしたこともある京都大学川村多実二教授の指導も受け、シカゴのスタインハート水族館やニューヨーク水族館を参考にして計画された本格的な水族

阪神（パーク）水族館ホール
（兵庫県，昭和10年）

わが国ではじめてゴンドウクジラを飼った
阪神（パーク）水族館の屋外プール

館であった。「陸の竜宮・阪神水族館」をキャッチフレーズに、はなばなしくスタートした水族館は、入口の天井を水槽とし、高さ二メートル、幅四メートルもの大型水槽をつくるなど、意欲的な水族館であった。

阪神水族館での堀家は、自家採集船兼海水運搬船「阪神丸」（一四・五トン）を活用して、紀伊半島沿岸を中心に自家採集と活魚運搬を行なった。別に沖縄まで出張してサンゴ礁魚類やジュゴンの採集計画を指揮した。ジュゴンは無理だったが、色とりどりのサンゴ礁魚類が水族館まで無事に運ばれた。阪神（パーク）水族館は、わが国ではじめて自家採集のサンゴ礁魚類を飼育した水族館なのであった。

阪神（パーク）水族館での堀家のもう一つの功績は、小型鯨類の陸上輸送法を開発したところにあった。和歌山県の太地で多数のゴンドウクジラが捕獲され、水族館に売り込んできたのを、海中から出して阪神丸の上甲板に敷いたワラブトンに寝かせ、体を毛布で包み、ポンプで海水を掛けつづけるという手法を考え出した。この方法で一九時間をかけた輸送に成功し、バンドウイルカでは四〇時間をかけて運んだ。輸送を終わってプールに入れたゴンドウクジラを両手で抱え、つきそって泳いでクジラの立ち直りを助けるなど、後年、江ノ島マリンランドをはじめとする鯨類を飼育する水族館で常識となった基本的な手法は、阪神水族館で堀家が独創し実践したものであった。阪神水族館は昭和十八年（一九四三）、戦争の激化によって、阪神パークとともに軍に接収され、閉鎖のやむなきに至った。

その堀家が、戦後、みさき公園自然水族館で館長をつとめたあと、初代館長に就任した大分生態水族館（マリーンパレス）は、独創に満ちて一時代を画した異色の水族館だった。

株式会社大分生態水族館・マリーンパレスの社長、事実上のオーナーは、大分市長もつとめた上田保であった。上田は大分市内にある高崎山の野猿群を餌付けて市の観光資源に仕立て上げた事業手腕で知られ、火野葦平の小説『ただ今零匹』の主人公のモデルとして有名になった人物であった。昭和三十七年（一九六二）十一月、上田は高崎山に君臨して死んだ伝説的な初代ボス猿ジュピター像の除幕式に出席した直後に大分市長を辞任し、高崎山下海岸に水族館を建設する構想を立ち上げた。

この水族館構想は、上田が大分市長時代からあたためてきたものだった。そしてその基本は、「世界のどこにもない水族館」だった。潮の流れのある水族館をつくろう、魚に水槽の広さ狭さを気にせず思いのままにスピードを出させ運動させよう、高崎山のサルのように人間と魚がたのしく交歓できるように、そして、魚の知能や習性を水族館で見せたい……。アイデア市長で知られた上田が、この水族館にかけた執念は語り草になっている。工事期間約半年、上田は毎日工事現場に足を運んだ。水槽をめぐる観客通路がせまいと強く主張して、幅三メートルを五メートルに拡張させたこともあった。上田はこのとき七〇歳であった。

上田の考えついた構想は、まず、世界で初めてのドーナツ型のエンドレスの回遊大水槽であった。上田はこの創案を実現させるために京都大学工学部に何度も足を運んでその可能性を確かめた。上田の創意のこもった大分生態水族館の中身は、目玉の回遊水槽以外にも大きな話題を呼ぶ工夫に満ちていた。

とにかく百聞は一見にしかず。大分生態水族館・マリーンパレスは、開館早々たいへんな人気を博しただけでなく、内外国の水族館人に大きなショックを与えた。大分生態水族館の水深三メートル、水量二八二トン、一周六一メートルの「回遊水槽」にポンプとエアリフトを使って水流をつくり、ブリやシマアジなどの回遊性の当時の大型魚類約二千尾もの群れが水流に逆らって一方向に整然と泳ぐ、これまで世界のどこにもなかった、だれも見たことのなかった、迫力のある実景を眼前に出現させた。

面白くて面白い水族館とは

大分生態水族館は、しかも、この回遊水槽に女性ダイバーを入れて、魚群といっしょに泳がせ、餌を与えさせた。鳥羽から導入した「海女」の「女性ダイバー」(「マリーンガール」)には、海女装束ではないしゃれたスイムスーツを着せた。当時ようやく普及しはじめたスクーバをかついだ若い女性がフィンをあおって魚といっしょに泳ぐ光景は、美しくすがすがしく、少しもいやらしさを感じさせないものだった。

女性ダイバーが魚群にまじってさっそうと泳ぎ来たり泳ぎ去ってゆく様子を、当時上野動物園水族館長だった久田迪夫は「見る人と魚との距離を縮めた」と激賞した。

久田は大分生態水族館・マリーンパレスの誕生をきっかけに、日本の水族館が「曲がり角にきた」といい、「回遊水槽と女性ダイバー」を水族館の一つの在り方として肯定した上で「企業としての水族館は、面白くてためになるなら最上であるが、面白いだけでも企業として十分であり……その点において回遊水槽は……(面白くて)ためになる水族館の桎梏から抜け出して、より現代的な『面白くて面白い方向』に向かって歩きはじめた」象徴とみた。

ところで、大分生態水族館で成功した「大回遊水槽とマリーンガール」が、「見る人と魚との距離を縮めた」とは、どういうことだったのだろうか。それは「魚」がもともと、日本人にとって身近な生きものだからだろう。大回遊水槽のガラスのすぐ向こうを整然と泳ぎ来たり泳ぎ去ってゆく、ハマチやシマアジの大群は、「さかな(鮮魚)」として、日常的に見慣れた魚類なのである。

ふだん食べている魚が生き生きと泳いでいる、見る人を圧倒する光景に、「これがあのブリ……シマアジ……」と深い親近感を見いだし、魚群の中を泳ぐ女性ダイバーの姿に一体感をおぼえるからではないだろうか。大分生態水族館の回遊水槽は、魚食民族の日本人に、魚を見る郷愁のような視点を、リアルに、

大分生態水族館社長・上田保

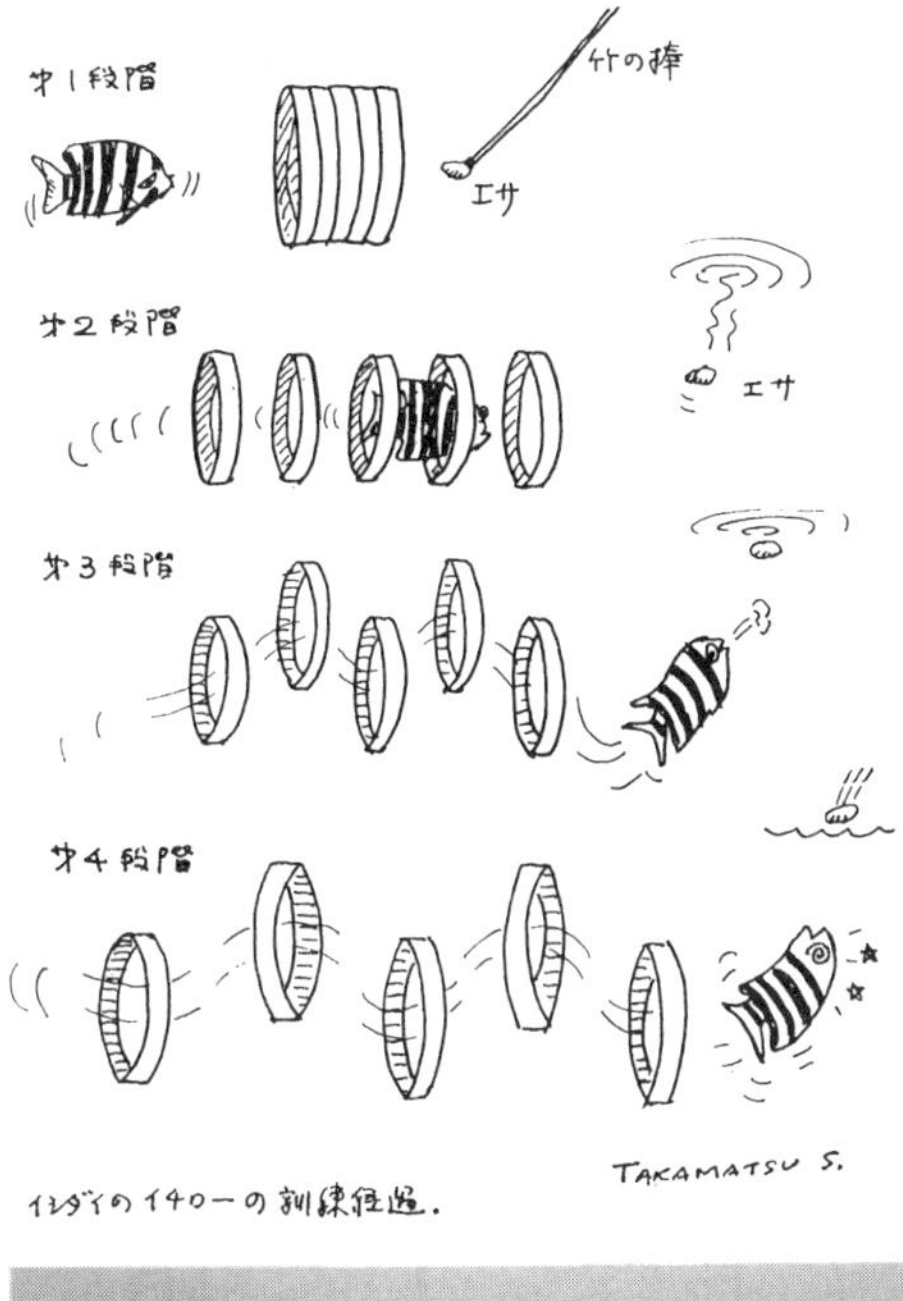

大分生態水族館(マリーンパレス)のスターたちとその訓練．上は玉ころがしをするイシダイのキューちゃん（上左)．輪くぐり（下左）と小箱のふたあけ（下右）の演技．輪くぐりの調教マニュアル（中）(高松史郎「魚も芸ができる」より)

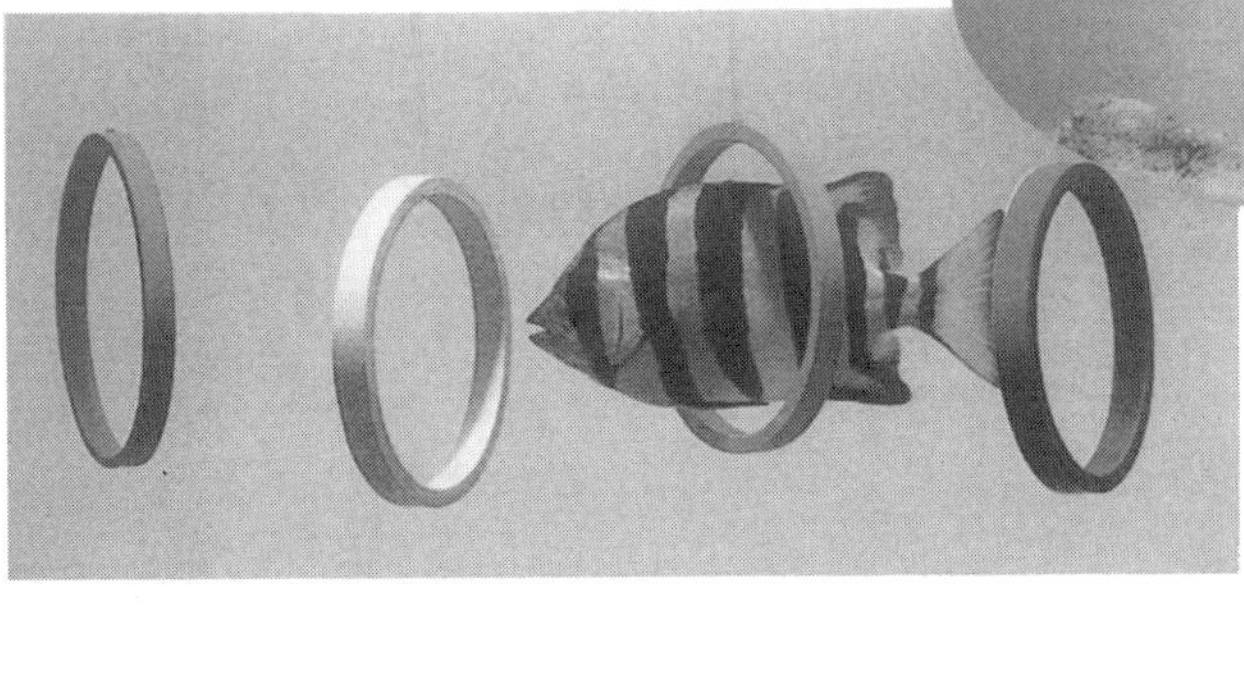

1階 配置図

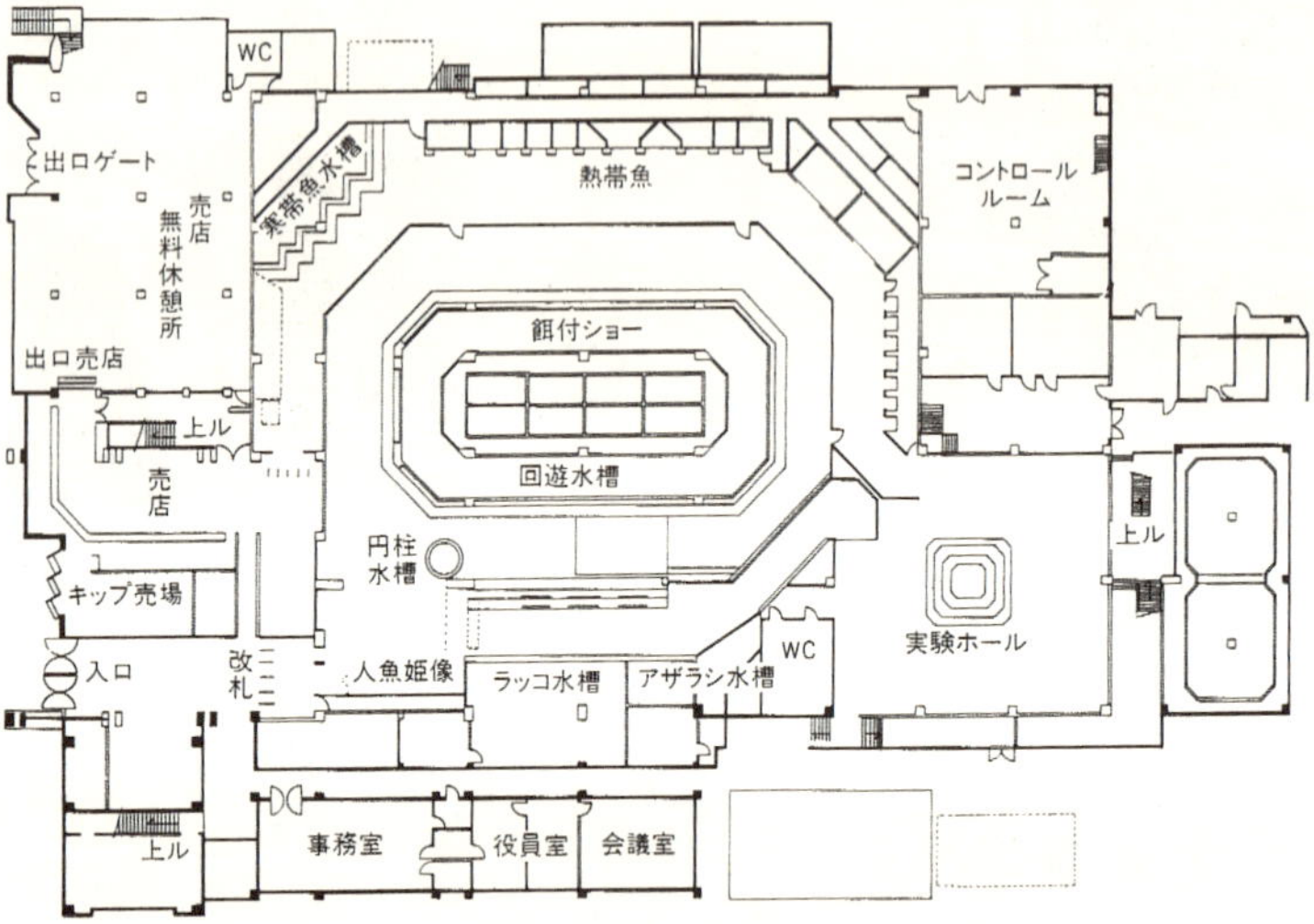

2階 配置図

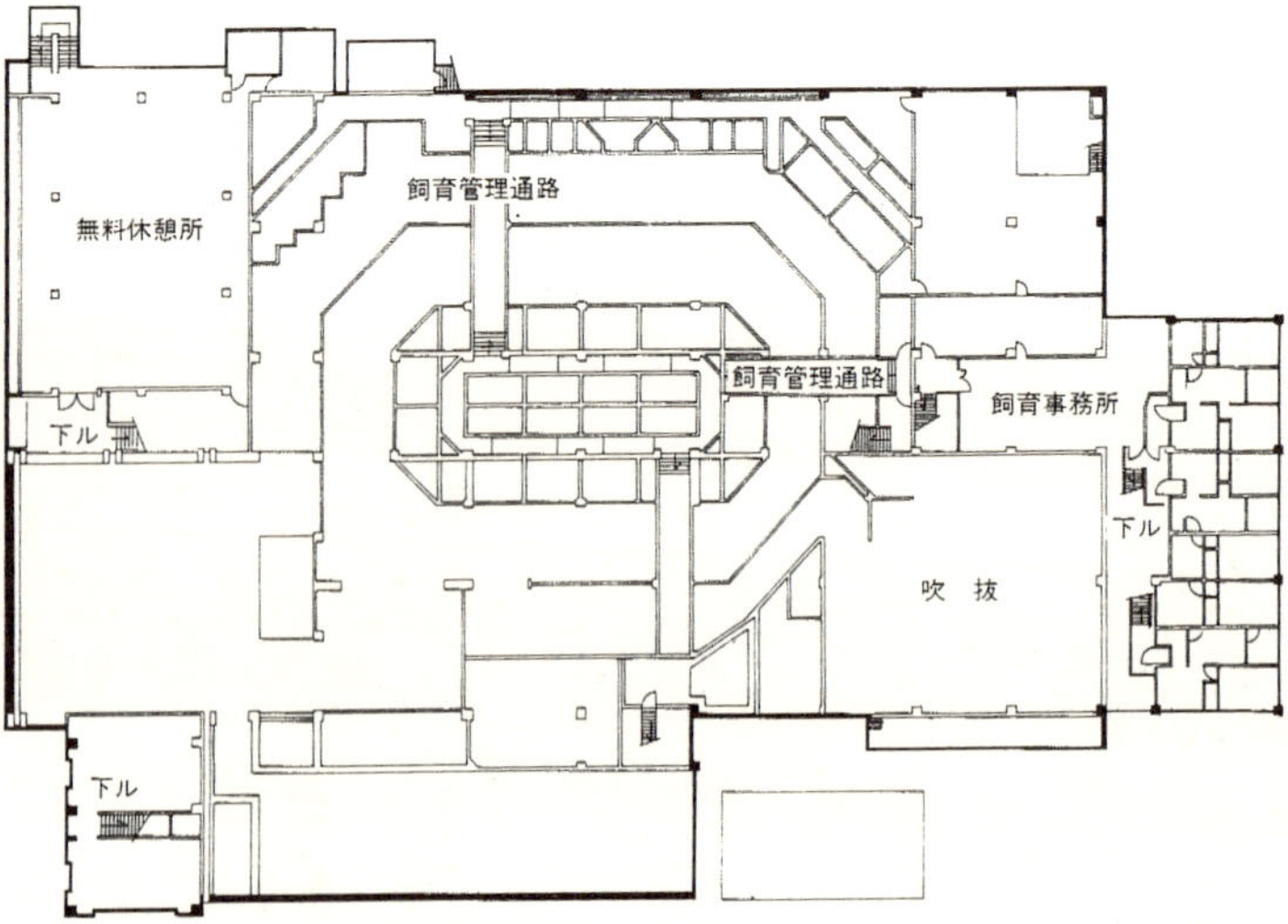

大分生態水族館（昭和43年）平面図．真中にドーナツ型回遊水槽がある

回遊水槽のシマアジ，ブリの群れとマリーンガール（大分生態水族館・マリーンパレス）

まざまざと思い出させてくれたのかもしれない。

大分生態水族館は、一方で、イシダイやカゴカキダイなど、なんでもない平凡な魚たちに、輪くぐり、玉転がしから玉手箱のふたまで開けさせるショーを開発して、毎日定時に公開して大喝采をとった。これも世界ではじめての試みだった。従来の他の水族館でも、デンキウナギの放電実験やテッポウウオが水上の餌を打ち落とす実験水槽はあった。しかし、特殊な魚の特殊な生態を見せることは容易でも、平凡な魚にかくされた能力を引き出して水族館で見せることはなかなか苦心がいる。むしろ困難である。

こうして、大分生態水族館は「魚の生態を見せる」ことに、なみなみならぬエネルギーをそそいだ。「生態展示」への本格的な挑戦だった。もっとも、「魚のショー」開発のチームリーダーだった大分生態水族館の二代目館長の高松史郎は、みずからリードして試行錯誤の苦心の結果開発した魚のショーについての自負と自信をにじませながら、「教育的内容を持つかどうか境界線を引き難い展示はあるが……明確な線を引ける展示もある」と、水族館でのショーの教育価値の有無にもこだわりを見せていた。

大分生態水族館のオーナーの上田保が、他の営利水族館のオーナーと違っていたところは、水族館での研究に熱心な応援を惜しまない態度にもあった。研究に必要な設備器具は惜しまずに買った。上田に「論文は書かないのか」と聞かれた研究員兼飼育担当スタッフが「忙しくて研究報告を書くひまがない」と答えると、「他のことは何もしなくていいから論文を書け」と厳命したという話まで伝わっている。

「水族館での研究の必要性を理解」……といってしまうのは簡単だが、そういえる経営者が少ないのは、では、なぜだろう。研究援助に熱心だったのは、上田という人物の大きさだったのかもしれないが、水族館には飼育研究が必要であり、その研究が水族館のために役に立つ、マスコミに注目されるような研究が、水族館の最も効果的な広報（パブリシティ）に役立つと上田が本気で信じていたからではなかったか。

大分生態水族館で、世界ではじめてコバンザメが産卵し、子が育ったこと、ウミトサカの培養に手をつけたこと、そして昭和五十二年（一九七七）に回遊水槽でシマアジの繁殖に成功したのも、研究奨励に熱心な上田の後押しがあってこそ実現した快挙だったのだろう。シマアジの産卵が安定し、稚魚を育てられるメドがついたとき、上田はすかさず、当時まだできていなかったこの高級養殖魚の種苗生産の企業化をはかって、蒲江町の海浜に養魚場をつくった。水族館が養魚場を経営したのも、わが国ではじめてであった。

大分生態水族館は、当時わが国の水族館一般に普及しはじめたイルカショーには背を向けていた。よその水族館と同じことはしない。あくまでもオリジナルに、他にないものをという姿勢に背骨が通っていた。毅然としていた。同時に水族館の娯楽性に正面から向き合い、しかも教育との接点を見失わなかった。その功績は、独創性の重視と、教育と娯楽の境界を見極めながらの、教育効果のあるショーの開発にあった。しかし、やや辛辣にいえば、上田の目的はあくまで、企業経営の成功にあった。

熾烈になった新工夫競争と「いいとこ取り」

大分生態水族館の開館あたりをきっかけとして、日本の水族館には多様な方向性への模索がなおつづいた。既往の水族館との差別化、オリジナルな特色を強調しようとする水族館が次々に出現した。一方、後発の水族館が先進館で評判になった施設、飼育動物、先進館で好評だった工夫だけをすばやく取り入れてさらにアレンジを加え、早くいえば「いいとこ取り」に新工夫をつけ加える傾向が目立ちはじめた。

大分生態水族館で見る人をあっといわせた回遊大水槽は、その後に女性ダイバーつきで採用する水族館を続出させた。大分生態水族館開館の翌昭和四十年以降、一一年後の昭和四十九年（一九七四）までに開館したうちの一〇館以上、規模の大きな水族館のほとんど全部が、メインとなる展示に回遊水槽を採用し、さらに女性ダイバーを水槽で泳がせるほどの流行ぶりであった。首都圏でも、昭和四十三年に神奈川県三崎町に回遊水槽と女性ダイバーの組み合わせを取り入れ、さらに「サーカス水族館」をとなえた京急油壺マリンパークがオープンしている。

これらに対して、昭和四十五年（一九七〇）に開館した静岡県清水市の東海大学海洋科学博物館は、アクリルガラスを重ねて厚さ一八センチとしたガラス板を周囲に張り巡らせることで実現させた水深六メートル、六〇〇トンのガラス製大水槽が目玉だった。この水族館の設立に参加したわたしは、フロアから天井まで吹き抜けになったガラス壁の巨大な水槽に海水が一杯に満たされた前に立ったとき、水族館にいながらはじめて「海」を感じた、あの感動を忘れることができない。この水族館では、海岸に堆積した砂嘴《さし》という立地を利用して、水族館構内に海水井戸を掘り、水族飼育用の良好な条件の海水を得ることにも世界ではじめて成功した。回遊水槽はつくらず、女性ダイバーを入れる路線も採用せず、イルカも入れなかった。しかし、新規の工夫をたくさん組み込んだ。アクリルガラスの単板を曲げて製作する茶筒型の円柱水槽を開発したり、イワシ群の飼育に成功し、マグロ類の飼育への挑戦をはじめ、海産魚類の繁殖と野外観察と水族館飼育を組み合わせた生態研究を水族館の研究分野として確立させた。

同じ昭和四十五年、シャチやイルカなど海獣類のショー中心の水族館として、千葉県に鴨川シーワールドが誕生した。魚類飼育の水族館にも新しい試みはあったが、広い敷地に複数のイルカ・クジラ・アシカなどの飼育池を設け、それぞれに飼育動物の訓練やショーを見せた。アメリカのシーワールドにならった日本最初の水族館だった。日本ではじめてシャチを飼って、そのショーを見せた。

翌昭和四十六年（一九七一）、和歌山県紀伊半島の南端で、造礁サンゴの完全飼育をうたって串本海中公園センター水族館が開館した。

昭和五十年（一九七五）、沖縄国際海洋博覧会水族館が、二七×一三メートル、表面積三五〇平方メートル、深さ三・五メートル、容量一三〇〇トンの大型水槽をつくりあげ、表層遊泳性の中・大型のサメ群の飼育に努力を傾注して、とくに世界最大の魚であるジンベイザメの飼育に成功した。今のところ、わが国最後の博覧会水族館で、博覧会閉会後もそのまま、国営沖縄記念公園水族館として、現在に至っている。そしてこれは、これまでのところ、わが国唯一の国立水族館である。もちろん、それまでの最大規模の水族館であった。

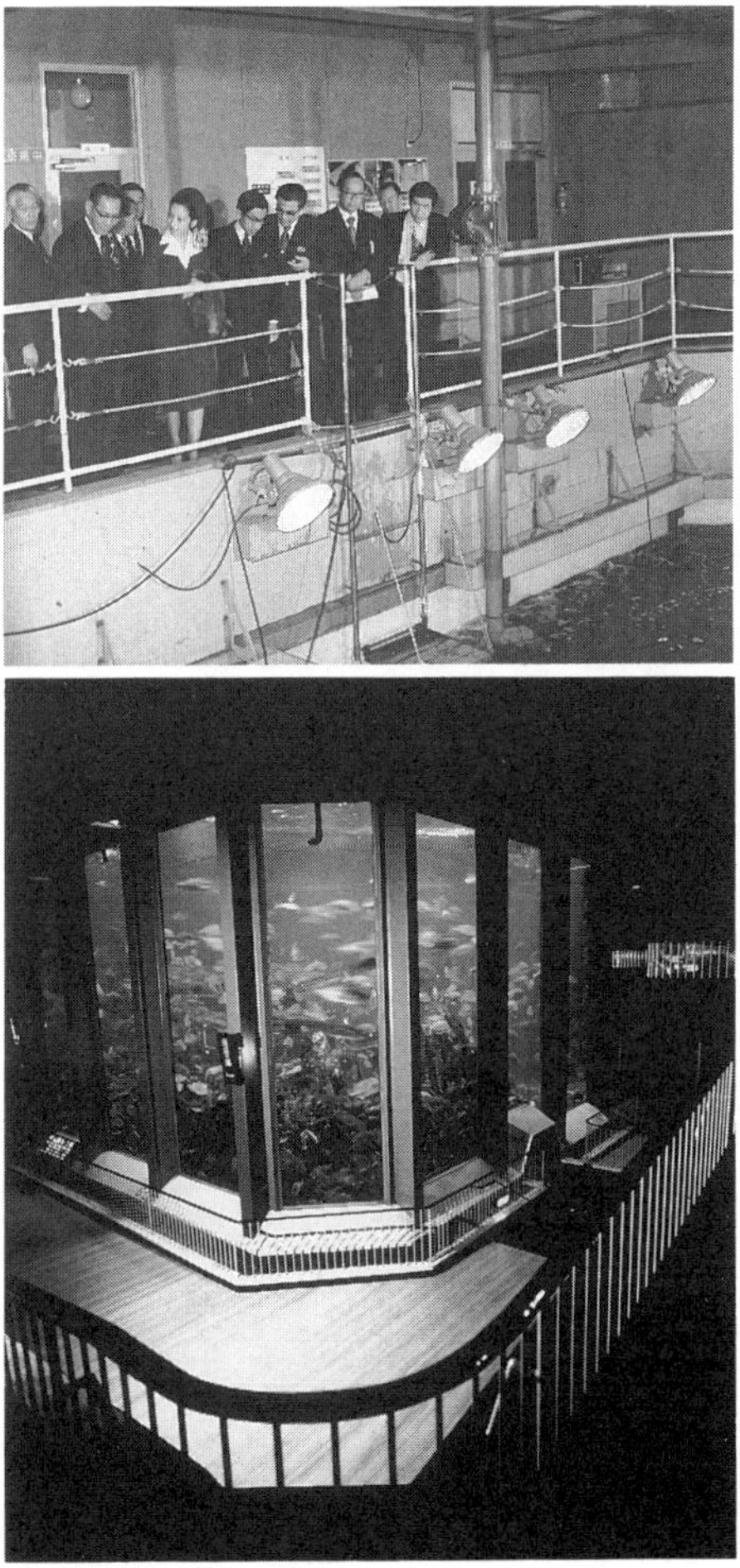

東海大学海洋科学博物館の海洋水槽（清水市，昭和45年）．世界最初の大型水槽（水深 6 m，タテ・ヨコ10m）．上は見学中の今上天皇・皇后（当時は皇太子・同妃殿下）と説明をする岩下光男館長（左）と筆者（右）

昭和五十二年（一九七七）には、静岡県沼津市の伊豆三津シーパラダイスが三津天然水族館のリニューアルとして完成した。この館ではじめて導入したラッコは、全国的なラッコ・ブームのもとになった。

昭和五十三年（一九七八）、東京池袋新都心のサンシャインシティ一〇階と一一階にサンシャイン国際水族館が開館した。日本最初の大都会の地上四〇メートルの高層ビル内の水族館であった。館長は阪神水族館、みさき公園自然動物園水族館、大分生態水族館と、エポックメーキングな水族館を転進してきた堀家邦男で、堀家はこの水族館長在任中に亡くなった。

こうして、昭和期日本の水族館はまだまだ、その数をふやしていき、昭和五十年代が終わる前までに、日本各地にはさまざまなスタイルの水族館ができていった。戦後、昭和二十四年（一九四九）以来、昭和三十九年（一九六四）までの一六年間につくられた水族館が、先にも書いたように一〇一館、昭和四十年（一九六五）から昭和五十四年（一九七九）までの一五年間につくられた日本の水族館数は五七館、併せて一五八館、あるいはそれ以上であった。

こうして、いよいよ、水族館はあらゆる場所に進出し、考えられる範囲のあらゆるスタイルの水族館がつくられ、少なくとも建築設備のハード面では、それまでと違って、もはや欧米の水族館を模倣ないしはアレンジする必要を認めなくなった。むしろ、回遊水槽、海洋水槽、円柱水槽のアイデアは、海を越えて欧米諸国へ広がり、たとえばサンフランシスコのかつて先進的とされた水族館でも取り入れられて、在来の汽車窓式に対する普遍的な水族館水槽の一様式になった。

昭和五十五年以降も水族館の新設はつづき、昭和が終わるまでの九年間に、日本動物園水族館協会加盟の水族館だけで一四館が誕生している。そのうちの、昭和六十二年（一九八七）神戸市立須磨海浜水族園を皮切りに、平成期に入ると、東京都葛西臨海公園水族園（平成元年・一九八九）、マリンワールド海の中道（福岡・同年）、大阪・海遊館（平成二年・一九九〇）、名古屋港水族館（平成四年・一九九二）、横浜八景島シーパラダイス・アクアミュージアム（平成五年・一九九三）と、いずれもそれまでになかった大型水族館が出揃った。年間数百万人に達する観客を動員し、大きな水槽のウィンドウ越しにたくさんの魚を見ながらエスカレータに乗って複数階を移動するのは当たり前のことになった。大型レジャー水族館と呼ばれる新しい水族館群の起こしたブームの幕開きであった。

新しい大型レジャー水族館には、あらゆるものがいて、何でもある。少なくともそういった志向に支えられて広まった。それなのに、水族館の外観、水槽の配置、形、動線、照明、解説、それぞれの水族館でオリジナルに練り上げられた見せ方の工夫と蓄積されたノウハウの結集が、館ごとの相違よりも相似の印象を与えるのは皮肉なことである。水族館は魚をよりよく見せようとして進んできて、上野の観魚室の昔のように、入れものを見せる結果になりかけているのではないか。

また、水族館の巨大化に伴って、水族館の重要不可欠な機能であったはずの自家採集と調査の能力が軽視され衰微してきた傾向があるのも気がかりである。自家採集機能こそ、水族館人が専門技能者としての経験知識を蓄積するための、他に替えがたい機会である。自家採集は野外調査を兼ね、水族館内容を充実させ、生態研究とも結びつき、来館者にみずから得たオリジナルな生の情報や話題が提供できる。水族館人が水の生きものについて、来館者一般と同一レベルの表面的な知識しかもたなくなってしまっては、水族館は基本的な存在理由と社会的地位を失うだろう。

ちょっと長いエピローグ——日本人と水族館

日本人の自然観と水族館の機能をもう一度

動物分類学者の馬渡峻輔は、近年、著書『動物分類学の論理　多様性を認識する方法』で、わが国の大学附属臨海実験所のあり方を批判し、含蓄に富んだ議論を展開している。そこにはたとえば、次のような主張がある。

平成四年（一九九二）のデータからみると、全国二一の国立臨海臨湖実験所の研究スタッフ七八名のうちで、動物分類学の専門家は七人にすぎない。そのために実験所はゲスト研究者に「どこにどのような動物がすんでいるか」と質問されても、それに答えられなくなっている。せっかくの「臨海」の意義は薄れ、ただの出先研究機関になってしまっている。

動物分類学の教科書は旧態依然、分類体系の記述にとどまっていて、なぜ、トンボとチョウを同じ昆虫に入れるのか、なぜ、自然界にはこんなに多様な生物がいるのか、その多様な生物が、いったいどこからきたのか……の疑問をいっさい投げかけてもいなければ、当然、その答えを探す方法も書いてない。

なぜ、大学には植物園があって動物園がないのか、大学附属の植物園が今でも分類学者の天下なのに、動物園は一般に娯楽施設としてとらえられることが多い。

そして、馬渡は「日本人は自分をとりまく生物界に対する科学的理解が苦手のようである」とも指摘している。わたしもかつて、小著『水族館への招待』で、日本人の自然観・動物観と水族館とのかかわりについて少し書いたことがある。

その本では「日本人は自然というものをまるで理解していない」という昭和初期の長谷川如是閑の意見も紹介し、「日本人の心の深層には、動物と人間はわかちがたい一体感を形成しているという独自の動物観が古来から内在し、自然保護や動物保護といった人間主体の思想は、元来日本人に存在しなかった」という、『動物観研究』という雑誌に発表された比較的近年の安田直人の意見もあわせて紹介した。その上で、

もともとわが国には、一般大衆が科学を話し合う習慣がなかった。自然を科学する意識も希薄だった。審美観賞、または経済利用のどちらの価値もない自然の存在には関心が薄かった。今日、水族館で魚を見る眼にも、まだ、その名残が見られる。わが国では、自然を科学する心、自然を尊重する心の醸成と普及にはまだ時間がかかりそうである。

水族館が自然を消費して成り立っていることを承知の上で、その消費に見返るどれだけの存在意義があるのか、人間の文化のために、愉楽のために、教育のために、水族館は何を伝えようとしているのか。

わが国では、今日、ショーを行わない水族館は、むしろ少数になった。しかし、面白さだけを追及する「娯楽専門型水族館」はまだ、できていない。……わが国の水族館は、先にヨーロッパの教育主義と求心性、あとからアメリカの娯楽主義と遠心性の両方を導入しながら、常に教育性と娯楽性の両立を考えてきたように見える。

などと書いてみた。平成六年（一九九四）のことである。右の引用の最後のところは、「の両立を建前としてきた」と訂正させていただこう。ところが、今はアメリカでも、中核的な水族館は一般に水族館活動の基本コンセプトとして「教育」「保護」「研究」の三本柱を必ずうたうようになった。

今日、アメリカのまともな水族館では、水族館の売店（ミュージアム・ショップ）の紙袋にも、きちんと右の三原則が印刷されている。寄付大国のアメリカでは、水族館の創立にも運営にも、多額の寄付を受けているので、スポンサーに対しても、また一般来館者に対しても、水族館の目的をはっきりさせ、活動状況を鮮明にしなくてはならないからでもある。わが日本ではどうか。ここでは、小著『水族館の招待』にも書いた日本人の自然観と水族館の機能を両にらみしながら、前著の続きを書いてみよう。まず、「動物園の動物」にもう一度、焦点を当ててみよう。

コケムシという海の動物がいる。明治十二年（一八七九）から十四年（一八八一）日本に滞在して、江ノ島にたびたび通い、漁船を雇ってサンゴ網を引いたルードウィッヒ・デーデルラインは、相模湾のある海底が単一種のボタンコケムシでぎっしりおおわれているのを知って報告した。それから約一二〇年後、コケムシの分類学専門家の馬渡峻輔はわが国無脊椎動物のタイプ標本を照合するために欧州の自然史博物館を訪問して、デーデルラインが相模湾で採集したそのボタンコケムシの標本がフランス・ストラスブール動物博物館に保存されていたのを見て感激し、相模湾で無脊椎動物の調査をつづけた昭和天皇の採集標本の中にも同じボタンコケムシの標本がたくさんあることから、ボタンコケムシが一〇〇年前から相模湾の海底の優占種で、相模湾の海底環境は一〇〇年間変化していないと驚いている。

コケムシは群体性の動物である。小穴のいっぱい開いた、固くてうすい軽焼きせんべいのような骨格をした、植物的な生きものである。海には、こんなふうに、陸上生物のわれわれには理解しにくい姿をしていて、この話のように、海底環境を察する重要な役を担う動物もいる。魚やタコのような人気動物とは違うが、色彩の美しい種類を飼って見せている水族館もある。たとえば、このコケムシを水族館でどう扱い、どう説明するか。どう説明できるか。それは水族館の展示方針の問題でもあろうが、水族館での「教育」や「保護」を考えるテーマになるだろう。

それで思い出されるのは、昭和九年（一九三四）に京都大学理学部教授の現職のまま、短期間ながら京都動物園長をつとめた川村多実二の有名な言葉である。

川村の持論は大正十五年（一九二六）の『自然研究』創刊号に発表した「動物園と水族館」以来、「動物園はただ動物を見せるだけのところではなく、動物の生きたのを陳列して、動物学を実物教育する場」で、「動物園はゾオロギカル・ガーデンの訳語なのだから、動物学園と訳すべき」であった。そして、それらの教育効果に対する一般の無理解をなげき、「動物園とはなにかという常識啓蒙手段」の必要性を強調し、欧米人の「邦人の一寸想像し得ない強い科学愛好心」を紹介している。

わたしは、しかし、学の一字がついていたならば、今日の動物園が川村の期待していたようになったかどうかは、ずっと疑問に思ってきた。それはまず、川村のいう動物学の「動物」と、一般の人たちのいう動物園の「動物」とは意味がちがうからである。

動物学をかじった者ならば、「動物」といえば当然、「植物」に対応する生物グループのことだと思う。今までに世界で知られた動物の種類数は、馬渡峻輔の紹介によると、一九九〇年現在で一八一万五九一七種もある。もっと多く見積る学者もいる。多いほうでトップの昆虫類が一〇〇万種、次に線虫類の五〇万種、軟体動物一〇万種とつづく。

魚類はよく調べられているほうで、このリストでは二万三〇〇〇種となっている（魚類学者がよく引用するネルソンの一九九四年のリストでは二万四六一八種、現在は二万五〇〇〇種を超えているだろう)。

水族館で見られる水生動物のグループだけ拾っても、ざっと数えて一八万種を超える。もちろん、これは「今までに調べられた種類の数」であるから、地球上にあとどのくらいの動物がいるのか。一〇億種とも二〇億種ともいわれている。

ところが、日本語の「動物」には、もう一つ、別の意味がある。『広辞苑』の助けを借りよう。

どうぶつ【動物】①一般には、植物と対置される、運動と感覚の機能をもつ生物群をいう。分類学的には動物界をいう。②ヒト以外の動物、特に哺乳類あるいは獣類(けもの)の称。

動物園の「動物」は、この②に近く、少なくとも①ではない。幼児向きの絵本も「どうぶつ」「とり」「むし」などと表記されて、別々の一冊になっていたりする。「動物」とはこの②に当たる「どうぶつ」をいうのだと思っている人は少なくない。「クラゲも動物なんですか」「トンボは昆虫なのでしょう」と真顔でいう人もいる。で、その「どうぶつ」のいる動物園とは、何だったのか。

動物園論の研究者である若生謙二は「日本の動物園はこれまで動物を見世物として展示するという傾向が強かった。……野生動物を保護し自然を認識する場としてよりも、動物を展示した娯楽施設としての役割が強いものであった。……そのため多くの動物園には遊戯施設の設置や遊園地の併設が見られ、動物園を遊園地の一種とみる動物園観が形成された」といっている。もともと、明治前の日常の日本語には、「動物」「動物園」という言葉さえなかったのである。

ひるがえって、水族館はどうであろうか。水族館も「動物」を扱っている。しかし、水族館の生きものは「動物園のどうぶつ」とはちがう「水族」である。「水族」とは何か。水族館の生きものは、江戸時代のわが日本では、見世物のうちの「天然奇物」、そのまた「異虫魚鼈」に含まれていた。水族館は、「珍しい生きもの」と「珍しい生きものを見たがる眼」の両方で成り立ってきたともいえる。

アクアリウムからはじまった水族館は、昔、小さな入れものだった。できることはたかが知れていた。動物園とはくらべものにならぬほど規模も小さく、いわば零細な施設だった。それが今は、りっぱで大規模な近代的巨大設備を誇り、飼育できる動物の種数もふえた。入場者数も動物園をしのぐまでになった。その今ならば、水族館はかつて「どうぶつ」として扱われなかった動物たちに、もっと脚光を当てて見せることができる。それが水族館における「水族」の意味を問い直すことにもなるだろう。

海には見るからに変わった生きものもいれば、一見平凡な姿の生きものに興味深い習性を発見することもできる。もっともっと、海の「動物」たちを見て知ってもらいたい。見てもらえる工夫をしたい。

浅虫シンポジウムを見直す

少し話は戻るが、昭和三十六年(一九六一)、東北大学浅虫臨海実験所(浅虫水族館)で開かれた「浅虫シンポジウム」で、京都大学瀬戸臨海実験所の時岡隆は「水族館管理の諸問題」を講演し、当時日本にあった約八〇の水族館を次の三つに大まかに分けた。

㈠ 純然たる科学(研究)を目的とする水族館——複数の国立大学生物学(臨海)実験所所属の水族館

㈡ 教育とリクリエーションを目的とする水族館——都道府県市町村によって運営される(公立)水族館

㈢ 個人または会社組織に経営される営利的施設(遊園地?)の一部をなす水族館

第一のカテゴリーに入る水族館では、実験所周辺近海の動物をできるだけ網羅的に収集して、外来研究者や学生に実験所近海動物相の特徴が説明できるようにしてある。それは一般入場者にとっても非常に有益である。

第二と第三のカテゴリーに入る水族館では、立地条件のよいところならば動物採集も容易で、きれいな飼育海水も得られるので、第一のそれと同様、地域動物相の特徴を理解してもらえる。実際にはこういった水族館は大都市近辺の著名なリゾートなどに建設されるので、近辺の動物相は貧弱だし、たくさんの種類の無脊椎動物を飼育できる良好な海水も得難い。そこで、第二のカテゴリーの水族館では、むしろ希少珍奇な動物の収集と解説に重点が置かれ、第三のカテゴリーの水族館では、珍奇な動物への依存が強まり、イルカやアシカなどに女性ダイバーを加えた曲芸ショーが不可欠になっている……。

高名な海洋生物学者の意見を批判するのはおこがましいが、大学附属臨海実験所の附属水族館の機能を、このように限定し、あるいは臨海実験所水族館の機能目的をこんなふうに限定して見る視点には賛成できない。とくに第一のカテゴリーの大学水族館にはまだほかにやってもらえることがあったのではないか。もっとも、当時の臨海実験所の研究者一般の水族館を見る眼はこのようなものだった。

昭和三十六年といえば、(第三の) 江ノ島水族館が開館した昭和二十九年から、昭和三十五年までに大小五五の水族館がオープンし、新規に開館した水族館が年平均八館弱という盛況ぶりの真っ最中であった。そのなかにはこの本で紹介した神戸須磨、みさき公園、江ノ島マリンランドなどのほか、鳥羽 (昭和三十二年・一九五七)、市立小樽 (昭和三十三年・一九五八)、長崎、広島県営宮島、越前松島 (いずれも昭和三十四年・一九五九) など、当時話題になった水族館、その後長くつづいて指導的役割を果たしてきた水族館などがふくまれる。いわば、戦後最初の水族館ブームの絶頂期だった。

そしてこの時期、国立大学臨海実験所の附属水族館は、新規開館こそ一つもなかったが、北から南へ、厚岸、浅虫、油壺、小湊、下田、新舞子、瀬戸（白浜）、向島と八つも勢揃いしていた。それらの大学附属水族館が一般に、時岡のいう第一のカテゴリーの水族館として「近海動物相を説明できる代表生物の網羅的収集と展示解説」に関する活発な水族館活動をしていたとは信じにくいが、ここでは深く追及しない。

それよりも、水族館をもつ大学臨海実験所には、海洋動物相の豊富な、自然豊かな海辺にある水族館として、調査研究機能をもつ水族館として、自然理解の窓口となっての指導的役割を果たして欲しかった。それをこれから期待することはできないものだろうか。

もっとも、この頃には、わが国の水族館史上はじめて、水族館人自身による学術研究もはじまっていた。同時に大学附属の水族館だからできた画期的な活動もはじめられていたことを明らかにしておかなければならない。それも「浅虫シンポジウム」が、最初の舞台になった。

浅虫シンポジウムは、東北大学浅虫臨海実験所長の平井越郎が主催して、昭和三十三年（一九五八）に第一回が開かれている。浅虫シンポジウムには、平井の発案で海洋生物学の各分野のほかに水族館学をふくみ、毎年一回開催されていた（本書一六九ページ以下も参照）。

先にも書いたように、昭和三十八年（一九六三）五月、昭和天皇が浅虫臨海実験所と附属水族館を訪問された。天皇をお迎えした東北大学学長黒川利雄が、そこでの研究内容を紹介し、その平井所長の専門を「海産無脊椎動物の生活史の研究並びに水族館学の研究」、そして附属水族館の学芸員伊藤健雄のそれを「水族館における中間生物及び小生物の展示の研究」と申し上げたのも、思えば画期的なことであった。

昭和天皇は水族館が格別お好きで、各地の水族館をご覧になるのを楽しみにしておられた方であったが、大学の附属水族館で「水族館学」を研究テーマとする研究者がいることをお聞きになったのは、これがたぶん、最初のご経験であったろう。

海の生きもの研究と水族館

平井の水族館史における功績は二つあった。一つは専門のクラゲの生活史の研究成果を水族館で展示し、一般公開しようと考えたことで、もう一つは、その手段として肉眼では見えにくいクラゲの幼期や、微小なヒドロクラゲを顕微鏡とテレビカメラとモニターテレビを組み合わせて見せるマイクロアクアリウムを実現させた先駆的な成果であった。平井は昭和三十七年（一九六二）の『博物館研究』にこう書いている。

……この純粋の生物学を観衆に展示し新しい世界を公開して水族館の内容を拡張することを企図したことになる。仮に筆者が水族館だけの仕事を使命とするなら、水族館に臨海実験所程度の研究機関が必要だと思う。その研究機関の研究内容は大衆の自然科学普及を目的とした生物学即ち水族館学であり……

そうだ。これこそが、水族館に欠けがちな視点と実務ではないだろうか。明治期、日本の水族館史黎明期の和田岬や堺の水族館解説にうたわれた先人たちの意気込みまでさかのぼらなくても、この平井の主張からでさえも、もう半世紀がたっている。

浅虫からはじまった「水族館学」もふくめて、国立大学の附属水族館で水族館人自身による研究が長くはつづかず、現在はほとんど途切れてしまった理由ははっきりしている。水族館自体に研究をになう組織がつくられず、担当者に意欲があっても組織支援がなかったからである。問題は、そのような「水族館の使命観」といって大げさなら「水族館の役割論」が、なぜ、一般に浸透して行かないかということではないだろうか。一方で、わが国の水族館が上野の観魚室以来一二〇年を超えてなお、ますます大勢の観客を集めているのは、それだけわが国の一般大衆に水族館が受け入れられ、その存在が支持されつづけて、水族館が日本の文化の一部をなしてきたからであろう。現在の日本の水族館は、全部合わせて年間四〇〇〇万人を超える来館者を迎えている。こうも日本人に受け入れられてきた水族館の文化史的役割はどこにあったのだろうか。

水族館はどうあるべきか、水族館は博物館なのかどうか、水族館に何ができるのか……。その議論は、ほとんどが、水族館自身の内側からの声、それもしばしば、技術・学芸サイドの議論にとどまって大きくは広がってゆかずにきた。

水族館には研究が必要である。研究と調査に裏付けられた教育の機能が水族館にはある。水族館の発展のためには研究が必要であり、それが基礎になって水族館が進歩してゆく……大筋については理解されていると思いたい。しかし、その水族館でなぜ研究が定着しないのだろうか。

また、水族館の研究はどうあるべきなのだろうか。それはやはり、水族館の機能を生かすため、水族館の目的を満足させるため、ひいては、水族館に来る人々に満足してもらう、喜んでもらうためであろう。

「水族館は研究所ではない」という人がいる。水族館はたしかに研究所ではない。しかし、研究が可能な、研究を必要とする機関であるはずだ。「水族館で研究をすることを入場者は期待していない、認めない」という人がいる。それは水族館での研究が来館者への還元に役立つという前提に背を向けているか、なぜ研究が必要かを考えたくないからではないか。「すぐ役に立つ研究だけを認める」という意見は、現在の水族館の盛況が過去の研究と試行錯誤に支えられていることを忘れているのではないか。裏返せば、研究を活発にすることで、水族館にはなお、大きな将来が望めるということではないか。

「水族館の研究」とは何か。それは水産学の研究ではなく、基礎生物学の研究でもない。水族館だから

マイクロアクアリウムの世界

傘の直径 3 mm のミクロなクラゲ・ムツノエダアシクラゲ（昭和36年筆者撮影・江ノ島水族館・アサヒカメラ1962年 3 月号掲載）

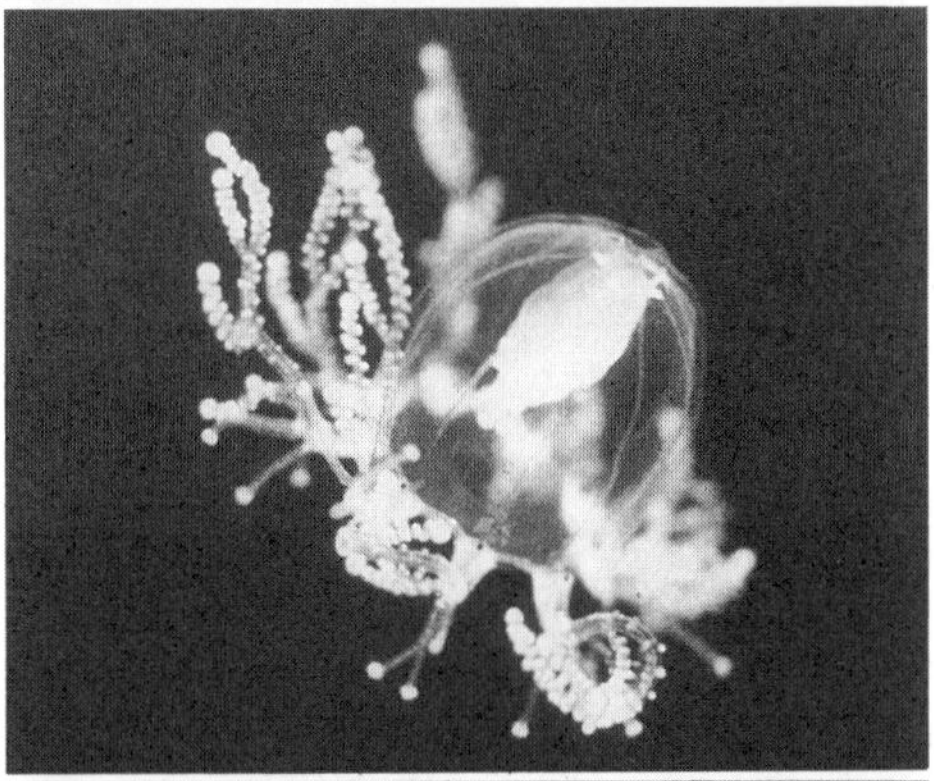

触手をちぢめたムツノエダアシクラゲ（同上）

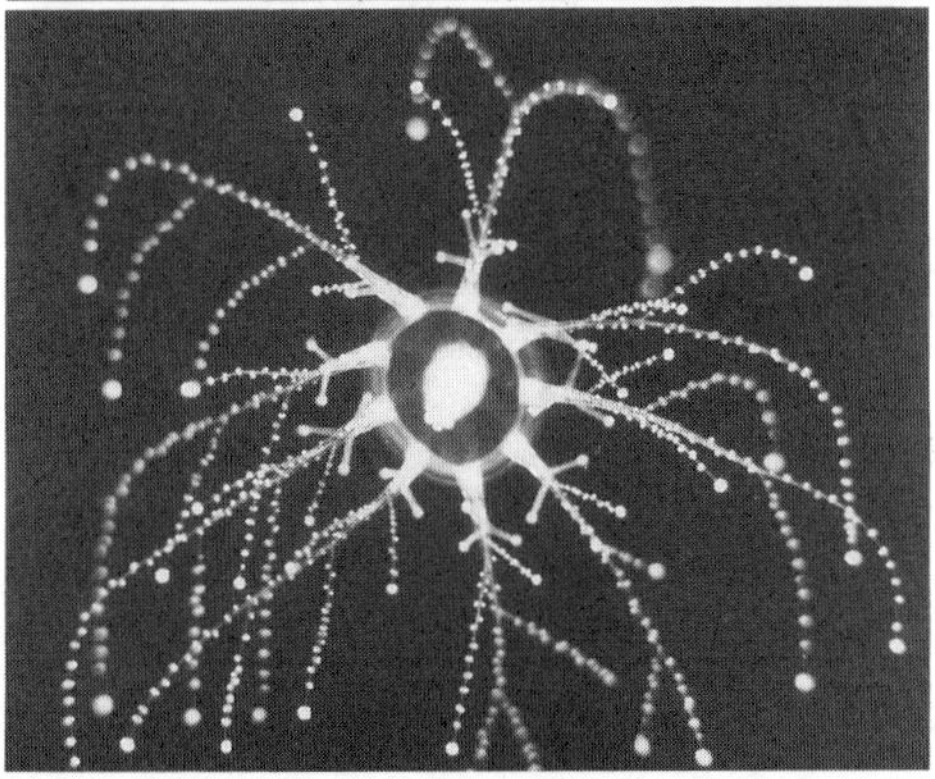

水槽ガラス面に付着して触手をのばすムツノエダアシクラゲ（同上）

できる、水族館でなければできない、そして、水族館の発展につながる研究であろう。

心を癒せる水族館

水族館に来る人びとは、いったい水族館に何を求めて来るのだろうか。

水族館はただ、楽しければいいという意見もある。水族館の雰囲気が好きだという人もいる。『海遊都市 アーバンリゾートの近代化』(一九九二年)の著者橋爪紳也は、水族館を「見世物の革新」ととらえ、近代の水族館の発展をテーマパーク発展の線上に置いて見ようとしている。

荒俣宏は「視覚のスリラー 水族館の想像力」(一九八六年)で、「博物館も水族館も元来は『好奇心開放の場』であり、暗い見世物の空間であった。その純粋な娯楽性をあらぬ方向へねじ曲げようとしたのが、どだい無理だった。その意味で、これらの知的娯楽が科学性や研究性を強調するにしても、それは本質的に『見世物の科学』『見世物の研究』でなければならない」と主張している。

荒俣が「見世物の科学」を主張した一九八六年は、現在流行の大型レジャー水族館の先頭をきった神戸市立須磨海水水族園開館の前年にあたる。須磨水族園は昭和三十二年以来の市立須磨水族館のリニューアルであった。神戸につづいて、東京葛西臨海水族園(一九八九年)、福岡・海の中道マリンワールド(一九八九年)、大阪・海遊館(一九九〇年)、名古屋港水族館(一九九二年)、横浜・八景島シーパラダイス・アクアミュージアム(一九九三年)と、続々巨大水族館が誕生したことは、前に説明した通りである。

いずれも、東京都および地方の政令指定都市、つまり大都会近郊海浜(というよりウォーターフロント)に立地している共通性があった。どの水族館にもそれぞれのコンセプトがあり、水族館名もさまざまであり、それぞれに他館との差異性を強調して誕生した。しかし、ここまで水族館が大きくなると、「水族館」

はちがっていても「飼育水族」は同じようなものにならざるをえない。その上での独自性をうたうには設備やデザインや雰囲気醸成に工夫をこらす苦心がいる。

大型レジャー水族館の共通の特徴は、従来の水族館にくらべて桁違いの観客数の多さである。開館初年度の入場者数は、いずれも三〇〇万人を超え、大阪・海遊館では四九五万人に達した。もちろん、現在までのところ、わが国での水族館入場者数の最高記録であった。

荒俣は、右に引用した「視覚のスリラー　水族館の想像力」の前半で「海中の景観を側面から見せるという『視覚の冒険』を売り物にした水族館ビジネスも、今や曲がり角にきた」ともいっている。かつて、一九六九年に、久田迪夫が「曲がり角にきた水族館・その未来を予測する」という論文で、「面白くてためになる方向へ足並み揃えて歩んできた日本の水族館」が、大分生態水族館の回遊水槽の出現をきっかけに、これから「面白くて面白い方向へ発展する水族館」と、「面白さを振り捨てて教育性を追及する水族館」へと、二極分化してゆくであろうと予想したことを思い出す。

「曲がり角」は何度もやってくる。現代の巨大水族館の流行は、荒俣のいう「本質的な見世物の研究」の結果の「曲がり角」なのであろうか。日本の水族館にとっての曲がり角はまだこれからやってくるのではないか、久田の予想した二極分化の時代が、これからきっとくるのではないかと、わたしは信じている。

現代の巨大水族館群は、過去の水族館が歴史的に積み重ねてきた試行錯誤と研究の膨大な蓄積の結果であるノウハウをすべて取り込んで成り立っている。大きいことはいいことだ。そこには何でもある。しかし、その大きさのゆえに、差異を作りだすことがむつかしくなっている。巨大さのゆえにせっかくの記憶が流されて留まらない。巨大水族館であるがゆえに、茫然とひろがって定まらない来館者の視点を集約しなければならない。

水族館で飼えるようになった——

カタクチイワシ
（昭和四十七年・東海大学海洋科学博物館）

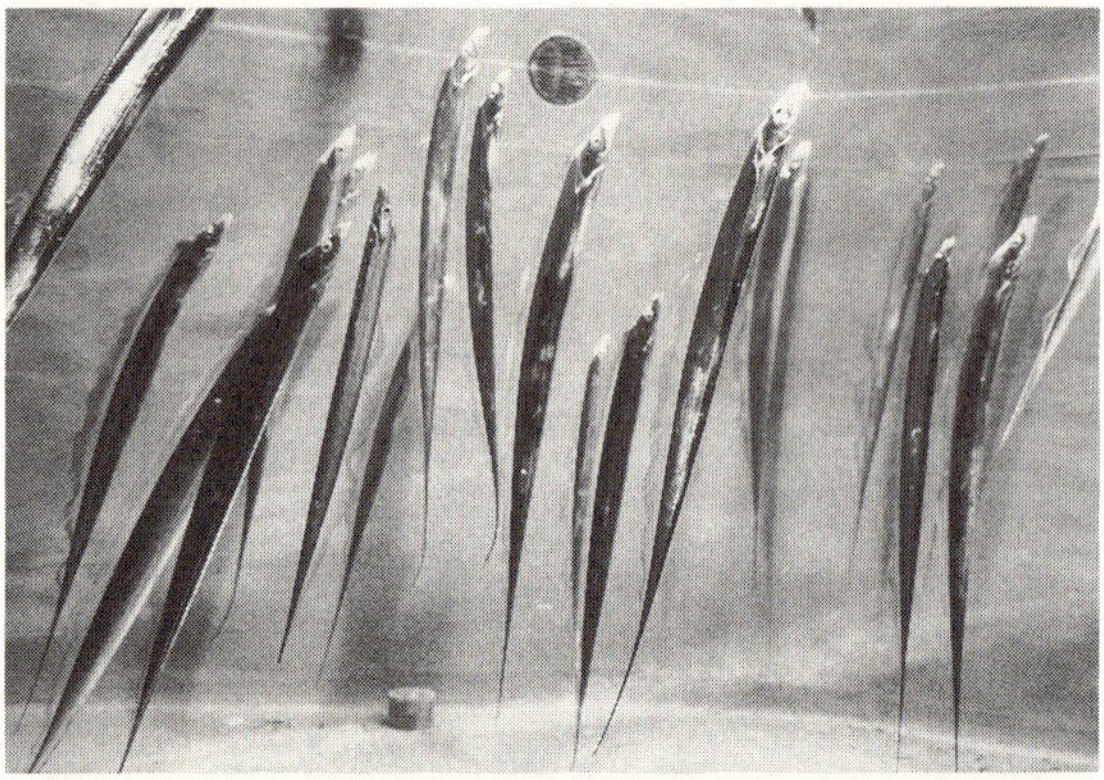

タチウオ
（昭和五十六年・同上）
（最初の飼育は昭和四十七年・大分生態水族館・マリーンパレス）

サンマ
（平成十三年・アクアマリンふくしま）
（津崎順氏提供）

ジンベイザメ
（平成元年・大阪海遊館・最初の飼育は昭和六十一年・国営沖縄記念公園水族館）
（『日経流通新聞』平成五年五月十五日）

クロマグロ・スマ（昭和四十八年・東海大学海洋科学博物館）

『美術館には脳がある』（一九九六年）の布施英利は、「水族館には『都市』もあるのだ。…自然と都市の境界にある不思議な世界が水族館なのだ」と、水族館ファンを自認しつつ、「水族館に現代を見る」（一九九六年）でも、水族館には「生きものの驚きを教えてくれる場所としての魅力と、膨大な水そのものの魅力」があり、「無意識の中に刻みこまれた遠い記憶のようなものが水の魅力になっていて……水中をただよう無重力感がある……水族館って気持いいなと思う中には、この無重力感と涼しさがある」「（水族館には）テクノロジーのもつ面白さと自然のもつ面白さが共存する」「今までの水族館のテーマは、海のコピーをつくることだったが、これからはもっと深い、違うコンセプトがあっていい。それはジャンルを超えた思考から生まれるのではないか」と、互いに巨大な空間を競うようになった水族館の未来にエールを送っている。

わたし自身もまた、「日本人には清澄な水の世界への漠然とした憧れがあるのではないか、古来わが国では、水の世界が清らかな世界の象徴で、透明清澄な水は無垢の象徴だった、水族館もまた透明清澄な水の世界である」（『水族館への招待　魚と人と海』一九九四年）と、水族館のもつ魅力について考えたことがあった。今日の水族館は、人工的な環境のうちに疑似自然を作り出して、生物が生きるための生息環境をできるだけ自然そのものに近く、あるいは表面的にでも似たものを見せようとしてきたように見える。疑似自然の世界は大きいほどいい。水族館も水槽も、大きいほどいい。今日の巨大な水族館の出現も、そういう意味では合理的で、自然な成り行きだったのかもしれない。

わが国の巨大な水族館の巨大な水槽には、右も左もぎっしり魚が入っている。外国の水族館にない、外国人が見ておどろく風景である。日本人は、大きい水槽でも小さい水槽でも、とにかくたくさん魚が入っているのを好む傾向があるらしい。海にはいつも魚が一杯いるものだという誤解、あるいは願望、あるい

水族館で繁殖した魚たち

コウイカ雄の求愛（昭和三十六年・江ノ島水族館・筆者撮影・『科学朝日』昭和三十七年六月号掲載）

ハリセンボンの産卵（昭和四十九年・東海大学海洋科学博物館・同上・最初は昭和四十四年・金沢水族館）

水族館で繁殖したカクレクマノミの稚魚（昭和五十年・同上）

は潜在意識。そうと指摘されてはじめて気づくことだが、それももしかして、大漁を祝い、大漁を幸せと見てきた、日本の漁撈・魚食文化の余燼でもあるのだろうか。

水族館でしかできないこと

水族館で自然保護の教育をという人がいる。水族館で自然保護が語れるだろうか。むつかしいとわたしは思う。水族館で見る仮りの海は、豊かな疑似体験の海だ。豊穣の海、楽観に満ちた海、その海を思わせる水族館で、海の危機、悲観、衰退、それを防ぎ守る決意を語りかけるのはむつかしい。

水族館で多様性を語れるだろうか。できるという人がいる。水族館で進化を語ろうという人もいる。それこそが、水族館の役割だという人もいる。そうかもしれない。でも、現在の水族館では、自然の真の多様性は語れない。進化も語りにくい。水族館で飼って見せる生きもので、水の世界を語るには、種類が偏りすぎている。水族館の生きものは目立ちすぎる。食連鎖も説明できない。明治三十六年の『堺水族館図解』の「(この水槽には)一見何物も居らぬ如くなれども、其実数限りなき多数の生物あるなり」と語りかけたその世界が、水族館にももっとほしい。

「水族館は自然破壊の象徴だ」と、ずばり言ってしまうのはビートたけしである。「『水族館で魚のことはわかりません』っていい切ったほうがよっぽど正直だって」「何万びきもの魚が結構団体で死んでいて、客の見てないうちに死んだのを捨てて新手に入れ替える。ほとんど生けす料理屋じゃねえか」「魚にとって人間は敵に決まってるんだから、動物と仲良くして触れもしますなんてのは勘違いもいいとこだぜ」「どうしてもやりたいなら、公共のため、子供の教育のため自然を破壊しますっていやあいいんだ。それだけのデメリットを出しながら水族館やってますってのを教えるのが大事なんだから……」(『場外乱闘』

まだこれから——
長くは飼えないでいる深海魚

チョウチンアンコウ

ツラナガコビトザメ（世界最小のサメ，体長15cm）

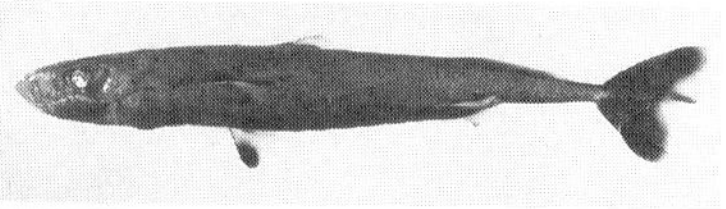

ラブカ

ギンザメ

リュウグウノツカイ（体長5.2mの雌（左）と同4.9mの雄（右））

（いずれも東海大学海洋科学博物館）

一九九二年)。

得意の毒舌だが筋は通っている。重い言葉である。

しかし、水族館が自然の側に立って何もできないというわけではない。種の保存、環境保護…水族館がそのまま腕組みしていたら何もできないかもしれないが、一歩を踏み出せばできる。ビオトープをつくることもできる。その実例もある。水族館には、そのノウハウがある。必要なのは水族館がなにをするかの姿勢の見直しだ。自然保護の一歩手前、生きるものの立場を語ること、自然理解への手引きをすることはいつでもどこでも、すぐにできる。それが自然理解である。生物界の多様性は語れなくても、形、色模様、行動、生きるために自然の編み出したみごとな工夫を説明することはできる。系統進化を語ることはできなくても、適応放散の鮮やかな結果を解説することはできる。それらはおそらく、水族館でしかできないことではないか。

ただ、その前提として、水族館がなにをするところなのかの基本理念が必要だ。

もちろん、言うは易く行なうは難し。だいいち、どんなのが理想の水族館なのかも、じつはまだはっきりとはわからないのだ。そのようなコンセプトを煮詰めてできた水族館が、まだどこにもないからでもある。それは裏返せば、まったく新しい水族館への道を開くことができるかもしれないということではないか。

水族館人も意識改革と勉強を

水族館で「自然保護」を説くのがむつかしいのは、水族館自体が自然を消費して成り立っているからでもある。しかし、水族館で説くべきことはたくさんある。日本は海洋に囲まれた島国で、世界一の魚食民族を自認している。しかし、一般の人は自然というものに無関心である。海のこと、海の生きもののこともあまり知らない、興味をもたない人が多い。水族館は、その人たちに自然、海、海の生きものに関心を抱いてもらえる手ごろな場所の一つでありたい。水族館自体のコンセプト、飼育水族の生理、生態、形態、生活史……説明を求められて、技術・学芸担当者が十分に答えられなければ、それは不勉強であろう。

熱帯の魚がなぜきれいなのか、みにくい魚がなぜみにくいのか……「人間の指がなぜ五本あるのかというのと同じで、存在についての質問には、自然科学はお答えできない」といって済ましていられたのは、もう何十年も昔の話になった。今ならルリスズメダイがなぜ青く光るのか。オコゼがなぜ、あんなみにくい顔をしているのか、その質問に答えられる。答えられなくてはならない。

少し前のある一般向け自然科学雑誌に、大学から小学校までの生物の先生が集まって、「生物の名前をどう教えるか」を議論した座談会の記事があった。生物の名前を学童生徒が知らない、見分け方を教わる機会がない…という話から、「小学校で正確な生きものの見分け方と種名を教えるべきだ」とする大学の先生と、「それは先生にも子どもにも、とても無理だ」という小学校の先生の意見が対立した。小学校の先生の「生きものの名前は子どもがひとりでにおぼえるかどうかの個人差が大きい」という意見には、中学校の先生が「中学校で習ったというのはひじょうに少ないし、小学校で覚えたというのも少なくて、小学校に入る前に覚えたというのがほとんどです」とつけ加え、高校の先生も「小学校・中学校の知識からあまり出ていない」と同調していた。

それならどこで教え、どこでおぼえてもらうのか。こういうときにも、水族館が役に立ちたい。ただ、水族館は、生きものの名前だけを教える場所ではない。わたしは水族館で短い話をする機会があるたびに、座興半分話を聞いてくれる人たちに「魚の尾はどこからか」と尋ねてみる。魚はわれわれ人類やイヌ、ネコと同じ脊椎動物なのだから、体はやはり頭部、軀幹（胴）部、尾部の三つの部分に分かれている。と、ヒントを出した上で聞く。すると、頭と胴の境界についてはほとんど正しい答えが返ってくるが、胴と尾の境界については、ほとんどの人が間違えて答える。尾びれを尾部だと思いこんでいるのだ。

「尾部は肛門から後ろです。それが脊椎動物の共通の特徴なんです」と、これを小中学生も高校生も、大学生も、社会人も、ほぼ全部の人が知らない。「魚の尾はどこからか」なんて、どうでもいいみたいなことのようだが、自然理解というものは、こういうところからはじまるのだと思う。一事が万事である。今日の「涼しくて、気持のいい水族館の空間」は「知らなかったこと、考えてもみなかったこと」の宝庫である。水族館はまちがいなく、生物教育の場でもあるはずだ。

日本の水族館は、水族館が本来はどうあるべきかを気にしながら、現実には大衆の求める方向をさぐり、その方向に合わせて発展して、ここまできた。水族館は世につれということだろうか。近代的な趣向を凝らした巨大な昨今の水族館、そのエントランスに何千人もの人が入ってゆくにぎやかな光景には、都市と自然のはざまにある水族館の理想と現実が重なって、透けて見える。ただ、水族館の「顔」は一つではない。ギリシャ・ローマ神話のヤヌスのように前とうしろに二つか、それとも三つだろうか。日本の水族館は、その全部の顔を見せようと努力してきただろうか。

水族館で文化の衝突と共存

日本文化は、古来、先行する文化をとり入れつつ、それを目標として、追いつけ追い越せの歴史であったというのが定説のようだ。そこで振り返ってみれば、水族館の発展の足取りもまさにその通りであった。その追いかけごっこも近年、一段と加速してきたのではないか。

西欧にもある水族館なるものをわが国にもと、ただそれだけの理由で明治の文明開化に水族館を取り入れ、ナポリやシカゴの世界的な先進の水族館にならって昭和初期の水族館ブームを盛り上げた。第二次世界大戦の敗戦国となっても、ヨーロッパとアメリカと、対照的な行き方の水族館のコンセプトを両方とも取り入れて、いち早く水族館を立ち上げ、人気の施設、人気の手法、人気の動物をなぞりあって急成長してきた。まさに、国破れて水族館ありであった。

そこでまた、水族館をめぐる基本的な「なぜ」に戻る。なぜ、それほどに日本人は水族館を好きなのか。日本人にとって水族館とは何なのか。

日本人にとっての「好ましい自然」は、人間社会にむしろ拒否的な、荒々しい手つかずの、真の自然ではない。人に心地よく管理された里山や、田園の緑の濃い心持よい環境が日本人好みの「自然」である。自己矛盾を承知でいえば、「二次的自然」「人為的自然」である。それを好む気持と、日本人の水族館好きのあいだには、相通ずるところがあるのではないか。

水族館は「自然」ではない。人為的に作り出された、「疑似自然」である。人工空間である水族館でわれわれが癒されるのは、水族館にも「日本人好みの〝人為的自然〟〝コントロールされた自然〟があるからではないだろうか。

水族館のほの暗い、涼しげな空間で満たされるのは、われわれの心の奥に無意識のうちに水中世界に憧れ、信仰する気持があるからではないか。堺水族館の館長だった鷹司信敬が、「夢幻的感興」と表現したのも、たぶん、同じことをいおうとしたのだろう。

今、われわれの見る大型レジャー水族館は、まさに近代テクノロジーの作り出す「コントロールされた疑似自然空間」である。水族館に教育や研究を求めるのは、王道である。建前でもあり本音でもある。その期待があるからこそ、水族館は社会的認知を受けるに至ったのだと思う。しかし、日本人が水族館を好ましく思うのは、その大本に水への信仰と憧れ、ほどよく整備され、かつ、利用の対象にもなってきた「身近な自然」への親近感があるからにちがいない。

水族館への志向を考えるとき、わたしたち日本人が魚食民族であることも見落とすわけにはいかない。大水槽を泳ぐ回遊魚の大群を見やりながら、「うまそうなブリだな」「刺身が何人前とれるかな」と言ってしまう気持、日本人にとってはそれが当たり前の魚を見る視点、感性だった。

その感覚を水族館を見る日本人は隠そうとしてきた。水族館で食用魚の群れを見て「うまそうな魚」と見る人を、「野蛮な」と笑ったり、そう見る同胞を蔑む空気があった。それが「近代化」というものだと思ってきた。しかし、そうした新しい「水族観」は、もともとは日本人にはなかったのではないか。はじめ、水族館そのものが日本人にとっての異文化だった。水族館は、日本の魚食文化と西欧の生きもの観賞文化とが衝突しつづけてきた現場だった。

ふだん、「さかな」(鮮魚)として見慣れた生きものが生き生きと大群をつくって往来する迫力、巨大な海の生きものに圧倒されながら、吉田啓正が『ジンベイザメの命　メダカの命』(一九九九)に書いたように「小さな場に閉じ込めてすまないという気持を持ちながら」「生きものに出会いたいという人間の願いを満たす場」としての水族館、それがわたしたち日本人に、水族館への親近感を一段と増幅させているのではないか。とにかく、水族館は、あれもこれもいっしょに丸めて飲み込んで、それでどんどん大きくなって、ここまできた。

水族館は豊穣の世界である。豊穣の海のイメージがある。日本人の心底にある豊かな水の世界への憧れ、水族館はまずその気持を満たしてくれる世界なのではないか。そして清らかな水の世界を求める日本人の宗教観。見て楽しく、見て美しく、見て癒される……日本人が日本の水族館に求めてきたのは、自然史ではない、科学でもない、理屈でもない、もしかすると、個々の魚そのものでもなかったのかもしれない。だから、日本の水族館は、あんなにもたくさんの魚を水槽に入れ、所せましと泳がせなければ気が済まないのかもしれない。あるいは、そこに動物園との違いがあるのかもしれない。

日本に水族館が生まれてから百二十年たって、ようやく、水族館は日本の文化にとけこんできたのかもしれない。まだとけこみかねているのかもしれない。

（少なくとも現在の日本の）水族館には、特許がない。昭和の初めごろ、「平田式水族館」というのがあった。大正十四年（一九二五）に、当時の満州・大連で博覧会が開かれたときに、そこの水族館で考案されたのが最初で、昭和五年（一九三〇）に実用新案特許の登録を認可されたという。発明者は平田定包、大連星ヶ浦水族館長であったという以外のくわしいことはわからない。昭和七年（一九三二）に東京・上野公園の仮設水族館、それを移設した熱海町水族館と横浜博覧会水族館、五智水族館（新潟）および東京大学新舞子水族館などが、この平田式水族館だった。

平田式水族館には、水槽の注水法と装置に新工夫があったとされるが、今はもう、それがどんな工夫であったのか、具体的なことはわからなくなった。新舞子のあと、平田式水族館を採用した水族館はなく、そういう新案特許があったことさえ、忘れられてしまっている。

とにかく、水族館に特許の拘束がなかったことが、日本の水族館発展にプラスしていたのではないか。わが国の水族館には、上野の観魚室以来、完全な独創でつくられたものは一つもなかった。すべて先進館のノウハウの上に、さらに新規の独創をつけ加え、新しいノウハウを積み上げてきたのだった。

水族館技術者が、水族館の展示手法や循環装置のアイデアを生んだ工夫苦心を語ると、しばしば「なぜ、特許をとらないのか」と聞かれる。しかし、「特許をとらなかった」からこそ、水族館はここまで来られたのかもしれない。

一八七〇年、イギリスやフランスに水族館ができはじめた頃に海洋ＳＦの先駆的な名作『海底二万リーグ』を著したジュール・ヴェルヌは、海底の様子を想像して「動物に花が咲いて、植物に花が咲かないとは、奇妙な不思議な世界である」と書いた。実際の海底の様子はまさにその通りである。十九世紀、まだだれも見ていない海底の様子を、こう表現した作家の想像力には恐れ入るが、そして、今なら、その一部を水族館に再現して、海を思ってもらうこともできるはずだ。

数年前、『月刊アドバータイジング』という雑誌で、二回に分けて「水辺でやってみたいこと」のアンケートをとったところ、回答の上位は、二回とも「水辺を散歩する」「水辺の風景や景観を楽しむ」が一、二位を争い、「水辺で夕日が沈む様子をみる」と「何もしないでのんびりする」が三、四位。六位に「海辺で潮の香りを楽しむ」が入った。確かに、日本人にとっての「海辺」は、昔も今も、このような場所だったのだと思う。

日本人にとっての海は、「見えているもの」であって、積極的に「見る」ところではなかったらしい。海を見てもヴェルヌのように、海中の様子を想像してみようとする人もいなかったらしい。同じ傾向が、水族館で魚を見る目にもあるのかもしれない。しかし、そもそも、魚が水中で生きているということ自体が、とても不思議なことなのではないだろうか。

それなのに、水族館に入って何も気づかず、「何事の不思議もなかった」と、出て行ってしまわれるのでは残念である。水族館は、水族館の不思議に気づいてもらってこそ、価値があり、生きるのだと、わたしは思う。

水族館には未来がある。今見る大型レジャー水族館は、先頭走者に追いつけ追い越せで来た日本の姿そのもののようだ。先行くものを追い、先行く水族館のノウハウをすべて取り込み、その上に思いつく限りの新工夫を乗せてここまできた。

先を行くものが視界から消えたら、さて、次は自分でレースをつくって走らなくてはならない。長距離レースはこれからだ。意識も文化も変わってきた日本で、水族館はどこへゆくのか。

これから生き残って発展する水族館は、たぶん、最も完成された水族館でもなければ、最も強い水族館でもなく、変わって進化してゆける水族館なのではないか……というのは、チャールズ・ダーウィンの進化論のアレンジだが、でも、もしかすると、日本の水族館は、久田迪夫が一九六八年に予言した「水族館の曲がり角」を、これからようやく、大きく曲がるのかもしれない。

この本を書くために大勢の方にお世話になった。格別のご援助をいただいた方のお名前を次に記させていただき、併せて厚くお礼を申上げる。西源二郎、磯野直秀、中村保昭、安部義孝、田村保、中村幸弘、津崎順、松村初男、鈴木晴夫、千葉健治、小森厚（故人）、小倉尚志、森田定吉、吉岡幹夫、秋久成人、荻野洸太郎、吉田啓正、堺・大阪・藤沢・横須賀・横浜・逗子・熱海各市立および東京台東・墨田両区立の図書館。松永辰郎（法政大学出版局）。（順不同、敬称略）

参照文献

この本の執筆のためにたくさんの文献資料を参照・引用したが、ここにはそのうちの主な単行本だけを記す。

朝倉無声『見世物研究』思文閣出版（一九二八・復刻三版一九九一）
雨宮育作『世界の臨海臨湖実験所（岩波講座生物学）』岩波書店（一九三三）
雨宮育作先生記念事業実行委員会（編）『雨宮先生を偲びて』雨宮育作先生記念事業会（一九八五）
磯野直秀『モースその日その日　ある御雇教師と近代日本』有隣堂（一九八七）
磯野直秀『三崎臨海実験所を去来した人たち』学会出版センター（一九八八）
上野動物園（編）『上野動物園百年史　通史・資料各編』第一法規出版（一九八二）
上野益三『日本博物学史』平凡社（一九七三）
上野益三『博物学者列伝』八坂書房（一九九一）
宇田道隆ほか（編）『水産ハンドブック』東洋経済新報社（一九六二）
内田春菊『水族館行こミーンズ――I love you』扶桑社（一九九六）
大笹吉雄『日本現代演劇史　大正昭和初期篇』白水社（一九八六）
大島廣『三崎の熊さん』私家版（一九六七）
岡本信男『水産人物百年史』水産社（一九六九）
荻野洸太郎『水族館に生きて』春苑堂出版（二〇〇〇）

木原均ほか（監修）『近代日本生物学者小伝』平河出版社（一九八八）
京都市・京都市動物園（編）『京都市動物園80年のあゆみ』京都市・京都市動物園（一九八四）
臨海臨湖実験所長会議（編）『国立大学臨湖実験所要覧』国立大学臨海臨湖実験所長会議（一九六八）
久米久武（編）『特命全権大使米欧回覧実記』岩波書店（一八七八・田中彰校注）（岩波文庫・一九七七）
小泉丹『動物園（岩波講座生物学）』岩波書店（一九三〇）
駒井卓『生物学叢話』改造社（一九三〇）
佐々木時雄『動物園の歴史』西田書店（一九七五）
椎名仙卓『日本博物館発達史』（一九八八）
下川耿史『明治・大正家庭史年表』河出書房新社（二〇〇〇）
末広恭雄『サーカス水族館』河出書房（一九五六）
鈴木克美『水族館への招待　魚と人と海』丸善（一九九四）
鈴木克美『金魚と日本人』三一書房（一九九七）
第五回内国勧業博覧会堺水族館事務局（編）『堺水族館図解』金港堂書店（一九〇三）
第五回内国勧業博覧会事務局（編）『第五回内国勧業博覧会事務報告下巻』農商務省（一九〇四）
台東区下町風俗資料館『浅草六区《えんこ》興業史』台東区下町風俗資料館（一九八三）
鷹司信敬『水族館』保育社（一九五七）
高見順（編）『浅草』英宝社（一九五五）
竹脇潔『ミズカマキリはとぶ　一動物学者の軌跡［付］磯野直秀　東京大学動物学教室の歴史』学会出版センター（一九八五）
東京大学農学部水産実験所『東京大学農学部附属水産実験所の五十年』東京大学農学部附属水産実験所（一九八六）
東京水産大学百年史編集委員会（編）『東京水産大学百年史通史・資料編』東京水産大学（一九八九）
仲田定之助『明治商売往来』青蛙房（一九六九）

中埜栄三ほか（編著）『ナポリ臨海実験所　去来した日本の科学者たち』東海大学出版会（一九九九）
中村庸夫『水族館ウォッチング』平凡社（一九九七）
中村庸夫『水族館に行こう』平凡社（一九九七）
名古屋市教育委員会『写真に見る明治の名古屋』名古屋市教育委員会（一九六九）
農商務省（編）『第二回水産博覧会附属水族館報告』農商務省（一八九九）
芳賀登『江戸文化と東京文化』雄山閣出版（二〇〇一）
橋爪紳也『海遊都市　アーバンリゾートの近代化』白地社（一九九二）
橋爪紳也・中谷作次『博覧会見物』学芸出版社（一九九〇）
阪神電気鉄道株式会社臨時社史編纂委員会（編）『輸送奉仕の五十年』阪神電気鉄道株式会社（一九五五）
ビートたけし『場外乱闘』太田出版（一九九二）
平井越郎『青森県海の生物誌』東奥日報社（一九六五）
藤沢市文書館（編）『藤沢市新聞記事目録（横浜貿易新報・明治編）』藤沢市文書館（一九九三）
藤田経信『編年水産九十年史』汀鷗会出版部（一九三〇）
藤野富之助（編）『東京名物浅草公園水族館案内』瞰海堂（一八九九）
布施英利『美術館には脳がある』岩波書店（一九九六）
堀由紀子『水族館のはなし』岩波書店（一九九八）
堀家邦男『水族館の魚達』泰流社（一九七五）
馬渡峻輔『動物分類学の論理　多様性を認識する方法』東京大学出版会（一九九四）
馬渡峻輔（編著）『動物の自然史［現代分類学の多様な展開］』北海道大学図書刊行会（一九九五）
みやじましげる『田中芳男傳　なんじゃあもんじゃあ』田中芳男・義廉顕彰会（一九八三）
モース、E・S／石川欣一訳『日本その日その日』平凡社（一九二九）（東洋文庫復刻版・一九七〇）
谷津直秀『生物紀行・前篇』三省堂（一九四三）

山本笑月『明治世相百話』第一書房（一九三六）
吉田啓正『ジンベエザメの命　メダカの命』信山社サイテック（一九九九）
渡辺守雄ほか『動物園というメディア』青弓社（二〇〇〇）
G・ヴェヴァーズ／羽田節子訳『ロンドン動物園』築地書館（一九七九）
Kisling, V. N. (ed.) *Zoo and Aquarium History*. CRC Press (2001)
Tailor, L. *Aquariums Windows to Nature*. Prentice Hall General Reference (1993)

著者略歴

鈴木克美（すずき かつみ）

1934年静岡県に生まれる．東京水産大学増殖学科卒業．江ノ島水族館，金沢水族館副館長，東海大学海洋科学博物館館長，東海大学社会教育センター学芸文化室長を経て，現在，東海大学教授．魚類生活史学専攻．農学博士（東京大学）．主な著書：『鯛』，『珊瑚』，『金魚と日本人』『水族館への招待』『海べの動物』，『海水魚』，『磯の魚』（共著），『魚の本』，『イタリアの蛸壺』，『黒潮に生きるもの』，『潮だまりの生物学』，『ケンペルの見た巨蟹』，『日本の海洋生物』（共編著），『海水魚の繁殖』（共編著），『魚は夢を見ているか』など．

ものと人間の文化史　113・水族館

2003年７月10日　初版第１刷発行

発行所 財団法人 法政大学出版局

〒102-0073 東京都千代田区九段北3-2-7
電話03(5214)5540／振替00160-6-95814
印刷／平文社　製本／鈴木製本所

Printed in Japan

ISBN4-588-21131-5　C0320

ものと人間の文化史

★第9回梓会出版文化賞受賞

文化の基礎をなすと同時に人間のつくり上げたもっとも具体的な「かたち」である個々の「もの」について、その根源から問い直し、「もの」とのかかわりにおいて営々と築かれてきたくらしの具体相を通じて歴史を捉え直す

1 須藤利一編
船
海国日本では古来、漁業・水運・交易はもとより、大陸文化も船によって運ばれた。本書は造船技術、航海の模様の推移を中心に、漂流、船霊信仰、伝説の数々を語る。 四六判368頁・'68

2 直良信夫
狩猟
人類の歴史は狩猟から始まった。本書は、わが国の遺跡に出土する獣骨、猟具の実証的考察をおこないながら、狩猟をつうじて発展した人間の知恵と生活の軌跡を辿る。 四六判272頁・'68

3 立川昭二
からくり
〈からくり〉は自動機械であり、驚嘆すべき庶民の技術的創意がこめられている。本書は、日本と西洋のからくりを発掘・復元・遍歴し、埋もれた技術の水脈をさぐる。 四六判410頁・'69

4 久下司
化粧
美を求める人間の心が生みだした化粧—その手法と道具に語らせた人間の欲望と本性、そして社会関係。歴史を遡り、全国を踏査して書かれた比類ない美と醜の文化史。 四六判368頁・'70

5 大河直躬
番匠
番匠はわが国中世の建築工匠。地方・在地を舞台に開花した彼らの造型・装飾・工法等の諸技術、さらに信仰と生活等、職人以前の独自で多彩な工匠的世界を描き出す。 四六判288頁・'71

6 額田巌
結び
〈結び〉の発達は人間の叡知の結晶である。本書はその諸形態および技法を作業・装飾・象徴の二つの系譜に辿り、〈結び〉のすべてを民俗学的・人類学的に考察する。 四六判264頁・'72

7 平島裕正
塩
人類史に貴重な役割を果たしてきた塩をめぐって、発見から伝承・製造技術の発展過程にいたる総体を歴史的に描き出すとともに、その多彩な効用と味覚の秘密を解く。 四六判272頁・'73

8 潮田鉄雄
はきもの
田下駄・かんじき・わらじなど、日本人の生活の礎となってきた伝統的はきものの成り立ちと変遷を、二〇年余の実地調査と細密な観察・描写によって辿る庶民生活史 四六判280頁・2700円 '73

9 井上宗和
城
古代城塞・城柵から近世代名の居城として集大成されるまでの日本の城の変遷を辿り、文化の各領野で果たしてきたその役割を再検討。あわせて世界城郭史に位置づける。 四六判310頁・2600円 '73

10 室井綽
竹
食生活、建築、民芸、造園、信仰等々にわたって、竹と人間との交流史は驚くほど深く永い。その多岐にわたる発展の過程を個々に辿り、竹の特異な性格を浮彫にする。四六判324頁・'73

11 宮下章
海藻
古来日本人にとって生活必需品とされてきた海藻をめぐって、その採取・加工法の変遷、商品としての流通史および神事・祭事での役割に至るまでを歴史的に考証する。四六判330頁・'74

12 岩井宏實
絵馬
古くは祭礼における神への献馬にはじまり、民間信仰と絵画のみごとな結晶として民衆の手で描かれ祀り伝えられてきた各地の絵馬を豊富な写真と史料によってたどる。四六判302頁・'74

13 吉田光邦
機械
畜力・水力・風力などの自然のエネルギーを利用し、幾多の改良を経て形成された初期の機械の歩みを検証し、日本文化の形成における科学・技術の役割を再検討する。四六判242頁・'74

14 千葉徳爾
狩猟伝承
狩猟には古来、感謝と慰霊の祭祀がともない、人獣交渉の豊かで意味深い歴史があった。狩猟用具、巻物、儀式具、またけものたちの生態を通して語る狩猟文化の世界。四六判346頁・'75

15 田淵実夫
石垣
採石から運搬、加工、石積みに至るまで、石垣の造成をめぐって積み重ねられてきた石工たちの苦闘の足跡を掘り起こし、その独自な技術の形成過程と伝承を集成する。四六判224頁・'75

16 高嶋雄三郎
松
日本人の精神史に深く根をおろした松の伝承に光を当て、食用、薬用等の実用の松、祭祀・観賞用の松、さらに文学・芸能・美術に表現された松のシンボリズムを説く。四六判342頁・'75

17 直良信夫
釣針
人と魚との出会いから現在に至るまで、釣針がたどった一万有余年の変遷を、世界各地の遺跡出土物を通して実証しつつ、漁撈によって生きた人々の生活と文化を探る。四六判278頁・'76

18 吉川金次
鋸
鋸鍛冶の家に生まれ、鋸の研究を生涯の課題とする著者が、出土遺品や文献・絵画により各時代の鋸を復元・実験し、庶民の手仕事にみられる驚くべき合理性を実証する。四六判360頁・'76

19 飯沼二郎／堀尾尚志
農具
鍬と犂の交代・進化の歩みとして発達したわが国農耕文化の発展経過を世界史的視野において再検討しつつ、無名の農具たちによる驚くべき創意のかずかずを記録する。四六判220頁・'76

20 額田巌
包み
結びとともに文化の起源にかかわる〈包み〉の系譜を人類史的視野において捉え、衣・食・住をはじめ社会・経済史、信仰、祭事などにおけるその実際と役割とを描く。四六判354頁 '77

21 阪本祐二
蓮
仏教における蓮の象徴的位置の成立と深化、美術・文芸等に見る人間とのかかわりを歴史的に考察。また大賀蓮はじめ多様な品種とその来歴を紹介しつつその美を語る。四六判306頁 '77

22 小泉袈裟勝
ものさし
ものをつくる人間にとって最も基本的な道具であり、数千年にわたって社会生活を律してきたその変遷を実証的に追求し、歴史の中で果たしてきた役割を浮彫りにする。四六判314頁 '77

23-I 増川宏一
将棋I
その起源を古代インドに、我国への伝播の道すじを海のシルクロードに探り、また伝来後一千年におよぶ日本将棋の変化と発展を盤、駒、ルール等にわたって跡づける。四六判280頁 '77

23-II 増川宏一
将棋II
わが国伝来後の普及と変遷を貴族や武家・豪商の日記等に博捜し、遊戯者の歴史をあとづけると共に、中国伝来説の誤りを正し、将棋宗家の位置と役割を明らかにする。四六判346頁 '85

24 金井典美
湿原祭祀 第2版
古代日本の自然環境に着目し、各地の湿原聖地を稲作社会との関連において捉え直して古代国家成立の背景を浮彫にしつつ、水と植物にまつわる日本人の宇宙観を探る。四六判410頁 '77

25 三輪茂雄
臼
臼が人類の生活文化の中で果たしてきた役割を、各地に遺る貴重な民俗資料・伝承と実地調査にもとづいて解明。失われゆく道具のなかに、未来の生活文化の姿を探る。四六判412頁 '78

26 盛田嘉徳
河原巻物
中世末期以来の被差別部落民が生きる権利を守るために偽作し護り伝えてきた河原巻物を全国にわたって踏査し、そこに秘められた最底辺の人びとの叫びに耳を傾ける。四六判226頁 '78

27 山田憲太郎
香料 日本のにおい
焼香供養の香から趣味としての薫物へ、さらに沈香木を焚く香道へと変遷した日本の「匂い」の歴史を豊富な史料に基づいて辿り、我国風俗史の知られざる側面を描く。四六判370頁 '78

28 景山春樹
神像 神々の心と形
神仏習合によって変貌しつつも、常にその原型＝自然を保持してきた日本の神々の造型を図像学的方法によって捉え直し、その多彩な形象に日本人の精神構造をさぐる。四六判342頁 '78

29 増川宏一
盤上遊戯
祭具・占具としての発生を『死者の書』をはじめとする古代の文献にさぐり、形状・遊戯法を分類しつつその〈進化〉の過程を考察。〈遊戯者たちの歴史〉をも跡づける。四六判326頁・'78

30 田淵実夫
筆
筆の里・熊野に筆づくりの現場を訪ねて、筆匠たちの境涯と製筆の由来を克明に記録しつつ、筆の発生と変遷、種類、製筆法、さらには筆塚、筆供養にまで説きおよぶ。四六判204頁・'78

31 橋本鉄男
ろくろ
日本の山野を漂移しつづけ、高度の技術文化と幾多の伝説とをもたらした特異な旅職集団＝木地屋の生態を、その呼称、地名、伝承、文書等をもとに生き生きと描く。四六判460頁・'79

32 吉野裕子
蛇
日本古代信仰の根幹をなす蛇巫をめぐって、祭事におけるさまざまな蛇の「もどき」や各種の蛇の造型・伝承に鋭い考証を加え、忘れられたその呪性を大胆に暴き出す。四六判250頁・'79

33 岡本誠之
鋏（はさみ）
梃子の原理の発見から鋏の誕生に至る過程を推理し、日本鋏の特異な歴史的位置を明らかにするとともに、刀鍛冶等から転進した鋏職人たちの創意と苦闘の跡をたどる。四六判396頁・'79

34 廣瀬鎮
猿
嫌悪と愛玩、軽蔑と畏敬の交錯する日本人とサルとの関わりあいの歴史を、狩猟伝承や祭祀・風習、美術・工芸や芸能のなかに探り、日本人の動物観を浮彫りにする。四六判292頁・'79

35 矢野憲一
鮫
神話の時代から今日まで、津々浦々につたわるサメの伝承とサメをめぐる海の民俗を集成し、神饌、食用、薬用等に活用されてきたサメと人間のかかわりの変遷を描く。四六判292頁・'79

36 小泉袈裟勝
枡
米の経済の枢要をなす器として千年余にわたり日本人の生活の中に生きてきた枡の変遷をたどり、記録・伝承をもとにこの独特な計量器が果たした役割を再検討する。四六判322頁・'80

37 田中信清
経木
食品の包装材料として近年まで身近に存在した経木の起源を、こけら経や塔婆、木簡、屋根板等に遡って明らかにし、その製造・流通に携った人々の労苦の足跡を辿る。四六判288頁・'80

38 前田雨城
色 染と色彩
わが国古代の染色技術の復元と文献解読をもとに日本色彩史を体系づけ、赤・白・青・黒等におけるわが国独自の色彩感覚を探りつつ日本文化における色の構造を解明。四六判320頁・'80

39 吉野裕子
狐 陰陽五行と稲荷信仰
その伝承と文献を渉猟しつつ、中国古代哲学＝陰陽五行の原理の応用という独自の視点から、謎とされてきた稲荷信仰と狐との密接な結びつきを明快に解き明かす。 四六判232頁 '80

40-Ⅰ 増川宏一
賭博Ⅰ
時代、地域、階層を超えて連綿と行なわれてきた賭博。——その起源を古代の神判、スポーツ、遊戯等の中に探り、抑圧と許容の歴史を物語る。全Ⅲ分冊の〈総説篇〉。 四六判298頁 '80

40-Ⅱ 増川宏一
賭博Ⅱ
古代インド文学の世界からラスベガスまで、賭博の形態・用具・方法の時代的特質を明らかにし、夥しい禁令に賭博の不滅のエネルギーを見る。全Ⅲ分冊の〈外国篇〉。 四六判456頁 '82

40-Ⅲ 増川宏一
賭博Ⅲ
聞香、闘茶、笠附等、わが国独特の賭博を中心にその具体例を網羅し、方法の変遷に賭博の時代性を探りつつ禁令の改廃に時代の賭博観を追う。全Ⅲ分冊の〈日本篇〉。 四六判388頁 '83

41-Ⅰ むしゃこうじ・みのる
地方仏Ⅰ
古代から中世にかけて全国各地で作られた無銘の仏像を訪ね、素朴で多様なノミの跡に民衆の祈りと地域の願望を探る。宗教の伝播、文化の創造を考える異色の紀行。 四六判256頁 '80

41-Ⅱ むしゃこうじ・みのる
地方仏Ⅱ
紀州や飛驒を中心に草の根の仏たちを訪ねて、その相好と像容の魅力を探り、技法を比較考証して仏像彫刻史に位置づけつつ、中世地域社会の形成と信仰の実態に迫る。 四六判260頁 '97

42 岡田芳朗
南部絵暦
田山・盛岡地方で「盲暦」として古くから親しまれてきた独得の絵解き暦を詳しく紹介しつつその全体像を復元する。その無類の生活暦は、南部農民の哀歓をつたえる。 四六判288頁 '80

43 青葉高
野菜 在来品種の系譜
蕪、大根、茄子等の日本在来野菜をめぐって、その渡来・伝播経路、品種分布と栽培のいきさつを各地の伝承や古記録をもとに辿り、畑作文化の源流とその風土を描く。 四六判368頁 '81

44 中沢厚
つぶて
弥生投弾、古代・中世の石戦と印地の様相、投石具の発達を展望しつつ、願かけの小石、正月つぶて、石こづみ等の習俗を辿り、石塊に託した民衆の願いや怒りを探る。 四六判338頁 '81

45 山田幸一
壁
弥生時代から明治期に至るわが国の壁の変遷を壁塗＝左官工事の側面から辿り直し、その技術的復元・考証を通じて建築史・文化史における壁の役割を浮き彫りにする。 四六判296頁 '81

46 小泉和子
箪笥（たんす）
★第11回江馬賞受賞
近世における箪笥の出現＝箱から抽斗への転換に着目し、以降近現代に至るその変遷を社会・経済・技術の側面からあとづける。著者自身による箪笥製作の記録を付す。四六判378頁・'82

47 松山利夫
木の実
山村の重要な食糧資源であった木の実をめぐる各地の記録・伝承を集成し、その採集・加工における幾多の試みを実地に検証しつつ、稲作農耕以前の食生活文化を復元。四六判384頁・'82

48 小泉袈裟勝
秤（はかり）
秤の起源を東西に探るとともに、わが国律令制下における中国制度の導入、近世商品経済の発展に伴う秤座の出現、明治期近代化政策による洋式秤受容等の経緯を描く。四六判326頁・'82

49 山口健児
鶏（にわとり）
神話・伝説をはじめ遠い歴史の中の鶏を古今東西の伝承・文献に探り、特に我国の信仰・絵画・文学等に遺された鶏の足跡を追って、鶏をめぐる民俗の記憶を蘇らせる。四六判346頁・'83

50 深津正
燈用植物
人類が燈火を得るために用いてきた多種多様な植物との出会いと個々の植物の来歴、特性及びはたらきを詳しく検証しつつ「あかり」の原点を問いなおす異色の植物誌。四六判442頁・'83

51 吉川金次
斧・鑿・鉋（おの・のみ・かんな）
古墳出土品や文献・絵画をもとに、古代から現代までの斧・鑿・鉋を復元・実験し、労働体験によって生まれた民衆の知恵と道具の変遷を蘇らせる異色の日本木工具史。四六判304頁・'84

52 額田巌
垣根
大和・山辺の道に神々と垣との関わりを探り、各地に垣の伝承を訪ねて、寺院の垣、民家の垣、露地の垣など、風土と生活に培われた生垣の独特のはたらきと美を描く。四六判234頁・'84

53-I 四手井綱英
森林 I
森林生態学の立場から、森林のなりたちとその生活史を辿りつつ、産業の発展と消費社会の拡大により刻々と変貌する森林の現状を語り、未来への再生のみちをさぐる。四六判306頁・'85

53-II 四手井綱英
森林 II
森林と人間との多様なかかわりを包括的に語り、人と自然が共生するための森や里山をいかにして創出するか、森林再生への具体的な方策を提示する21世紀への提言。四六判308頁・'98

53-III 四手井綱英
森林 III
地球規模で進行しつつある森林破壊の現状を実地に踏査し、森と人が共存する日本人の伝統的自然観を未来へ伝えるために、いま何が必要なのかを具体的に提言する。四六判304頁・'00

54　酒向昇
海老（えび）
人類との出会いからエビの科学、漁法、さらには調理法を語り、めでたい姿態と色彩にまつわる多彩なエビの民俗を、地名や人名、詩歌・文学、絵画や芸能の中に探る。四六判428頁・'85

55－Ⅰ　宮崎清
藁（わら）Ⅰ
稲作農耕とともに二千年余の歴史をもち、日本人の全生活領域に生きてきた藁の文化を日本文化の原型として捉え、風土に根ざしたそのゆたかな遺産を詳細に検討する。四六判400頁・'85

55－Ⅱ　宮崎清
藁（わら）Ⅱ
床・畳から壁・屋根にいたる住居における藁の製作・使用のメカニズムを明らかにし、日本人の生活空間における藁の役割を見なおすとともに、藁の文化の復権を説く。四六判400頁・'85

56　松井魁
鮎
清楚な姿態と独特な味覚によって、日本人の目と舌を魅了しつづけてきたアユ――その形態と分布、生態、漁法等を詳述し、古今のアユ料理や文芸にみるアユにおよぶ。四六判296頁・'86

57　額田巌
ひも
物と物、人と物とを結びつける不思議な力を秘めた「ひも」の謎を追って、民俗学的視点から多角的なアプローチを試みる。『結び』、『包み』につづく三部作の完結篇。四六判250頁・'86

58　北垣聰一郎
石垣普請
近世石垣の技術者集団「穴太」の足跡を辿り、各地城郭の石垣遺構の実地調査と資料・文献をもとに石垣普請の歴史的系譜を復元しつつ石工たちの技術伝承を集成する。四六判438頁・'87

59　増川宏一
碁
その起源を古代の盤上遊戯に探ると共に、定着以来二千年の歴史を時代の状況や遊び手の社会環境との関わりにおいて跡づける。逸話や伝説を排して綴る初の囲碁全史。四六判366頁・'87

60　南波松太郎
日和山（ひよりやま）
千石船の時代、航海の安全のために観天望気した日和山――多くは忘れられ、あるいは失われた船舶・航海史の貴重な遺跡を追って、全国津々浦々におよんだ調査紀行。四六判382頁・'88

61　三輪茂雄
篩（ふるい）
臼とともに人類の生産活動に不可欠な道具であった篩、箕(み)、笊(ざる)の多彩な変遷を豊富な図解入りでたどり、現代技術の先端に再生するまでの歩みをえがく。四六判334頁・'89

62　矢野憲一
鮑（あわび）
縄文時代以来、貝肉の美味と貝殻の美しさによって日本人を魅了し続けてきたアワビ――その生態と養殖、神饌としての歴史、漁法、螺鈿の技法からアワビ料理に及ぶ。四六判344頁・'89

63 絵師 むしゃこうじ・みのる
日本古代の渡来画工から江戸前期の菱川師宣まで、時代の代表的絵師の列伝で辿る絵画制作の文化史。前近代社会における絵画の意味や芸術創造の社会的条件を考える。四六判230頁 '90

64 蛙（かえる） 碓井益雄
動物学の立場からその特異な生態を描き出すとともに、和漢洋の文献資料を駆使して故事・習俗・神事・民話・文芸・美術工芸にわたる蛙の多彩な活躍ぶりを活写する。四六判382頁 '89

65-I 藍（あい）I 風土が生んだ色 竹内淳子
全国各地の〈藍の里〉を訪ねて、藍栽培から染色・加工のすべてにわたり、藍とともに生きた人々の伝承を克明に描き、風土と人間が生んだ〈日本の色〉の秘密を探る。四六判416頁 '91

65-II 藍（あい）II 暮らしが育てた色 竹内淳子
日本の風土に生まれ、伝統に育てられた藍が、今なお暮らしの中で生き生きと活躍しているさまを、手わざに生きる人々との出会いを通じて描く。藍の里紀行の続篇。四六判406頁 '99

66 橋 小山田了三
丸木橋・舟橋・吊橋から板橋・アーチ型石橋まで、人々に親しまれてきた各地の橋を訪ねて、その来歴と築橋の技術伝承を辿り、土木文化の伝播・交流の足跡をえがく。四六判312頁 '91

67 箱 宮内悊 ★平成三年度日本技術史学会賞受賞
日本の伝統的な箱（櫃）と西欧のチェストを比較文化史の視点から考察し、居住・収納・運搬・装飾の各分野における箱の重要な役割とその多彩な文化を浮彫りにする。四六判390頁 '91

68-I 絹I 伊藤智夫
養蚕の起源を神話や説話に探り、伝来の時期とルートを跡づけ、記紀・万葉の時代から近世に至るまで、それぞれの時代・社会・階層が生み出した絹の文化を描き出す。四六判304頁 '92

68-II 絹II 伊藤智夫
生糸と絹織物の生産と輸出が、わが国の近代化にはたした役割を描くと共に、養蚕の道具、信仰や庶民生活にわたる養蚕と絹の民俗、さらには蚕の種類と生態におよぶ。四六判294頁 '92

69 鯛（たい） 鈴木克美
古来「魚の王」とされてきた鯛をめぐって、その生態・味覚から漁法、祭り、工芸、文芸にわたる多彩な伝承文化を語りつつ、鯛と日本人とのかかわりの原点をさぐる。四六判418頁 '92

70 さいころ 増川宏一
古代神話の世界から近現代の博徒の動向まで、さいころの役割を各時代・社会に位置づけ、木の実や貝殻のさいころから投げ棒型や立方体のさいころへの変遷をたどる。四六判374頁 '92

71 樋口清之
木炭
炭の起源から炭焼、流通、経済、文化にわたる木炭の歩みを歴史・考古・民俗の知見を総合して描き出し、独自で多彩な文化を育んできた木炭の尽きせぬ魅力を語る。 四六判296頁・'93

72 朝岡康二
鍋・釜（なべ・かま）
日本をはじめ韓国、中国、インドネシアなど東アジアの各地を歩きながら鍋・釜の製作と使用の現場に立ち会い、調理をめぐる庶民生活の変遷とその交流の足跡を探る。 四六判326頁・'93

73 田辺悟
海女（あま）
その漁の実際と社会組織、風習、信仰、民具などを克明に描くとともに海女の起源・分布・交流を探り、わが国漁撈文化の古層としての海女の生活と文化をあとづける。 四六判294頁・'93

74 刀禰勇太郎
蛸（たこ）
蛸をめぐる信仰や多彩な民間伝承を紹介するとともに、その生態・分布・捕獲法・繁殖と保護・調理法などを集成し、日本人と蛸との知られざるかかわりの歴史を探る。 四六判370頁・'94

75 岩井宏實
曲物（まげもの）
桶・樽出現以前から伝承され、古来最も簡便・重宝な木製容器として愛用された曲物の加工技術と機能・利用形態の変遷をさぐり、手づくりの「木の文化」を見なおす。 四六判318頁・'94

76-I 石井謙治
和船I
★第49回毎日出版文化賞受賞
江戸時代の海運を担った千石船（弁才船）について、その構造と技術、帆走性能を綿密に調査し、通説の誤りを正すとともに、海難と信仰、船絵馬等の考察にもおよぶ。 四六判436頁・'95

76-II 石井謙治
和船II
★第49回毎日出版文化賞受賞
造船史から見た著名な船を紹介し、遣唐使船や遣欧使節船、幕末の洋式船における外国技術の導入について論じつつ、船の名称と船型を海船・川船にわたって解説する。 四六判316頁・'95

77-I 金子功
反射炉I
日本初の佐賀鍋島藩の反射炉と精練方＝理化学研究所、島津藩の反射炉と集成館＝近代工場群を軸に、日本の産業革命の時代における人と技術を現地に訪ねて発掘する。 四六判244頁・'95

77-II 金子功
反射炉II
伊豆韮山の反射炉をはじめ、全国各地の反射炉建設にかかわった有名無名の人々の足跡をたどり、開国か攘夷かに揺れる幕末の政治と社会の悲喜劇をも生き生きと描く。 四六判226頁・'95

78-I 竹内淳子
草木布（そうもくふ）I
風土に育まれた布を求めて全国各地を歩き、木綿普及以前に山野の草木を利用して豊かな衣生活文化を築き上げてきた庶民の知られざる知恵のかずかずを実地にさぐる。 四六判282頁・'95

83-Ⅲ 白井祥平
貝Ⅲ
シンジュガイ、ハマグリ、アカガイ、シャコガイなどをめぐって世界各地の民族誌を渉猟し、それらが人類文化に残した足跡を辿る。参考文献一覧／総索引を付す。 四六判392頁・'97

84 有岡利幸
松茸（まつたけ）
秋の味覚として古来珍重されてきた松茸の由来を求めて、稲作文化と里山（松林）の生態系から説きおこし、日本人の伝統的生活文化の中に松茸流行の秘密をさぐる。 四六判296頁・'97

85 朝岡康二
野鍛冶（のかじ）
鉄製農具の製作・修理・再生を担ってきた農鍛冶の歴史的役割を探り、近代化の大波の中で変貌する職人技術の実態をアジア各地のフィールドワークを通して描き出す。 四六判280頁・'98

86 菅 洋
稲 品種改良の系譜
作物としての稲の誕生、稲の渡来と伝播の経緯から説きおこし、明治以降主として庄内地方の民間育種家の手によって飛躍的発展をとげたわが国品種改良の歩みを描く。 四六判332頁・'98

87 吉武利文
橘（たちばな）
永遠のかぐわしい果実として日本の神話・伝説に特別の位置を占めて語り継がれてきた橘をめぐって、その育まれた風土とかずかずの伝承の中に日本文化の特質を探る。 四六判286頁・'98

88 矢野憲一
杖（つえ）
神の依代としての杖や仏教の錫杖に杖と信仰とのかかわりを探り、人類が突きつつ歩んだその歴史と民俗を興味ぶかく語る。多彩な材質と用途を網羅した杖の博物誌。 四六判314頁・'98

89 渡部忠世／深澤小百合
もち（糯・餅）
モチイネの栽培・育種から食品加工、民俗、儀礼にわたってそのルーツと伝承の足跡をたどり、アジア稲作文化という広範な視野からこの特異な食文化の謎を解明する。 四六判330頁・'98

90 坂井健吉
さつまいも
その栽培の起源と伝播経路を跡づけるとともに、わが国伝来後四百年の経緯を詳細にたどり、世界に冠たる育種と栽培・利用法を築いた人々の知られざる足跡をえがく。 四六判328頁・'99

91 鈴木克美
珊瑚（さんご）
海岸の自然保護に重要な役割を果たす岩石サンゴから宝飾品として知られる宝石サンゴまで、人間生活と深くかかわってきたサンゴの多彩な姿を人類文化史として描く。 四六判370頁・'99

92-Ⅰ 有岡利幸
梅Ⅰ
万葉集、源氏物語、五山文学などの古典や天神信仰に表れた梅の足跡を克明に辿りつつ日本人の精神史に刻印された梅を浮彫にし、梅と日本人の二〇〇〇年史を描く。 四六判274頁・'99

92-II　有岡利幸
梅II
その植生と栽培、伝承、梅の名所や鑑賞法の変遷から戦前の国定教科書に表れた梅まで、梅と日本人との多彩なかかわりを探り、桜との対比において梅の文化史を描く。四六判338頁 '99

93　福井貞子
木綿口伝（もめんくでん）　第2版
老女たちからの聞書を経糸とし、厖大な遺品・資料を緯糸として、母から娘へと幾代にも伝えられた手づくりの木綿文化を掘り起し、近代の木綿の盛衰を描く。増補版　四六判336頁・'00

94　増川宏一
合せもの
「合せる」には古来、一致させるの他に、競う、闘う、比べる等の意味があった。貝合せや絵合せ等の遊戯・賭博を中心に、広範な人間の営みを「合せる」行為に辿る。四六判300頁・'00

95　福井貞子
野良着（のらぎ）
明治初期から昭和四〇年までの野良着を収集・分類・整理し、それらの用途と年代、形態、材質、重量、呼称などを精査して、働く庶民の創意にみちた生活史を描く。四六判292頁・'00

96　山内昶
食具（しょくぐ）
東西の食文化に関する資料を渉猟し、食法の違いを人間の自然に対するかかわり方の違いとして捉えつつ、食具を人間と自然をつなぐ基本的な媒介物として位置づける。四六判290頁・'00

97　宮下章
鰹節（かつおぶし）
黒潮からの贈り物・カツオの漁法から鰹節の製法や食法、商品としての流通までを歴史的に展望するとともに、沖縄やモルジブ諸島の調査をもとにそのルーツを探る。四六判382頁・'00

98　出口晶子
丸木舟（まるきぶね）
先史時代から現代の高度文明社会まで、もっとも長期にわたり使われてきた刳り舟に焦点を当て、その技術伝承を辿りつつ、森や水辺の文化の広がりと動態をえがく。四六判324頁・'01

99　有岡利幸
梅干（うめぼし）
日本人の食生活に不可欠の自然食品・梅干をつくりだした先人たちの知恵に学ぶとともに、健康増進に驚くべき薬効を発揮する、その知られざるパワーの秘密を探る。四六判300頁・'01

100　森郁夫
瓦（かわら）
仏教文化と共に中国・朝鮮から伝来し、一四〇〇年にわたり日本の建築を飾ってきた瓦をめぐって、発掘資料をもとにその製造技術、形態、文様などの変遷をたどる。四六判320頁・'01

101　長澤武
植物民俗
衣食住から子供の遊びまで、幾世代にも伝承された植物をめぐる暮らしの知恵を克明に記録し、高度経済成長期以前の農山村の豊かな生活文化を愛惜をこめて描き出す。四六判348頁・'01

102 向井由紀子／橋本慶子
箸（はし）
そのルーツを中国、朝鮮半島に探るとともに、日本人の食生活に不可欠の食具となり、日本文化のシンボルとされるまでに洗練された箸の文化の変遷を総合的に描く。　四六判334頁・'01

103 赤羽正春
採集　ブナ林の恵み
縄文時代から今日に至る採集・狩猟民の暮らしを復元し、動物の生態系と採集生活の関連を明らかにしつつ、民俗学と考古学の両面から山に生かされた人々の姿を描く。　四六判298頁・'01

104 秋田裕毅
下駄　神のはきもの
古墳や井戸等から出土する下駄に着目し、下駄が地上と地下の他界を結ぶ聖なるはきものであったという大胆な仮説を提出、日本の神々の忘れられた側面を浮彫にする。　四六判304頁・'02

105 福井貞子
絣（かすり）
膨大な絣遺品を収集・分類し、絣産地を実地に調査して絣の技法と文様の変遷を地域別・時代別に跡づけ、明治・大正・昭和の手づくりの染織文化の盛衰を描き出す。　四六判310頁・'02

106 田辺悟
網（あみ）
漁網を中心に、網に関する基本資料を網羅して網の変遷と網をめぐる民俗を体系的に描き出し、網の文化を集成する。「網に関する小事典」「網のある博物館」を付す。　四六判316頁・'02

107 斎藤慎一郎
蜘蛛（くも）
「土蜘蛛」の呼称で畏怖される一方「クモ合戦」など子供の遊びとしても親しまれてきたクモと人間との長い交渉の歴史をその深層に遡って追究した異色のクモ文化論。四六判320頁・'02

108 むしゃこうじ・みのる
襖（ふすま）
襖の起源と変遷を建築史・絵画史の中に探りつつその用と美を浮彫にし、衝立・障子・屏風等と共に日本建築の空間構成に不可欠の建具となるまでの経緯を描き出す。　四六判270頁・'02

109 川島秀一
漁撈伝承（ぎょろうでんしょう）
漁師たちからの聞き書きをもとに、寄り物、船霊、大漁旗など、漁撈にまつわる〈もの〉の伝承を集成し、海の道によって運ばれた習俗や信仰の民俗地図を描き出す。　四六判334頁・'03

110 増川宏一
チェス
世界中に数億人の愛好者を持つチェスの起源と文化を、欧米における膨大な研究の蓄積を渉猟しつつ探り、日本への伝来の経緯から美術工芸品としてのチェスにおよぶ。四六判298頁・'03

111 宮下章
海苔（のり）
海苔の歴史は厳しい自然とのたたかいの歴史だった——採取から養殖、加工、流通、消費に至る先人たちの苦難の歩みを史料と実地調査によって浮彫にする食物文化史。四六判　頁・'03

112 原田多加司
屋根 檜皮葺と柿葺

屋根葺師一〇代の著者が、自らの体験と職人の本懐を語り、連綿として受け継がれてきた伝統の手わざを体系的にたどりつつ伝統技術の保存と継承の必要性を訴える。 四六判340頁・'03

113 鈴木克美
水族館

114 朝岡康二
古着（ふるぎ）

115 今井敬潤
柿渋（かきしぶ）